개정5판

Principles of
Tourism

관광학의 기초 개념을 이해하고, 흥미를 유발할 수 있도록
기초적이고 실증적인 내용으로 구성

관광학원론

김흥렬 저

 백산출판사

본 저서는 2024년 목원대학교 연구년 지원으로 수행함

머리말

오늘날 세계 각국은 관광산업을 국가 전략산업으로 육성하고 경쟁적 우위를 선점하기 위해 치열한 경쟁을 벌이고 있다. 따라서 정부 차원에서 관심과 배려를 가지고 접근하고 있으며, 각 지자체도 관광을 통한 지역경제 활성화 및 이미지 제고를 위해 집중하고 있다.

최근 관광시장의 환경은 점점 더 복잡해지고 있으며, 이제는 더 이상 선택적 임의제가 아니라 현대인의 필수적 생활양식으로 자리 잡아가고 있다. 또한 주 5일제 실시에 따른 여가시간의 증대, 정보통신의 발달, 교통수단의 획기적 변화 그리고 급속한 초고령사회로의 진입으로 과거에는 예상치 못한 관광현상이 계속 생겨나고 있다. 특히 코로나19 이후로 전 세계 관광산업에서 엄청난 변화가 일어나고 있다.

우리나라 관광산업이 본격적으로 진흥되기 시작한 것은 1961년 8월 우리나라 관광에 관한 최초의 법률인 「관광사업진흥법」이 제정되면서부터라고 하겠다. 그 후 우리나라는 1970년대 관광의 성장기, 1980년대 관광의 도약기를 거쳐 1990년대에는 국민의 관광욕구 변화를 능동적으로 수용하고 국제협력 강화를 통해 관광산업의 경쟁력을 강화하기 위해 적극 노력해 왔다. 그리고 2000년대에 들어와서는 관광산업을 국가 경제의 기반산업으로 육성하기 위해 각종 규제를 완화하고 많은 재정지원을 하면서 21세기 관광선진국으로의 힘찬 도약을 위해 노력하고 있다.

이러한 관점에서 이 책은 관광학을 처음으로 접하는 학생들이 관광학의 기초 개념을 이해하고, 흥미를 유발할 수 있도록 기초적이고 실증적인 내용으로 구성하였다. 이 밖에 관광산업 분야에 대한 전문지식을 습득하고자 하는 일반인들의 이해를 도모하는 데도 역점을 두었다.

이 책은 결코 저자의 독창물이 아니고, 여러 저명한 학자들의 저서와 논문 및 정부 간행물을 참조하여 만들었음을 밝혀두고자 한다. 또한 이 책이 완성되기까지 도움을 주신 백산출판사 진욱상 회장님과 임직원, 서울시립대학교 장윤정 교수님 그리고 자료 정리 등에 함께 해준 김한솔, 이창근, 김태균에게 이 자리를 빌려 감사의 말씀을 드린다.

2025년 2월

김흥렬

차 례

CHAPTER 4
호텔과 외식업

CHAPTER 5
여행업

관광의 이해

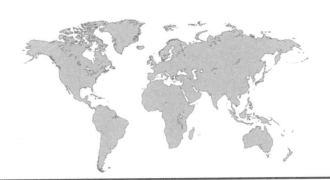

PRINCIPLES of TOURISM

CHAPTER 1 관광의 이해

제1절 관광의 개요

1. 관광의 어원

현재까지 밝혀진 관광의 어원으로서 가장 오래된 출처는 기원전 8세기경 중국 고대국가인 주(周)나라에서 편찬되었다고 하는 『역경』(易經: 五經의 하나로 周易이라고도 부른다)을 들 수 있다. 이 역경의 "관(觀)" 괘(卦)에 "관국지광이용빈우왕(觀國之光利用賓于王)"이라는 표현이 있는데, 이 "관국지광(觀國之光)"에서 "관광(觀光)"이라는 용어가 유래되었다고 전해지고 있다.

그러나 당시의 '나라의 빛을 본다'는 관국지광(觀國之光)은 그 나라의 정치·경제·사회·문화 등 백성을 다스리는 정치제도를 살피는 것으로 해석, "유람시찰일국지정책풍습위관광(遊覽視察一國之政策風習爲觀光)", 즉 한 나라의 정책과 풍습을 유람하면서 시찰하는 의미로서의 '관국지광'임에는 이론이 없는 것 같다. 예를 들어 3세기경 중국의 삼국시대에 위(魏)나라 조조의 아들로서 문재(文才)였던 조식(曹植)이 "시이준걸래사 관국지광(是以俊傑來仕 觀國之光: 이로써 재주와 슬기가 뛰어나고 어진 사람이 와서 벼슬을 살며 나라의 풍광을 본다)"이라는 문구를 남겼다. 또 중국 당나라 시대에 오언율시에 뛰어났던 맹호연은 그의 저서 『맹호연집(孟浩然集)』에서 "하신우휴명 관광래상경(何辛遇休明 觀光來上京: 어찌 다행히 시간을 내어 관광차 서울로 올라 왔다)"이라는, 현대적 의미에 가까운 관광용어를 사용하였다고 한다.

한편, 신라 말기 대학자인 최치원의 『계원필경』 속의 한 구절에는 "인백이천지관광육년명방미(人百己千之觀光六年銘牓尾: 남이 백 번하면 나는 천 번 해서 관광 6년 만에 과거급제자 명단에 오르게 되었다)"라는 말이 기록되어 있는데, 여기서 '관광육년'이란 '중국에 가서 선진문물을 살피며 체류한 지 6년'이란 뜻으로 해석하고 있다.

고려시대에 들어와서는 두 건의 용례가 발견된다. 그 하나는 『고려사절요』인데, 고려 예종 11년(1115년)에 중국 송나라 임금이 우리나라 사신에게 "… 觀光上國 盡損宿習…(관광상국 진손숙습: 우리나라를 관광하여 낡은 관습을 전부 버리도록 하고…)"라고 교시하였다고 기록되어 있다. 다른 또 하나는 고려 말인 우왕 10년(1385년)에 당시의 유명한 문사였던 정도전도 '관광(觀光)'이라는 용어를 사용한 것으로 밝혀지고 있다. 정도전은 당시 그의 친구인 이숭인이 중국 북경에 하정사(賀正使: 신년하례 단장)로 떠난 뒤 그의 문집에서 이르기를, 명나라의 명을 받아 중국으로 간 그의 친구 이숭인이 그곳의 선진문물을 돌아보고 귀국하게 되면 자신은 그의 견문록 제목을 '관광집(觀光集)'이라고 붙여 주겠노라고 서술하였다고 한다.

그 후 조선시대에 들어와서는 관광이라는 용어는 지식인 사회에서 아주 일반화된 용어로 자리잡은 것 같다. 조선 건국 직후인 태조 5년(1396년)에 도읍을 개경으로부터 지금의 서울인 한성으로 옮기면서 정도전, 조준 등은 신도읍지의 지명을 정하였는데, 서울 북부에 지금의 동(洞)에 해당하는 10개의 방(坊)을 설치하면서 그중 한 방의 명칭을 "관광(觀光)"으로 정하였다고 『조선왕조실록』은 기록하고 있다.

우리나라에서 관광이라는 말이 오늘날과 같은 뜻으로 사용된 것은 제2차 세계대전 이후의 일이지만, 당초에는 국제관광만을 뜻하는 경향이 있었으나, 지금에 와서는 국제뿐만 아니라 국내의 경우도 관광이라 부르고 있다.

서양의 경우, 18세기 영국의 귀족 자재들이 일종의 통과의례로 유럽대륙(특히 프랑스와 이탈리아)을 몇 년에 걸쳐 수학여행을 하는 것을 두고 '그랜드 투어 (grand tour)'라고 불렀다고 한다. 그리하여 '투어리스트(tourist)'라는 용어는 1800년에 사용되기 시작했으며, '투어리즘(tourism)'이라는 용어는 1811년에 『The Sporting Magazine』 잡지에 최초로 언급된 것으로 옥스퍼드 영어사전(Oxford Dictionary)은 밝히고 있다.

Tourism이라는 말은 영어로 '짧은 기간의 여행'을 뜻하는 tour의 파생어이고, tour라는 말은 라틴어의 도르래를 의미하는 tornus라는 말에서 유래한 것으로서 처음에는 순회여행을 의미했다고 한다.

따라서 tourism은 주유(周遊)를 의미하는 'tour'에 행동이나 상태 혹은 ~주의(主義) 등을 나타내는 접미어 '-ism'이 붙어 만들어진 말로서, 문맥에 따라서는 관광, 관광대상, 관광사업을 의미하기도 한다. 또 tour에 접미어 '-ist'가 붙어서 만들어진 tourist는 관광객을 의미한다. 이와 같은 투어(tour), 투어리스트(tourist), 투어리즘 (tourism) 등의 용어가 일반적으로 사용된 것은 1930년대 이후의 일이라고 한다. 그 후 1975년부터는 모든 국제기구에서 관광의 영어적 표현을 tourism으로 통일하였다.

한편, 독일에서는 제2차 세계대전 이전에는 관광을 뜻하는 용어로서 'Fremden (외국의, 외국인)'과 'Verkehr(왕래 또는 교통)'의 합성어인 'Fremdenverkehr'를 사용하였는데, 전후에는 'Tourismus'로 바뀌었으며, 프랑스에서도 'tourisme'이라는 용어를 사용하고 있다.

2. 관광에 관한 여러 학자들의 정의

관광의 정의는 역사적인 변천과정을 통하여 많은 국내외 학자들에 의하여 매우 다양하게 정의되면서 발전하여 왔다. 원래 관광연구는 경제학자들이 국제관광을 '무형의 수출(invisible export)'로 주목함에 따라 그 연구가 시작되었는데, 최초의 관광연구 과제는 관광에 의한 경제효과를 측정하는 데 있었다. 여기서는 여러 학자들의 관광에 관한 여러 학제적(學際的)인 연구 가운데서 대표적인 연구만을 소개하고자 한다.

1) 슐레른(H. Schulern, 1911년)

오늘날의 관광에 대한 가장 오래된 정의는 1911년에 슐레른이 정립한 내용으로, 그는 "관광이란 일정한 지구·주 또는 타국에 들어가서 머물다가 되돌아가는 외래객의 유입·체재 및 유출의 형태를 취하는 모든 현상과 그 현상에 관계되는 모든 사상, 그 중에서도 특히 경제적인 모든 사상을 나타내는 개념"이라고 했다.

2) 마리오티(A. Mariotti, 1927년)

로마대학의 마리오티는 1927년에 발간한「관광경제학강의(Leizioni di Economia Turistica)」에서 외국인 관광객의 이동에 따른 관광활동을 여러 가지 측면에서 다루고 있는데, 특히 관광의 경제적 의미를 강조하였다. 관광경제학강의의 사상적 체계를 완성하였고, 특기할 만한 것은 관광흡인중심지 이론이다.

3) 보르만(A. Bormann, 1931년)

관광이론에 관한 연구가 왕성하였던 1930년대 독일의 보르만은 1931년 출판된 자신의 저서「관광학개론(Die Lehre von Fremdenverkehr)」을 통해 "관광이란 직장에의 통근과 같이 정기적 왕래를 제외하고 휴양의 목적이나 유람, 상용 또는 특수한 행사의 참여나 기타의 사정 등에 의하여 거주지에서 잠시 떠나는 여행"이라고 하였다. 이러한 그의 주장은 현실적으로 관광현상에 대한 이론적 비판의 여지는 있으나, 전반적인 관광현상을 포괄적으로 수용하고 있다는 점에서 종합학문으로서의 관광이론 체계는 높이 평가되고 있다.

4) 오길비(F. W. Ogilvie, 1933년)

영국의 오길비는 관광연구자로서 관광객의 이동에 관한 문제를 취급한 사람인데, 1933년에 그의 저서「관광객이동론(The Tourists Movement)」에서 "관광하는 사람은 복귀할 의사를 가지고 일시적으로 거주지를 떠나지만, 1년 이상을 넘지 않는 기간 동안에 돈을 소비하되, 그 돈은 여행하면서 벌어들인 것이 아닐 것"이라고 하여 이른바 '귀한예정소비설'을 주창하였다. 즉 오길비는 관광의 본질을 '타지에서 얻은 수입을 일시적 체재지에서 소비하는 것'에 있다고 본 것이다.

5) 글뤽스만(R. Glücksmann, 1935년)

글뤽스만은 보르만과 같은 시대에 활약한 독일 베를린 상과대학 관광사업연구소 소장으로서 관광론의 체계화를 시도하고 관광동기의 분류를 포함한 관광원인의 분류를 제시한 사람이다. 그는 1935년에 출판된 저서인 「일반관광론(Allgemeine Fremdenverkehrskunde)」에서 "관광이란 체재지에서 일시적으로 머무르고 있는 사람과 그 지역에 살고 있는 사람들과의 여러 가지 관계의 총체로서 정의할 수 있다"고 했다. 따라서 그의 주장에 따르면 관광연구의 접근범위는 지리학을 비롯하여 기상학, 의학, 심리학, 국민경제학, 사회학, 경영경제학 등의 학문분야까지 포함하는 것으로, 관광론은 관광에 관한 기초는 물론 원인과 수단 및 영향 등에 관해 광범위한 연구분야가 되어야 한다고 했다.

6) 훈지커와 크라프(W. Hunziker & K. Krapf, 1942년)

1942년에 훈지커와 크라프는 공동으로 저술한 「일반관광학개요(Grundriss der allgemeinen Fremdenverkehrslehre)」에서 "광의의 관광은 본질적으로 외국인이 여행지에 머무르는 동안 일시적으로나 계속하여 주된 영리활동의 추구를 목적으로 정주하지 않는 경우로서, 외국인의 체재로부터 야기되는 모든 관계나 현상에 대한 총체적 개념을 의미한다"고 하였다. 이는 이제까지의 단순한 개념정의보다는 새로운 개념으로의 전환을 도모한 것으로 본다.

7) 이노우에 만주조(井上万壽藏, 1961년)

일본의 관광학자인 이노우에는 그의 저서 「관광교실」에서 "관광이란 인간이 다시 돌아올 예정으로 일상생활권을 떠나 정신적 위안을 얻는 것이다"라고 하였다. 그는 정신적 위안이 관광의 본질이며 관광의욕이란 것은 정신적 위안을 구하는 마음이라고 했다.

8) 베르넥커(P. Bernecker, 1962년)

오스트리아의 베르넥커는 1962년 그의 저서 「관광원론」에서 "상업상 혹은 직업상의 여러 이유에 관계없이 일시적 또는 개인의 자유의사에 따라 이동한다는 사실과 결부된 모든 관계 및 모든 결과를 관광이라고 규정할 수 있다"고 하여 관광주체로서의 관광객의 역할을 중시하면서 '관광주체론'을 주창하였고, 관광현상 속에서 겸목적 관광을 인정하였다.

9) 메드상(J. Medecine, 1966년)

그는 "관광이란 사람이 기분전환을 하고 휴식을 하며, 또한 인간활동의 새로운 여러 가지 국면이나 미지의 자연풍경에 접촉함으로써, 그 경험과 교양을 넓히기 위하여 여행을 한다든가, 정주지(定住地)를 떠나서 체재함으로써 성립하는 여가활동의 일종이다"라고 정의하고 있다.

10) 일본의 「日本觀光政策審議會」 보고서(1969년)

"관광이란 자기의 자유시간(여가) 안에서 감상, 지식, 체험, 활동, 휴양, 참가, 정신적 고무 등의 생활변화를 추구하는 인간의 기본적 욕망을 충족시키기 위한 행위(레크리에이션)들 중에 일상생활권을 떠나 색다른 자연 및 문화 등의 환경 밑에서 행하고자 하는 일련의 행동이다"라고 정의하고 있다.

11) 쓰다 노보루(津田昇, 1969년)

그의 「국제관광론」에서 "관광이란 사람이 일상생활권을 떠나서 다시 돌아올 예정으로 타국이나 타 지역의 문물 및 제도 등을 시찰하고 풍경 등을 감상·유람할 목적으로 여행하는 것"이라고 정의하였다.

12) 세계관광기구(UNWTO, 1982년)

국제적인 측면에서 관광에 관한 정의를 살펴보면 세계관광기구의 정의가 가장 권위 있는 것으로 알려져 있는데, 즉 "방문 주요 목적이 방문국 내에서 보수를 얻는 활동을 제외하는 것으로 1박 이상 12개월을 넘지 않는 기간, 거주지 이외의 나라에서 통상의 생활환경을 벗어나 여행하는 것"으로 정의되어 있어 공연이나 돈벌이 목적 이외의 상용여행도 포함시키고 있음을 알 수 있다.

13) 맥킨토시(R. W. McIntosh, 1986년)

"관광객과 다른 방문자들을 유치·접대하는 과정에서 관광객, 관광사업자, 정부, 지역사회 간의 상호작용으로 야기되는 현상과 관계의 총체"라고 정의하고 있다.

14) 시오다 세이지(鹽田正志, 1987년)

"좁은 뜻의 관광이란 사람이 일상생활에서 떠나서 다시 돌아올 예정으로 이동하고, 영리를 목적으로 삼지 않고, 풍물을 가까이 하여 즐기는 것이며, 넓은 뜻의 관광이란 앞에서 말한 행위에 의하여 일어난 사회현상의 총체인 것이다."

3. 관광의 개념 정의

이상에서 소개한 여러 학자들의 관광에 대한 정의를 통해서 볼 때, 관광은 한마디로 집약하여 정의할 수 없는 복잡한 사회현상이라 생각된다. 따라서 관광을 간단명료하게 정의한다는 것은 그리 쉬운 일이 아니다.

사실 관광이 인간생활의 여러 가지 요소들이 종합되어진 사회·문화적 현상으로 인식되고, 그에 따라 하나의 사회과학으로 영역을 찾아가고 있는 것은 최근의 일이라고 본다. 관광이 아직 하나의 학문으로 인정받기에는 많은 부문에서 미진한 점이 있고, 위에서 소개한 바와 같이 한마디로 정의를 내릴 만큼 학자들 간에 합의도 도출되어 있지 않다.

하지만 지금까지 학자들에 의해 논의된 관광의 정의를 종합해 보면, 관광은 변화를 추구하려는 인간의 욕구로 인하여 자기의 생활범주를 벗어나 새로운 환경 속으로 이동하는 행위로서 심신의 변화를 추구하고 다시 일상생활로 돌아올 때까지 변화된 여러 환경을 즐기는 인간활동의 일체를 의미한다고 본다.

다시 말해서 관광은 인간이 일시적으로 반복되는 일상생활을 벗어나지만, 다시 그 일상생활로 복귀할 것을 전제로 다른 지역의 제도·풍습·자연 등을 감상하며 배우고 견문하는 행위를 총칭한다. 그리고 넓은 의미에서는 여기에서 파생되는 여러 산업적 효과와 정치·경제·사회·문화·기술 등의 여러 환경적인 효과를 관광의 범주에 포함시키기도 한다. 따라서 본서에서는 관광을 다음과 같이 정의내리고자 한다.

관광이란 사람이 일상생활권에서 떠나, 다시 돌아올 예정으로 이동하여 영리를 목적으로 하지 않고, 휴양·유람 등의 위락적 목적으로 여행하는 것이며, 그와 같은 행위와 관련을 갖는 사상(事象)의 총칭이다.

4. 관광의 중요성

관광은 현대사회에서 국민 모두가 관심을 가지고 있고 또 실제로 참여하고 있는 여가문화 활동의 하나로서 점차 그 중요성을 더해가고 있다. 실제로 주말이면 관광을 하기 위해 도시를 탈출하여 고속도로를 메우는 승용차 행렬을 통해서도 알 수 있듯이, 이러한 현상은 현대사회의 인간생활에서 관광이 차지하는 비중을 입증해 준다고 하겠다. 어떠한 이유로 관광이 인간의 삶 속에서 이렇듯 중요성을 띠고 있을까 하는 의문은 관광이 가지는 기본적 성격을 이해했을 때 보다 명확해질 것이다.

일차적으로 관광은 외래관광객이 소비하는 관광 외화획득이라는 경제적 효과의 측면에서 이해하는 것이 필요하다. 이 때문에 세계 각국은 관광을 국가전략산업으로 육성하고 있다. 더불어 관광은 국제화·세계화로 가는 우리나라 국가사회 발전에 핵심적인 역할을 수행하는 국제교류 활동으로서, 국민적 참여를 통해 한국과 세계를 하나로 연결시키는 문화행동이다. 오늘날 관광은 국제교류를 통한 국제친선 도모 및 세계평화에 기여하는 민간외교적 효과까지도 창출한다.

그래서 오늘날 서양 사람들은 관광산업을 일컬어 '굴뚝 없는 수출산업', '교실 없는 교육', '언론 없는 통신', '의전 없는 외교'라고 국민들에게 홍보하면서 일석 사조의 효과를 갖는 주요한 산업이라고 선전하고 있는 것이다.

제2절 **관광과 유사개념**

관광과 유사하거나 다소라도 상호 관련성을 가진 개념은 많다. 이 중에서도 여가와 레크리에이션 또는 위락, 행락, 놀이, 여행 등 유사개념은 우리들의 일상 생활 주변에서 자주 사용되는 관계로 각 개념에 대한 사회적 가치가 부여되어 버린 경우가 많다.

그럼에도 유사개념 자체의 명확한 정립은 앞으로 관광현상의 학문적 연구, 나 아가 관광의 학문적 체계 확립의 선결조건이라고 생각되므로 여기서는 먼저 유 사개념들의 본질을 파악해 보고 이를 다시 관광이라는 개념과 상호 대비시켜 그 상관성을 규명해 보기로 한다.

▶▶ 그림 1-1 관광 · 여가 · 레크리에이션의 연관성

1. 여가

1) 여가의 정의

우리가 정의하고자 하는 용어 중 가장 포괄적이고 다의적 의미를 지닌 것이 바로 여가(leisure · 레저)란 개념이며, 개념규정에 가장 어려움이 뒤따르는 것이 바로 이 개념이다.

레저(leisure)의 어원은 고대 그리스어의 '스콜레(scole)'란 말에서 유래되었다고 한다. 스콜레란 두 가지 의미가 있다고 전해지고 있는데, 첫째는 여분의 시간, 둘째는 영어인 스쿨(school)의 어원으로서 연구, 연습, 놀이 등을 뜻한다고 한다. 레저의 어원이 '스콜레'라고 말하여지는 것은 레저가 본래 문화를 창조하는 활동을 뜻하기 때문이다.

또한 레저는 프랑스어의 '리세레(licere)'란 말에서 유래되었다고 한다. 이 말의 뜻은 '허락받는다', '자유로운' 등의 의미를 가진다. 리세레로부터는 다시 프랑스어로 로와지르, 영어로는 라이센스(license)라는 말이 파생되었다고 한다. 이는 원래 '노역의 면제', '공적 의무의 면제'를 의미하고 있기 때문에 말하자면 '작업이나 업무 등과 같은 일로부터 면제되어 자유로이 할 수 있는 휴양이나 레크리에이션과 같은 활동을 할 수 있는 시간을 의미한다.

▶▶ 표 1-1 **여가의 개념 분류와 내용**

분류	내용
시간적 개념	인간에게 주어진 하루 24시간 속에서 생명유지와 노동에 필요한 시간을 제외한 나머지 시간, 즉 잉여시간 혹은 자유재량적 시간의 관점에서 여가를 이해하고자 하는 것
활동적 개념	시간적 토대 위에서 여가를 이해하고자 하는 관점으로, 개인의 생활만족과 삶의 질을 추구하고자 선택하는 활동으로 규정되며 여기에는 수면, 식사, 노동과 같은 정례화된 활동이 아닌 것을 의미
상태적 개념	정신적 · 영적 상태를 의미하며, 자유정신, 자유의지로서의 여가를 강조한 개념으로 이는 매우 주관적인 개념
제도적 개념	여가의 본질을 노동, 결혼, 교육, 정치, 경제 등의 사회제도의 상태나 가치관의 맥락에서 규명하고자 하는 개념
통합적 개념	여가는 복합적이어서 다양한 면을 가지고 있으며, 어느 한쪽 측면으로는 여가의 본질을 충분히 설명할 수 없다. 즉 여가는 시간적·활동적·상태적·제도적 요소가 적절히 배합된 통합적인 속성을 갖는다. 여가란 개인이 노동이나 그 밖의 의무로부터 자유로운 상태에서 휴식, 기분전환, 사회적 성취, 자기발전을 위해 자발적으로 참여·수행하는 활동시간

자료 : 김광근 외 5인 공저, 관광학의 이해, 백산출판사, 2013, p.30.

일반적으로 여가라고 하면 그 개념 속에는 '시간'개념과 '활동'개념이 함께 포함되어 있다. 먼저 시간개념으로서의 여가에는 하루 24시간이라는 전체 생활시간 가운데서 식사·수면 등의 생리적 필수시간과 노동·가사 등의 구속시간을 빼고 남은 시간 즉 잉여시간이라는 소극적인 의미와, 의무나 구속으로부터 해방되어 자신의 자유재량에 맡겨진 자유로운 시간 즉 좀더 적극적인 의미의 두 가지 정의가 포함되어 있는 것이다.

여기서 자유시간은 사람이 자신의 자유로운 선택에 의해서 쓸 수 있는 구속받지 않는 시간이므로 사람이 그와 같은 시간을 어떻게 쓸 것인가에 따라 그 시간의 의미는 여러 가지로 달라질 수 있다. 그와 같은 의미에서 볼 때 활동개념으로서의 여가의 의미는 시간개념으로서의 여가의 내용이 어떠한 활동이냐라는 활동내용의 질에 따라 분류될 수 있다.

따라서 활동개념으로서의 여가에는 자유시간에 행해지는 자유로운 활동이라는 형태로서 '자유'를 강조하는 뜻과 자유시간에 행해지는 창조적인 활동이라는 형태로서 '창조성'을 강조하는 뜻의 두 가지 의미가 포함되어 있는 것이다. 전자는 가끔 활동의 내용이나 기능 등이 열거되어 휴식, 기분전환 그리고 자기실현을 위해 임의로 행하는 활동의 총체라고 정의할 수 있고, 후자는 은연중에 뭔가 규범적인 가치를 부여한 정의라고 말할 수 있다.

이상에서 살펴본 바와 같이 여가는 여분의 시간이지만, 있어도 없어도 좋다는 잉여시간을 말하는 것이 아니라, 노동을 위하여 혹은 노동을 포함한 인간생존에 불가결한 의미를 갖는 것으로, 자기재량으로서 자유로이 처분하고 자기향상을 도모하는 기회라는 보다 적극적이고 전진적인 의미를 내포하고 있다.

2) 여가의 기능

활동개념으로서의 여가에는 자유시간에 행해지는 자유로운 활동이라는 형태로 '자유'를 강조하는 뜻과, 자유시간에 행해지는 창조적인 활동이라는 형태로서 '창조성'을 강조하는 뜻의 두 가지 정의가 포함되어 있다고 함은 앞에서 설명한 바 있다. 그렇지만, 일반적으로 활동개념으로서의 여가는 자유시간에 행해지는 자유로운 활동이라는 형태로서 '자유'를 강조하는 뜻에서 사용되는 경우가 많은데, 이럴 경우 여가의 기능으로서 휴식, 기분전환, 그리고 자기계발 등이 열거된다. 그러므로 여기서는 이와 같은 여가의 기능에 관하여 살펴보기로 한다.

(1) 휴식 기능

휴식은 피로를 회복시킨다. 이런 면에 있어서 여가는 일상생활, 특히 근로생활에서 기인하는 압력에 의해서 가해진 육체적 · 정신적 마멸을 회복시킨다. 오늘날 노무는 상당히 경감되어 왔을지 모르나, 노동밀도의 증대, 생산공정의 복잡화, 대도시지역에 있어서 통근거리의 장거리화 때문에 근로자는 아무 일도 하지 않은 채 있다든지, 또는 조용히 여유 있게 쉬는 것이 점점 긴요해지고 있다.

(2) 기분전환 기능

기분전환은 인간을 권태로부터 구출한다. 세분화된 단조로운 작업은 노동자의 인격에 나쁜 영향을 가져온다. 그리고 현대인의 소외감은 일종의 자기상실의 결과에서 오는 것이기 때문에, 일상적인 세계로부터 탈출의 필요성이 생기게 된다. 이와 같은 탈출은 지역사회의 법률적 · 도덕적 규율을 범하는 형태를 취하는 경우도 있고, 다른 한편에서는 사회병리적 요소를 포함하기도 한다.

그러나 반대의 입장에서 보면, 그것은 평행유지적 요인이 되고, 사회적으로 필요한 수련이나 규율을 지켜나가는 하나의 수단이 되기도 한다. 그 곳에서 기분전환을 시켜 보상적 경험을 추구한다든가, 일상적 세계와 격리된 세계로 도피한다든가 하는 행동이기도 하다. 현실의 세계에서 탈출을 하게 되면, 장소나 리듬이나 스타일의 변화추구(여행, 유희, 스포츠)가 된다. 탈출이 가공의 세계(영화, 연극, 소설)로 향하게 되면 등장인물에 자기를 투사하고, 주인공과 자기를 동일시하여 그 기분을 즐기는 등의 행동이 나타난다. 이는 공상적 세계에 의존하여 공상적 자아를 만족시키려고 하는 행동이다.

(3) 자기계발 기능

자기계발은 자기의 능력을 발전시키는 것이다. 여가는 일상적 사고나 행동으로부터 개인을 해방시키고 보다 폭넓고 자유로운 사회적 활동에의 참가나 실무적이고 기술적인 훈련 이상의 순수한 의미를 가진 육체·감정·이성의 도야를 가능케 한다. 유희단체·문화단체·사회단체에 자발적으로 가입하여 활동하는데 여가의 계발적 기능이 나타난다. 학교교육에서 채워졌다고는 하지만, 사회가 끊임없이 진보해지고 복잡해져 감에 따라 시대에 뒤떨어지기 쉬운 지식능력은 여가를 통하여 다시 한번 자유로이 뻗어나갈 기회가 주어진다. 또한 옛것이나 새로운 것을 불문하고 여러 정보원(신문·잡지·라디오·TV·SNS 등)을 적극적으로 이용하는 태도도 키워나간다.

여가는 평생 계속하는 자발적인 학습의 형태를 낳게 하고, 창조적인 새로운 태도의 형성을 돕는다. 의무적 노동으로부터 해방되어 개인은 스스로 선택한 자유로운 훈련을 통하여 개인적·사회적인 생활형태 가운데서 자아실현의 길을 펼쳐 나가는 것이다. 이러한 여가이용은 기분전환적인 이용만큼 일반적인 것은 아니지만, 대중문화 일반에서 본다면 대단한 중요성을 가진다.

이상의 세 가지 기능은 흡사 대립하는 것처럼 보이기도 하지만, 상호 간에는 밀접한 관련을 가지고 있다. 실제로 이들은 각 개인이 처해 있는 상황에 따라서 정도의 차이는 있어도 모든 사람들의 일상생활에서 거의 인정되고 있다. 또한 이 세 가지 기능은 계기적 관계에 설 경우가 있는가 하면, 공존하는 경우도 있다. 순차적으로 기능하는 때도 있고, 동시적으로 작용할 때도 있으며, 또한 중층적으로 작용할 때도 있어서 각각 분리하기가 어렵다. 각 기능은 보통 하나의 우월적 요소로 존재함에 지나지 않는다.

프랑스의 사회학자 뒤마즈디에(J. Dumazedier)는 여가를 '휴식', '기분전환', '자기계발'과 같은 세 가지 기능을 가진 활동의 총칭으로 파악하면서, "여가란 개인이 직장이나 가정 그리고 사회로부터 부과된 의무에서 벗어났을 때에 휴식을 위하여, 기분전환을 위하여, 혹은 소득과는 관계없는 지식이나 능력의 배양 및 자발적인 사회참여와 자유로운 창조력의 발휘를 위하여, 오로지 임의적으로 행하는 활동의 총체"라고 정의했는데, 이 정의는 이해하기 쉬운 설명이어서 오늘날 널리 이용되고 있다.

2. 레크리에이션

레크리에이션(recreation, 위락)은 그것이 개인이나 집단에 의해서 여가 중에 영위되는 활동이고 그 활동으로 인하여 얻어지는 직·간접적 이득 때문에 강제되는 것은 아니며, 그 활동 자체에 의하여 직접적으로 동기가 주어진 자유롭고 즐거운 활동이다.

레크리에이션은 라틴어의 recreate에서 유래한 말로서 기분을 전환하다(refresh)와 저장하다(restore)의 의미를 가진 것으로 인간을 재(re)생(creation)시키고, 인생에 활력을 회복시키며, 또한 이것은 노동과 더 많은 관련이 있는 사회기능적이고 교육적인 것이다. 그라지아(Grazia)는 이를 "노동으로부터 인간이 휴식을 취하고 기분전환을 하고 노동 재생산을 위한 활동"으로 정의하고 있으며, "각 개인이 자발적으로 행하여 그 행위로부터 직접 만족감을 얻어 즐길 수 있는 모든 여가의 경험"으로 인식하고 있다.

따라서 여가와 레크리에이션의 관계는 전자를 시간개념으로 보고 후자를 활동개념으로 보려는 견해가 지배적인데, 레크리에이션은 사회적인 편익을 증진하고자 조직되는 자발적 활동으로서 다음과 같은 특징을 지닌다.

① 레크리에이션은 육체, 정신 및 감정의 활동을 표현하기 때문에 단순한 휴식과 구별된다.

② 레크리에이션의 동기는 개인적 향락과 만족의 추구이므로 노동의 동기와 구별된다.

③ 레크리에이션은 선택의 범위가 무한정하기 때문에 수많은 형태로 나타난다.

④ 레크리에이션은 자발적 의사에 의해 참여한다.

⑤ 레크리에이션은 여가시간에 행해지는 활동이다.

⑥ 레크리에이션은 시간, 공간, 인원 등의 제한이 없고 실행과 탐색이라는 보편성을 지닌다.

⑦ 레크리에이션은 진지하며 목적을 가지고 행하여진다.

이러한 점에서 레크리에이션은 여가시간에 영위되는 자발적 활동의 총체로서 여가의 하위개념이라고 하겠다.

여가와 레크리에이션의 차이점을 좀더 상세히 살펴보면, 여가는 포괄적이고 덜 조직적이며 개인적인 동시에 내적 만족을 추구하는 데 반하여, 레크리에이션은 범위상 한정적이고 비교적 조직적이며 동시에 사회적 편익을 강조하고 있다. 또한 여가가 보통 시간의 기간이나 마음의 상태를 말하는 데 비해 레크리에이션은 공간에서의 활동을 가리킨다. 나아가 여가가 쾌락과 자기표현을 위한 것이라면, 레크리에이션은 활동과 경험의 직접적 결과로서 발생한다.

레크리에이션과 관광의 차이점은 시간과 활동공간의 차이에 있다고 하겠다. 관광도 넓은 의미에서는 레크리에이션 활동의 하나이지만, 그러나 관광은 일상 거주지에서 벗어나 멀리 떠나는 활동이라는 데 차이점이 있다. 관광은 비교적 이동의 거리가 멀고 시간적으로도 길지만, 레크리에이션은 일상공간의 주변에서도 일어난다. 물론 관광은 일상거주지를 떠나 다시 일상생활권으로 돌아오기까지의 전 과정에서 일어나는 수많은 복합적인 현상이며 그 영향이 크다는 특징을 가지고 있기도 하다.

3. 놀이

놀이(play)라는 개념도 여가 및 레크리에이션과 더불어 관광과 밀접한 관련성을 가진다고 하겠다. 인간을 놀이하는 존재, 즉 '유희하는 인간'(Homo Ludens)으로 보는 하위징아(John Huizinga, 1955)나 그 비판적 계승자라고 할 수 있는 카유와(Roger Caillois, 1994)는 놀이를 인간의 본질이며 동시에 문화의 근원으로 파악하고 있다. 이들의 견해에 따르면, 문화가 놀이의 성격을 상실하게 되면 마침내 문화는 붕괴의 길을 걷게 된다고 한다. 특히 하위징아는 놀이를 인간의 본질, 나아가 문화의 근원으로 파악하고, 놀이의 본질과 그 표현 형태를 인류역사의 전 과정 속에서 파악한 후 놀이가 문화를 만들어 내며 또한 그것을 지속시킨다고 결론짓고 있다. 하위징아는 놀이의 특성으로 다음 네 가지를 들고 있다.

① 인간의 자발적 자유의사에 의해 행해진다.

② 일상생활의 막간에 이용되며 탈일상적이고 사심이 없다.

③ 전통화·반복화라는 지속성을 가지며, 놀이공간으로 미리 구획되어진 공간에서 행해진다.

④ 게임이 끝나면 놀이집단은 영구히 내집단화된다.

한편, 카유와(Roger Caillois)는 놀이의 기준 또는 특성으로서

① 참가의 자유, ② 일상생활로부터의 격리, ③ 과정과 결과의 불확실성, ④ 생산성을 목적으로 하지 않음, ⑤ 규칙의 지배, ⑥ 가상성 등의 6가지를 들고 있다.

이와 같은 놀이의 특성을 볼 때, 그것이 곧 여가의 한 형태로서 자유의사에 근거한 활동인 것은 틀림없지만, 질서·규칙·전통화 등의 관점에서 보면 레크리에이션 또는 관광과 개념적으로 다름을 알 수 있다.

그러나 놀이는 또한 관광과 여러 가지 공통적인 측면도 없지 않다. 그레번(Graburn, 1983: 15)은 그 공통속성을 다음과 같이 지적한다.

"인간의 놀이는 관광에서 말하는 여행이라는 요소를 갖고 있지는 않지만, 관광이 지닌 여러 속성을 공유한다. 즉 놀이가 지닌 정상규칙으로부터 이탈, 제한된 지속성, 독특한 사회관계, 그리고 터너(Turner)가 유동(flow)이라고 이름한 몰입과 열중성을 지닌다. 관광과 마찬가지로 놀이로서 게임은 일상생활의 구조와 가치관과는 다르면서도 그것을 강화시켜 주는 의례(rituals)인 것이다."

4. 여행

여행(travel)은 의미 그대로 어떤 수송수단을 통해서든 한 장소에서 다른 장소로 이동하는 행위로서 목적이나 동기에 관계없이 모든 이동행위를 일반적으로 지칭할 때 사용하는 포괄적인 개념이다. 여행은 그 본질이 이동이라는 점에서 다른 개념들보다 관광과 더욱 밀접한 관계를 가진다. 그래서 여행과 관광은 동의어

로 착각될 만큼 현실사회에서 혼용되기도 한다. 특히 우리나라에서는 통속적으로 관광의 의미를 이동, 즉 교통과 가장 밀접히 관련시켜 보는 경향이 강하다.

관광은 본질적으로 여행의 한 형태라고 본다. 따라서 여행은 대체로 다음과 같이 정의된다. 즉 "여행자는 출발의 원점으로 되돌아오거나 그렇지 않아도 되며, 어떤 목적을 가지고 여하한 교통수단에 의존하여 한 장소에서 다른 장소로 이동하는 행위"로서 관광과는 관계없이, 뚜렷한 목적이나 동기에 관계없이도 행하여지는 것이다. 이와 같이 오늘날 이 travel(여행)은 단순형태의 여행을 가리킬 때 사용하는 개념이다.

5. 관광현상과 인접개념과의 관련성

이상에서 우리는 인접개념들 중 비교적 중요하다고 생각되는 여가·레크리에이션·놀이·여행 등의 본질을 포괄적으로 파악하여 보았다. 그런데 이들 유사개념들은 관광이라는 현상과 종횡으로 연관되어 서로 간의 명확한 상관관계를 밝히기가 어렵다. 최근에는 이들 개념들 간의 상호 관련성에 대해 많은 연구들이 나타나고 있으나, 인접개념 간의 유사성과 관광현상의 개념적 실체를 명료하게 파악하기에는 부족한 점이 많아 보인다.

먼저 관광과 레크리에이션(위락)의 차이점은 무엇인가? 그 차이는 종류의 문제라기보다는 오히려 정도의 문제이다. 레크리에이션 특히 야외레크리에이션은 성격상 관광보다 역동성(dynamism)과 신체적 노력(physical exertion)의 정도가 더 크다. 또한 레크리에이션은 관광보다 육체적 또는 정신적 회복이라는 목표추구의 정도가 더 크며, 역내(intra)란 의미가 강하다. 반면에 관광은 레크리에이션이나 여가보다 견문획득을 통한 지식의 향상, 혹은 자기계발(self-enlightenment)이라는 성취욕구 성향이 더 크다고 볼 수 있다.

관광이 여가나 레크리에이션(특히 야외위락)과 크게 다른 점은 '상당한 정도의 거주권역 이탈'(displacement)이라는 공간이동성에 있다. 옥외 혹은 야외라는 개념도 역시 어느 정도의 공간적 이탈을 전제하고 있지만, 문자 그대로 '문 밖'이면 충분한 것이지 자신이 거주하는 지역사회를 상당히 이탈하여 이역 또는 이국

문화 환경을 접촉한다는 의미는 시사해 주지 않는다.

그러나 다른 문화나 다른 환경을 접촉할 수 있는 상당한 거리의 이동이라고 해서 관광을 이주(imigration)와 혼동해서는 안된다. 이주는 회귀를 전제하지 않는 영구체류를 목적으로 한다는 점, 그리고 유흥목적의 이동이 아니라 생계목적의 이동이라는 점에서 다르다.

이동이라는 점에 관한 한, 관광은 여행(travel)과 같은 부류에 속한다. 그래서 흔히들 관광을 여행과 동일시하는 경향도 적지 않다. 관광이라는 개념 속에는 여행 등 온갖 뉘앙스가 뒤섞여 있어 실체화에 어려움이 있다고 보아 미국여행통계센터(USTDC) 같은 기관은 아예 관광이라는 용어를 쓰지 않고 여행이라는 용어로 일관해 오기도 하였다(Frechtling, 1976).

그러나 앞에서도 밝혔지만, 서로 간에 분명히 다른 점은 여행이라는 개념은 단지 이동이라는 현상만을 그 속성으로 하고 있을 뿐, 목적이나 동기를 전제하지 않는다는 것이다. 즉 여행이란 개념은 관광과 같이 유흥이나 위락을 목적으로 하거나 자기발전을 기하는 것이 아닌, 행위목적이나 행위동기를 묻지 않는 포괄적 이동개념이다. 따라서 모든 관광행위는 전부 여행 속에 포함되지만, 역으로 모든 여행이 전부 관광일 수는 없다. 즉 여행은 관광의 필요조건은 되지만 충분조건은 될 수 없다.

제3절 관광의 구성요소

1. 관광의 구조

관광이란 관광행동을 가능케 하는 각종 사업활동과 관광객을 유치하는 지역과의 여러 관계 등 관련사상을 염두에 두고 폭넓게는 관광현상을 의미한다고 함은 이미 앞에서 언급한 바 있는데, 그렇다면 관광현상은 전체적으로 어떤 구조를 가지고 있는지에 대해 알아보기로 한다.

결론적으로 관광현상은 관광의 3대 구성요소로 일컬어지는 관광주체, 관광객체, 관광매체로 이루어져 있다.

우선 관광현상의 기본적인 요소는 관광행동의 주체로서 관광객의 존재를 빠트릴 수 없다. 사람들이 관광에 대한 욕구를 가지지 않는 한 관광현상은 일어나지 않기 때문이다.

다음으로 관광행동의 객체로서의 관광대상이 있다. 예를 들면 관광객은 풍부한 자연환경을 동경하여 일상생활권을 벗어나게 되는데, 관광대상을 공간적 개념으로 바꿔 말하면 관광지가 된다. 관광대상 내지 관광지는 관광객을 끌어들이는 유인력의 요소로서의 관광자원과 관광객이 그 매력을 향유할 수 있도록 각종 편익을 제공하는 관광시설(서비스 포함)로 구성된다. 관광자원을 세분화하면 자연관광자원과 인문관광자원으로 대별할 수 있으며, 관광시설은 음식과 숙박 등 기반시설과 감상·체험 및 스포츠로 대표되는 각종 활동을 위한 시설로 대별할 수 있다.

마지막으로 관광현상은 주체와 객체의 존재만으로 성립되지 않는다. 양자를 연결하는 매개기능이 필요한데 그것이 바로 관광정보와 관광교통이다. 아무리 훌륭한 관광자원이라도 일반인에게 알리지 않으면, 다시 말해서 관광정보가 없으면 관광행동은 일어나지 않는다. 또 많은 사람들에게 알려져 방문하고 싶다는 생각이 들더라도 이동수단이 없으면 일상생활권을 벗어날 수가 없다.

따라서 관광현상이 성립하기 위해서는 주체, 객체, 매개 등 3대 요소가 존재해야 하며, 마지막으로 이들 3대 요소에 영향을 미치는 것으로 정부나 지방자치단체에 의한 관광정책과 관광행정이 있다. 휴일이나 휴가제도의 제정, 자연공원의 정비, 철도나 고속도로의 건설 및 정비, 관광정보의 제공 등 행정분야의 역할 역시 관광현상이나 관광진흥에 지대한 영향을 미치고 있음을 간과해서는 안 될 것이다.

2. 관광주체

관광의 구성요소로서 가장 중요한 것은 말할 것도 없이 관광을 하는 사람 그 자체의 존재이다. 관광을 행하는 주체, 곧 관광주체를 관광자라 말한다. 관광자가 관광을 하고 싶어하는 관광욕구와 관광동기로부터 관광은 시작된다. 관광자는 관광에서 중심적 위치에 있으면서 관광객체와 관광매체가 제공하는 환경적 배경과 관광자의 심리에 영향을 주는 내적 요인인 욕구, 동기, 학습, 지각, 성격 등과 외적 요인인 가족, 문화, 준거집단, 생활양식 등에 따라 관광행동을 유발한다. 관광자는 관광의 수요자인 동시에 소비자이며 관광시장을 형성하는 최대의 요소가 된다. 즉 관광주체가 가지는 사회경제적인 여건과 관광동기는 관광수요를 구성하는 중요한 결정요인이 되는 것이다.

3. 관광객체

관광의 주체인 관광객은 관광욕구나 동기에 따라 관광대상을 찾게 된다. 이와 같이 관광객에게 매력이 되는 관광대상으로서 관광객의 욕구나 기호에 부합하면서 관광객에게 만족을 제공해주는 관광자원 및 관광시설을 포함하며, 관광공급시장을 형성하는 중요한 요소이다. 관광객체는 관광목적물이며 관광의욕의 대상이 되고 관광행동의 목표가 되는 것이다. 그러므로 관광객체는 보는 것에만 한정되지 않으며, 보고, 듣고, 맛보고, 배우고, 행하고, 생각하는 모든 것을 포함한다.

관광객체는 관광자원과 그 자원을 살려서 관광객의 욕구충족에 직접적으로 기여하는 관광시설로 대별된다. 전자인 관광자원은 유형적 자원(자연·인문), 무형적 자원(인적·비인적), 문화적 자원(유형문화재·무형문화재·기념물·민속자료) 등으로 구성되며, 후자인 관광시설은 하부시설(항만·공항·주차장·통신시설 등의 기반시설)과 상부시설(여행·행정·숙박시설·레크리에이션 시설 등)로 이루어진다.

4. 관광매체

관광의 주체와 객체를 연결시키는 역할, 즉 관광주체의 욕구와 관광대상을 결합시키는 역할을 하는 것을 관광매체라고 한다. 이들 관광매체를 분류하면,
　　① 시간적인 매체인 숙박시설·관광객이용시설·관광편의시설
　　② 공간적인 매체인 교통기관·도로·운수시설

③ 기능적인 매체인 여행업·통역안내업·관광기념품판매업·관광정보와 선전물 등이 있다.

관광매체의 대부분은 관광시장 내의 사업에 의해서 제공되고 있으며, 그 내용은 다음과 같다.

1) 관광시장

관광시장은 관광수요를 창출하는 관광객(관광주체)의 행동체계가 원활히 활동할 수 있도록 하는 기본적 매체기능을 가지고 있다. 관광시장은 국적 구분에 따라 내국인시장과 외국인시장으로 구분할 수 있고, 활동공간의 측면에서는 외래시장, 해외시장, 국내시장으로 분류할 수 있다. 이 체계는 관광을 하려는 욕구와 동기·지각·학습·성격·태도 등의 심리적 요소뿐만 아니라 문화·사회계층 및 집단과 준거집단 등의 사회적 요소에 따라 작용한다.

2) 관광교통 및 운송시설

관광교통은 관광행동의 주체를 관광자원과 시설에 직접 연결시켜 주는 이동체계를 말한다. 관광은 사람의 이동이기 때문에 교통수단에 대한 논의 없이 관광체계를 거론하기는 힘들다. 그리고 교통은 보통 목적지까지 도달하는 수단인 동시에 목적지에서 이동수단으로 정의된다. 따라서 관광교통에는 공간적 차원의 이동체계와 국내외 교통수단 그리고 하드·소프트교통체계, 영리적·비영리적 교통수단도 모두 고려할 수 있다.

3) 유관 관광 관련 업체

관광기업은 관광객에게 관광대상에 대한 정보를 제공하거나 상품화하여 이윤을 추구하는 기업체계를 말한다. 관광기업은 대개 관광의 준비와 숙박 및 활동과 관련된 여행업, 관광숙박업, 관광안내업, 관광시설업 등으로 구성되어 있다. 그리고 이 체계는 관광객의 행동을 유도하고 관광대상의 개발을 담당하며, 주로 제품·가격·유통·촉진 등의 요소로 구성되어 있다.

4) 관광정책과 행정기관

관광정책과 관광행정도 관광성립에 필요한 요소로서 결정적인 역할을 한다. 여기서 정책이란 관광에 대한 국가의 방침을 뜻하며 행정이라는 방침에 의거한 구체적인 시책을 의미한다. 따라서 관광행정은 관광체계의 핵심적 요소들이 원활한 상호작용을 할 수 있도록 조정 또는 규제하는 체계인 것이다. 이 체계는 관광체계의 기능적 발전을 위한 지원적·보조적 역할을 수행하며 행정목표, 행정조직, 행정기능, 행정인력, 행정예산, 행정정보 등으로 구성되어 있다. 따라서 현대의 관광은 관광시장, 관광교통, 관광대상, 관광기업 간의 핵심적 상호작용관계 속에서 성장하고 있으며, 특히 개발도상국과 같이 관광이 아직 충분히 발전하지 않은 국가에서는 관광행정체계의 지원적 역할이 필수적이다.

● 제4절 관광학의 학문적 성격 및 연구방법

1. 관광학의 학문적 성격과 효용

1) 관광학의 학문적 성격

관광학이 어떤 내용을 가지고 있으며, 어떤 역할을 담당하고 있는 것인가 하는 성격론(Charakteristik)에 관해서는 관광학이 성립된 때부터 논의되어져 왔다. 그와 같은 논의를 통해서 명백해진 것은 관광학이 언제나 실천적 의식과 결부되어 있다는 점이다. 이는 관광 특히 국제관광이 한 나라에 가져다주는 경제적 이익이 강하게 의식되어 그와 같은 이익의 증대를 위한 여러 가지 방책을 추구하는 것이 관광학에 부과된 과제였다는 점으로 미루어 보아도 명백하다. 이와 같이 관광학을 필요로 하는 목적이 뚜렷했다는 것이 관광학의 성격을 사변적이라기보다는 오히려 실천적인 것으로 만들었다고 할 수 있다.

오늘날 관광이라는 사회현상이 갖는 사회적 의의는 국내적으로나 국제적으로 옛날과는 비교도 할 수 없을 정도로 커졌고, 그 가치가 널리 인식되기에 이르렀으나, 관광학의 성격과 역할은 본질적으로 달라지지는 않았다. 그것은 오늘날에 와서도 관광현상을 건전하게 발달시키기 위한 여러 방책을 탐구하는 기초로서 기본적 이해를 얻기 위한 연구에 두고 있으므로, 그 의식은 단순한 지적 유희가 아니라 실천적인 것이라 생각된다. 여기서 실천적인 것이라고 하는 것은 반드시 기술적이며 실용적인 것만을 의미하는 것이 아니라, 실증을 통한 과학적·객관적인 것이라야 한다는 것이다. 이와 같은 생각은 오늘날 관광학을 연구하고 있는 학자들 사이에서는 일치된 견해라고 할 수 있다.

2) 관광학 연구의 효용

이렇게 연구된 관광학은 실제로 필요한 것인가, 그 효용문제를 검토해 보기로 한다.

훈지커(W. Hunziker)[1]는 1959년에 발표한 논문 「관광학과 그 응용(Fremdenverkehrwissenschaft und ihre Anwendung)」 중에서 "관광학은 존재하는가?"라는 논제를 내걸고, 스스로 긍정하면서 관광학연구의 이점이 다음과 같은 점에 있다고 기술하고 있다. 즉

첫째, 관광학은 관광이 지니고 있는 고도로 다양한 본질을 이해하는 데 도움이 된다는 것

둘째, 관광학은 관광직업교육에 소용되는 관광론(관광직업교육론)을 수립하는 데 도움이 된다는 것

셋째, 관광학은 경제정책상의 여러 문제를 해결하는 데 소용된다는 것 등이다.

그리고 훈지커는 지금까지의 관광학이 통계학, 지리학, 경제학, 경영학 등의 여러 학문의 분석방법을 이용해 오면서 성과를 올렸던 점을 높이 평가하고, 동시에 앞으로도 이와 같은 방향에 따른 관광학의 발전에 기대를 걸고 있다. 그리

---

1) Walter Hunziker는 스위스 관광계의 지도자로서 1899년 취리히에서 탄생하여 대학에서 경제학을 전공하였다. 스위스 관광연맹부회장, 스위스 여행금고회장, 국제관광전문가협회장 등을 역임하였다.

고 그는 당면한 과제로서 프라이빗 섹터(private sectors)와 퍼블릭 섹터(public sectors)와의 접점에 있는 '환경문제'를 문제삼아 그 연구의 중요성과 긴급성을 강조하고 있다. 이 논문 하나를 미루어 보더라도 관광연구자의 실천적 의식의 일면을 알 수가 있다.

2. 최초의 관광연구

관광학은 관광과 관련한 모든 사상 즉 관광현상을 연구대상으로 하는 학문인데, 본격적으로 과학적인 연구가 시작된 것은 19세기 말부터라고 한다. 먼저 1899년 이탈리아 정부통계국장인 보데이오(L. Bodio)는 "이탈리아에 있어 외래객 이동 및 소비액에 대해서"라는 보고서를 작성하여 발표하였는데 이것이 관광연구의 효시로 알려져 있다.[2] 당시 이탈리아에서는 외화획득을 목적으로 외국인 관광객을 유치하는 일이 국가의 주요 사업이 돼 있었는데, 이는 외국인 관광객의 동태를 파악하고 국제관광의 진흥을 도모하기 위해서였다.

20세기에 들어오면서 유럽에서는 미국인 관광객을 유치하려는 움직임이 활발해지면서 국제관광통계 분야에서의 연구가 계속 진행되었는데, 보데이오에 이어 이탈리아의 니체훼로(A. Nicefero)가 1923년에 발표한 똑같은 논문 "이탈리아에 있어서 외국인의 이동" 및 베니니(R. Benini)의 1926년의 논문 "관광객 이동의 계산방법의 개량에 관하여" 등 두 편이 발표되었다. 이 밖에도 관광통계에 관한 많은 논문이 유럽의 여러 나라, 특히 독일, 이탈리아, 스위스 등을 중심으로 발표되었으며, 경제학적인 전문서적들이 출간되었다.

이와 같은 현상은 유럽대륙과 북미대륙 간의 관광객 이동의 증가가 그 배경이 되었으며, 그 중에서도 19세기 말엽부터 1920년대까지 미국으로부터의 관광객 증가는 유럽 각국으로 하여금 관심을 갖게끔 만들었으며, 그 동태를 분석해서 대미선전을 강화함으로써 외화획득이 그 주요 목적이었다.

이들 관광통계에 관한 많은 논문들의 주된 내용은 ① 관광객의 수, ② 체재기

---

2) 당시 이탈리아를 방문하는 미국인 관광객의 동태를 파악하여 대미(對美)선전을 강화할 목적으로 수행된 통계관련 보고서로서 관광객수, 체재기간, 소비액 등을 조사하였다.

간, ③ 소비액 등에 관한 것으로 이것들을 어떠한 방법으로 조사하는 것이 타당한가 하는 것이었다.

3. 관광학의 연구방법

1) 관광학 연구의 접근방법

개별과학 가운데 어떤 방법으로 접근하느냐 하는 것에 관해서 후자의 입장을 취한다면, 그것은 이른바 기성과학의 한 분야의 성과에 비추어 관광현상을 해명하고, 그러한 사실을 모아서 쌓은 후에 개별과학의 응용과학으로서 관광학을 수립하려는 입장이다.

즉 그것을 최초로 실천한 사람은 마리오티(A. Mariotti)교수이며, 그가 주장하는 관광학이 하나의 과학으로 성립하기 위해서는 필연적으로 과학적 문제가 제기된다. 일반적으로 과학의 특성은 그 대상에 있는 것이 아니라 어떠한 대상이든 간에 그 대상에 접근하는 방법에 있는 것이다. 여기서 과학적 방법이라 함은 일반적으로 연구하려는 대상을 객관적 · 체계적으로 정밀하게 관찰 · 검증 · 분류 · 해석함으로써 보편적인 이론을 도출하는 과정이라고 말할 수 있다.

관광을 체계적으로 연구하는 방법에는 두 가지가 있음을 알 수 있다. 하나는 관광현상이 매우 복잡한 현상이라는 이유로 관광을 연구하려는 관광학을 단순히 사회과학의 한두 가지 학문뿐만 아니라, 자연과학 등 다른 수많은 학문분야를 고르게 취급한 종합문화과학적인 것이 아니면 안된다는 입장이다. 즉 글뤽스만(R. Glücksmann)의 견해는 이러한 입장을 대표하고 있다.

다른 하나는 관광현상의 복잡한 다양성을 인정하면서도 연구의 방법을 한정하지 않는 연구는 성립할 수 없다는 입장이다. 관광연구를 종합문화과학의 입장을 이론적으로 뒷받침한 사람은 보르만(A. Bormann)이다. 훈지커(W. Hunziker)와 크라프(K. Krapf)는 이념적으로는 종합문화과학이 바람직하다고 인정은 하면서도 기술적인 어려움과 실용상의 가치에서 경제학에 기울어진 관광연구를 하였다는 점에서 개별과학의 응용학으로 관광학을 수립하려는 입장에 속한다.

2) 관광론에서 관광학으로

관광연구의 체계화는 순수이론으로서의 관광학이라기보다는 이론으로서의 관광학에 정책론을 포함한 보다 큰 범주, 말하자면 관광학으로서의 체계가 아직 정비되지 못한 단계의 관광론에서부터 시작되었다. 그것은 아마도 당시 관광연구자들이 스스로 자기의 학문체계가 불충분하다는 것을 인식했기 때문인 것 같다.

그래서 글릭스만은 자신의 저서를 「일반관광론」이라 불렀고, 또한 보르만도 「관광론」이라 불렀다. 여기에서 두 사람의 저서는 모두가 지식의 집합체로서의 '논(論)'이라는 점에서는 동일하다. 그런데 마리오티 교수는 「관광경제학강의(Lezioni di Economica Turistica)」라는 명칭을 사용하고 있다. 이탈리아어의 economica에는 '경제'와 '경제학'의 두 가지 의미가 있으나 여기에서는 '경제'의 의미로서 사용했음을 마리오티 교수 자신이 인정하고 있다. 이상에서 보는 바와 같이 제2차 세계대전 이전까지는 '관광학'이라는 명칭은 전혀 사용하지 않았고, 오로지 '관광론'이라는 명칭만이 있었던 것이다.

훈지커도 1942년 이전에는 다른 사람처럼 '관광론'이란 용어법을 쓰고 있었지만, 1943년에 저술한 「과학적 관광론의 체계와 주요문제(System und Haupro-bleme einer wissenschaftlichen Fremdenverkehrslehre)」란 책에서는 처음으로 '과학적인 관광론'이란 말을 사용하였고, 나아가서 그 후로는 계속하여 오늘날까지 '관광학'이란 말을 사용하고 있다. 이와 같은 사실은 훈지커의 학문적 체계의 발전과 자신을 말하고 있는지 아닌지는 차치하고라도 그 후에는 이런 유(類)의 용어가 많이 사용되게 되었고, 라틴어계의 국가에서는 'tourismologia'라는 용어가 사용될 정도가 되었다.

4. 관광학의 향후 방향

1) 접근방식별 관광학의 의의

지금까지의 관광연구에는 두 가지 접근방식이 존재해 왔음을 알고 있다. 즉 하나는 종합사회과학으로서의 관광학이며, 다른 하나는 개별과학의 응용학으로서의 관광학이다. 한편, 일본의 시오다 세이지(鹽田正志, 1974: 60)는 이를 '위로 부터의 관광학'과 '아래로부터의 관광학'이란 표현으로 접근방식을 구분하고 있 는데, 의미상으로 볼 때 전자는 종합사회과학으로서의 관광학을, 후자는 개별과 학의 응용학으로서의 관광학을 의미하고 있다. 관광현상을 파악하는 연구방식 으로서 어떤 것을 택할 것인가 하는 것은, 각 방식이 나름대로의 장단점을 갖고 있기 때문에, 단정적으로 어느 접근방식이 좋다고 말할 수는 없다. 다만, 그것이 어느 방식이든 관광학 또는 관광론이라 부른다면, 그 관계는 [그림 1-2]와 같이 될 것이다.

▶▶ 그림 1-2 **관광학의 접근방식별 구분**

이와 같은 두 가지 입장이 오래도록 상치하며 지속되고 있다는 것은 그들 나 름대로의 이유와 신념이 있었기 때문일 것이다.

개별과학의 응용학으로서의 관광연구는 현저하게 전문화되었고, 그 분석기법 도 매우 실용적인 것이 되었다. 그러나 이러한 경향은 "나무를 보고서도 숲 전체 를 보지 못할 위험성을 내포하고 있다"고 한 시오다 세이지의 지적은 적절한 표 현이라 하겠다(鹽田正志, 1974: 71).

반면에 종합사회과학으로서의 관광학 즉 위로부터의 관광학이 지닌 문제점에 대해서도 역시 시오다 세이지가 다음과 같이 가장 잘 요약하고 있다. 즉 "숲 전체의 모습을 파악하는 데는 좋을지 모르나, 이 방식은 지식의 집적은 있어도 법칙은 없고, 따라서 그것은 진실된 학문이라고 보기는 어려우며, 관광학이라는 호칭은 편의적인 것밖에는 안된다. 왜냐하면, 모든 분야의 여러 법칙들을 동일한 차원에서 파악할 수는 없기 때문이다. 엄밀한 법칙으로서 자연과학법칙과 대수법칙[3])으로서 사회과학법칙을 하나의 과학의 이름아래 동거시킬 수 없는 것이며, 또 사회과학법칙과 윤리학 같은 정신과학의 법칙을 동일시할 수도 없다. 영국의 로빈스(L. Robbins)가 말한 대로 실증적 연구의 일반법칙과 규범적 연구의 일반법칙과의 사이에는 아무리 교묘한 수법을 쓰더라도 위장할 수가 없는, 그리고 공간 또는 시간을 어떻게 바꾸어 놓더라도 다리를 놓을 수 없는 논리적 장벽이 있기 때문이다(鹽田正志, 1974: 279~80)"라고 했다. 시오다 세이지가 지적한 대로 이 방식은 관광현상이라는 숲 전체를 주마간산식으로 대충 파악하는 데는 유익할지 모르나, 나무에 비유되는 개별현상을 면밀히 탐구하지 못함으로써 지식의 깊이를 상실한다는 약점이 있다. 이렇게 되면 진실된 학문 여부와 같은 가치논쟁은 접어 두고라도 다른 인접 사회과학에 비해 내세울 이론도 내세울 법칙도 없는, 학문성이 결여된 분야로 취급받게 될 위험성이 높다.

이처럼 두 가지 입장을 구별하려는 사고방식에 반대하는 입장도 있다. 예를 들면, "기성학문의 개념을 어렵게 생각하여 '어디까지가 어떤 학문의 범위'라고 하는 생각에 구애되지 말고 진실로 관광을 이해하는 연구가 가장 올바른 것이다"라는 견해이다(岡庭博, 1969: 29).

그러나 학문에 있어서 중요한 것은 인식목적·인식대상·인식수단의 상호관련이며, 방법을 한정하지 않는 학문이란 존재할 수 없는 것이고, 따라서 방법을 명시하지 않고서 단지 '진실로 관광을 이해하는 연구'가 필요하다고만 하는 것으로는 아무런 해결도 되지 않는 것이다.

---

3) 대수의 법칙(law of large numbers)이란 관찰표본수가 적으면 틀릴 확률이 많으나, 관찰표본수가 많아지면 맞을 확률이 아주 높아지는 일종의 확률법칙을 뜻한다. 사회과학에서 내세우는 법칙이란 이러한 대수의 법칙에 바탕을 둔 확률법칙에 그 근거를 두고 있다. 예컨대, 우리나라에 사는 어떤 특정 개인의 수명은 예측하기 어려우며 법칙화할 수 없다. 그러나 수십만 명의 평균수명을 종합해 본다면 우리나라 사람의 평균수명을 예측할 수 있다.

2) 관광학의 향후 방향

전부터 '관광'은 관련되는 여러 과학이 혼합하여 이루어진 것으로서, 지금까지 독립된 '학(學)'의 체계를 이루지 못하고 있다는 이유로 '관광학'이라고 당당하게 불려지지 못해 왔다.

그러나 오늘날에 와서는 관계 영역 사이에 걸쳐진 학제적 연구가 각 방면에서 왕성해졌기 때문에 이제는 차츰 '학(學)'으로서 인지되어지는 것이 마땅하다고 생각되어질 뿐만 아니라, 오히려 더 적극적으로 '학(學)'의 확립을 목표로 연구에 진력하는 편이 현실적인 것으로 생각된다.

그러므로 관광론이란 말을 관광학이 미완성된 단계의 표현이라 생각하든, 관광이란 말을 관광에 관한 이론적 측면에 한정하여 정책까지도 포함한 보다 넓은 뜻에서의 범주를 관광론이라 생각하든 그 입장은 자유이지만, 어느 것이든 간에 지금으로부터 관광연구의 입장은 앞에서 기술한 두 가지의 기본적인 입장이 병행됨과 동시에 종합사회과학으로서의 관광학에서는 철학적인 이해가, 그리고 개별과학의 응용학으로서의 관광학에서는 통계학적인 방법이 점점 중요해질 것으로 본다. 이러한 의미에서는 관광연구자가 어느 길을 선택하더라도 여러 방면에서 더 한층의 교양과 지식을 획득하는 일과 학문적 방법을 몸에 익히는 것이 절실히 요구된다고 본다.

관광의 발전사

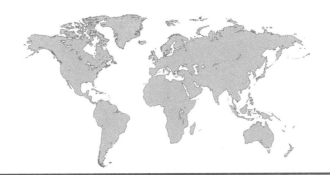

PRINCIPLES of TOURISM

CHAPTER 2 관광의 발전사

역사는 현재와 과거와의 대화이며 그러한 대화과정을 통하여 현재의 의미가 떠오르는 것이다. 이러한 역사의 시점에서 '현재'와 '새로운' 시대를 반영하는 중요한 사회현상인 관광의 과거와 현재를 되새겨 보는 것은 의의가 있다고 본다. 근대의 경제적인 풍요로움은 '대중관광'이라는 관광형태를 잉태하였으며 이에 대체하는 '새로운 관광'은 '탈근대'라는 새로운 시대의 도래와 깊은 관련성을 가지고 있다. 이러한 현대관광의 의미를 이해하기 위하여 관광의 역사에 대하여 고찰해 보고자 하는 것이다.

현대에 있어 하나의 사회현상으로 자리 잡고 있는 관광현상은 그 시대의 사회 모습을 대변해 주는 대표적인 사회현상으로 볼 수 있다. 따라서 관광의 역사를 되새겨봄으로써 현대관광의 의미를 이해할 수 있는데, 여기에 관광의 역사를 배우는 목적이 있다고 하겠다. 이러한 목적을 달성하기 위해서는 먼저 관광의 역사에 대한 시각을 명백히 하고 이를 검토함으로써 관광의 역사를 배우는 이유를 더욱 쉽게 이해할 수 있을 것이다.

제1절 관광의 발전단계

관광의 일반적인 발전단계를 관광내용을 이루는 커다란 특성에 따라 시대를 구분하면 다음과 같이 요약할 수 있다. 즉 투어(Tour) 시대, 투어리즘(Tourism) 시대, 매스투어리즘(Mass tourism)/소셜투어리즘(Social tourism) 시대, 신관광(New tourism) 시대로 구분할 수 있겠다. 단지, 세계의 역사부분에서는 주로 유럽을 대상으로 했으며, 이러한 발전단계를 도표로 요약한 것이 〈표 2-1〉이다.

다만, 여기서 밝혀 두고자 하는 것은 〈표 2-1〉은 일본의 관광학자인 시오다 세이지(鹽田正志)[1] 교수가 유럽의 관광을 중심으로 그린 도표를 참고하여 최근의 New tourism 시대를 포함하여 재작성했다는 것이다.

▶▶ 표 2-1 관광의 발전단계

단계구분	시 기	관광대상	관광동기	조직자	조직동기
Tour 시대	고대부터 1830년대 말까지	귀족, 승려, 기사 등의 특권계급과 일부의 평민	종교심, 향락	교회	신앙심 향상
Tourism 시대	1840년대 초부터 제2차 세계대전 이전까지	특권계급과 일부의 부유한 평민(부르주아)	지적 욕구	기업	이윤 추구
Mass tourism/ Social tourism/ National tourism 시대	제2차 세계대전 이후 근대까지	대중을 포함한 전국민(장애인, 노약자, 근로자 포함)	보양과 오락	기업 공공단체 국가	이윤 추구, 국민복지 증대
New tourism 시대	1990년대 이후 최근까지	일반 대중과 전 국민	개성관광의 생활화	개인 가족	개성 추구와 특별한 주제 또는 문제 해결

---

1) 시오다 세이지(鹽田正志): 일본의 아세아대 교수로서 그의 저작물로는 「관광경제학서설」(1960), 「관광경제학」, 「관광학연구 I」(1974) 등이 있다.

1. Tour 시대

고대 이집트, 그리스와 로마시대부터 1830년대까지를 총칭하여 투어(Tour)의 시대라고 할 수 있다. 이 시대의 특징은 귀족과 승려, 기사 등이 속하는 특수계층이 종교와 신앙심의 향상을 위한 교회 중심의 개인활동으로서 여행을 하였고, 관광사업의 형태는 자연발생적인 특징이 있다.

고대 그리스와 로마시대의 경우, 올림피아(Olympia)에서 열렸던 경기대회 참가를 위한 여행행위나 신전참배 등의 종교활동을 위한 여행이 주류를 이루었다. 로마시대 후기에는 교통·학문의 발달로 지적 욕구의 증대에 따른 탐구여행, 종교 및 예술활동을 위한 여행, 식도락 관광 등의 형태로 발전하였다. 그리고 중세시대에는 십자군 전쟁의 영향으로 일부 중간층도 관광에 참여하게 되고 가족단위의 관광형태도 생겨났으며, 주로 수도원이 숙박시설 기능을 담당하였다.

2. Tourism 시대

투어리즘(Tourism)의 시대는 서비스를 통하여 관광사업의 토대를 마련한 시기로 1840년부터 제2차 세계대전 이전까지를 말한다. 이 시기의 관광은 귀족과 부유한 평민이 지식욕을 충족시키기 위한 형태로 발전하여 단체여행이 생성되었으며, 이에 따라 이윤추구를 목적으로 하는 기업이 등장함으로써 중간매체적인 서비스사업이 태동하게 되었고, 영국의 토마스 쿡(Thomas Cook)이 도입한 여행알선업이 그 시초가 되었다.

르네상스(Renaissance) 이후 중세에서 근대로 접어들면서 순례를 중심으로 관광여행이 증가하고 여관이 등장했으며, 유럽 대륙횡단 여행이 성행하는 단계로 발전하였다. 이러한 발전을 거듭하던 관광이 19세기 산업혁명을 계기로 교양관광(grand tour) 시대가 대두되고 온천·휴양지를 중심으로 호텔이란 숙박시설이 등장하면서 더욱 성황을 누리게 되었다.

마침내 근대 '관광산업의 아버지'라 불리는 토마스 쿡이 1841년에 단체 전세열차를 운행하면서 처음으로 관광여행자를 모객한 것이 오늘날 여행사에 의하여 단체관광 및 패키지여행상품이 판매되는 효시가 되었다.

또한 이 시기에는 교통·통신의 발달로 기차, 자동차, 선박여행이 시작되었으며, 이는 향후 관광의 대중화를 구축하는 중요한 기초가 되었다.

3. Mass tourism/Social tourism 시대

매스투어리즘(Mass tourism)의 시대는 제2차 세계대전 이후 현대에 이르는 대중관광 또는 대량관광시대를 가리킨다. 이 시기는 조직적이고 대규모적인 관광사업의 시대로서, 중산층 서민대중을 포함한 전 국민이 관광을 여가선용과 자기창조활동 등의 폭넓은 동기에 의해서 이루어지는 사회현상으로 받아들여지는 시대이다.

한편, 여행할 만한 여유가 없는 계층을 위해 정부나 공공기관이 적극 지원함으로써 국민복지 증진이라는 목적을 위해 '복지관광(Social tourism)'운동의 이념을 확산·수용하여 적극적인 관광정책을 추진하기에 이르렀다. 이러한 복지관광의 실현 측면에서 건전한 여가활동을 위해 장애자, 노약자, 저소득층, 소외계층의 관광활동을 지원하는 관광정책이 많은 국가에서 시행되고 있다.

또한 관광활동을 국민의 기본권으로까지 인식하는 국민관광경향이 늘고 있다. 이에 부응하여 국민 모두가 관광에 참여할 수 있는 기회가 주어지고 생활화되어 대중적으로 참여하게 되는 국민관광(National tourism)의 붐이 일어나게 되어 국민관광 관련시설이 늘어나고 있다.

또한 이 시기에는 매스미디어의 발달로 사람들에게 미지의 세계에 대한 다양한 정보를 이전보다 신속하고 폭넓게 전달하여 관광산업 발전에 기여하는 자극제 역할을 하였다. 이러한 결과들로 인하여 정부는 광역적 관광개발을 적극적으로 전개하게 되었고, 관광산업 발전에 주도적인 역할을 담당하면서 오늘날 세계 각국은 관광산업을 국가전략산업으로 육성하게 되었다.

4. New tourism 시대

1990년대 이후 관광의 개념은 다품종 소량생산의 신관광(New tourism)의 시대로서, 생산력의 증가로 잉여물이 생겼고 여가시간의 대폭적인 증대로 인해 인간의 욕구는 자아실현이나 문화를 향유하려는 보다 고차원적인 욕구로 변해왔다. 이러한 현상은 당연히 여가와 관광의 추구로 나타나 교통수단이라는 기술력의 뒷받침 아래 여가와 관광현상에서 비약적인 증가·발전을 가져오게 되었다. 관광공급자의 측면에서도 이제는 이러한 고객을 단순히 만족시키는 차원에서 벗어나 감동을 시켜야 경쟁에서 살아남을 수 있다는 판단 아래 고객의 욕구를 충족시키고 그에 부응한 서비스를 만들어내고 있는 것이다.

이러한 시대적인 흐름을 반영하여 관광을 통해 자기표현을 추구하는 개성이 강한 계층이 주도하는 새로운 흐름의 관광형태가 등장하였다. 더 이상 값싼 관광상품, 표준화된 패키지여행을 원하지 않고 부단히 새로운 관광지, 색다른 관광상품을 탐색하며 개성을 추구하고 질적인 관광을 선호하는 관광객이 점증하는 추세인 이러한 현상을 독일의 푼(Auliana Poon)은 신관광혁명(New tourism revolution)이라 명명하고 있다.

이와 같은 탈(脫)대중관광시대를 신관광시대라고도 불렀는데, 신관광시대의 특징은 관광의 다양성과 개성 추구에 따라 특수목적관광(SIT; Special Interest Tourism)이 많이 생긴다는 것이다. 종래의 본능적인 욕구충족의 해결로 보았던 관광을 이제는 전형적으로 어떤 특수한 주제관광으로서 특수목적관광을 이루고 있으며, 문화관광이 이러한 영역을 대표하고 있고 종교관광, 민속관광, 생태관광, 문화유산관광, 요양관광 등 보다 차원이 높으면서도 다양한 형태의 관광을 추구하게 되었다.

향후 관광산업의 추세는 글로벌화, 개별여행(F.I.T) 및 특수목적관광(S.I.T)의 증가, 재방문 형태의 증가, 정보취득의 채널 다원화 및 용이성에 따라 지속적인 변화가 예상된다. 아울러 발전 가능한 미래 관광산업의 시장은 자연추구형, 모험추구형, 문화 및 체험추구형, 테마추구형, 웰빙&로하스(Lohas) 추구형 등의 다양한 형태의 체험을 할 수 있는 관광형태로 발전할 것으로 전망된다.

제2절 세계관광의 발전과정

1. 고대 · 중세의 관광

1) 고대 이집트와 그리스

기원전 5세기에 태어난 그리스의 역사가인 헤로도투스(Herodotus)는 로마의 키케로(Cicero)에 의해 '역사의 아버지'로 불렸으며, 고대 이집트와 그리스의 역사를 기술한 것으로 알려져 있다. 그는 또 '고대에 있어서 가장 위대한 여행자'라고도 불렸고, 그리스를 중심으로 중근동(中近東, 중동과 근동 지역)·유럽남부·북아프리카 각지로 여행을 시도하여 각 시대, 각 지방에서 행해졌던 '여행'에 관해서도 기술했었다. 그에 의하면 관광적인 여행의 가장 시초는 신앙 때문에 행해졌다고 한다.

그러나 관광이 유럽에서 본격적인 형태로 나타난 것은 그리스 시대였다. 기원전 776년 이후 올림피아(Olympia)에서 열렸던 경기대회에는 많은 사람들이 여러곳에서 참가하여 이를 즐겼다고 하며, 에게해에 여기저기 흩어져 있는 에게해의 여러 섬 중에서도 델로스(Delos)섬에는 요양을 위하여 반도로부터 많은 사람이 찾아와서 머물렀다고 전해지고 있다.

또한 그리스 신들의 신전이 건축되고 참배자가 많았던 것도 잘 알려져 있으며, 특히 델포이(Delphoi)에 있는 아폴로(Apollo)의 신전이나 아테네(Athens)의 제우스(Zeus)나 헤파이스토스(Hephaestus)의 신전이 관광명소로 유명했다고 전해진다. 이처럼 그리스의 관광은 당시의 시대적 배경에서 판단하면 체육, 요양, 종교의 세 가지 동기에서 행해졌으며, 즐거움을 위한 여행의 목적이 된 최초의 것은 스포츠와 그 관람이었음을 알 수 있다.

이 시대의 여행자는 민가에서 숙박하는 것이 보통이었고, 숙박시키는 쪽에서는 외래자를 모두 대신(大神) 제우스의 보호를 받는 '신성한 사람'으로 생각하고 후대하는 관습이 있었다. 이와 같은 환대의 정신은 호스피탈리타스(Hospitalitas)

라고 해서 그 당시 최고의 미덕으로 여겼으며, 이 말이 오늘날의 '호스피탈리티 (Hospitality)'의 어원이 되었다고 한다. 영국의 역사가 토인비(A.J. Toynbee)도 말한 바와 같이 그리스 시대 가운데서도 기원전 4세기 중엽 이후의 이른바 헬레니즘(Hellenism)시대는 '인간존중의 정신'이 지배했던 시대로서 호스피탈리타스도 여기에 그 근원을 갖는 것으로 생각된다.

2) 고대 로마

로마시대에 와서는 공화정과 제정(帝政)의 양 시대를 통하여 관광이 한층 번성하였던 것이 기록으로 보아 명백하다. 고대 로마시대의 관광동기 내지 목적은 종교 · 요양 · 식도락 · 예술감상 · 등산이었던 것으로 보인다.

먼저 로마신화의 여러 신의 신전은 본토는 물론 여러 섬의 곳곳에 세워졌으며, 사람들은 각각의 목적에 따라 주신(主神)인 주피터(Jupiter), 미와 사랑의 여신인 비너스(Venus), 풍작의 여신 케레스(Ceres) 등의 신전에 참배했다.

로마 사람들은 그리스 사람들보다 훨씬 미식가였으며, 그 내용은 당시의 조리교본인 '조리의 왕(De re Coquinaria)'을 보아도 알 수 있다. 그래서 그들이 각지의 포도주를 마셔가며 미식을 즐기는 식도락은 가스트로노미아(Gastronomia)라 불렸고, 하나의 관광형태가 되었다. 가을에는 술의 신(酒神) 바커스(Bacchus)를 주신(主神)으로 하는 제례가 행해져 많은 사람들이 몰려들었다고 한다.

이 같은 미식으로 인해 많은 비만인이 생겨났고, 그와 함께 온천요양을 필요로 하는 병자가 늘어났으며, 오늘날의 요양관광이라는 새로운 관광형태를 낳게 하였다. 남부 이탈리아의 바이아(Baia)는 이와 같은 유형의 관광중심지 중 하나가 되었으며, 이에 따라 요양객을 위한 연극이 공연되었고, 또한 카지노(Casino)도 설치되었다.

또 예술관광이란 각지의 명승고적을 탐방하는 것으로 가깝게는 카프리섬의 티베리우스(Tiberius) 황제의 별장부터, 멀리는 이집트의 피라미드 등이 그 대상이었다.

그리고 등산은 종교적 동기로 인한 것과 과학적 동기로 인한 것으로 구분할 수 있는데, 전자의 예로는 알프스의 산베르나르도(San Bernardo)에 있는 주피터(Jupiter)신전 참배 등이 있고, 후자의 예로는 시칠리아(Sicily)섬의 에트나(Etna)활화산을 찾는 등산 등이 널리 알려져 있었다.

로마시대에 들어와서 이 같은 관광이 가능했던 배경으로는 교통수단의 정비를 들 수 있다. 기원전 4세기에 건설되었다는 아피아가도(Appian Way)를 비롯하여 로마의 중심 포로(Foro)로부터는 일곱 개의 가도가 동서남북으로 뻗었고, 남쪽은 멀리 그리스로 뻗어나가는 해상교통으로 연결되어 있었다. 고대 로마의 도로정비는 주로 전략상의 이유에서였다고는 하나, 그것이 관광의 발전에 기여했던 것은 명백한 사실이다.

당시 육상의 교통수단은 마차뿐이긴 하였으나, 사람의 수와 목적에 맞추어 2인승 단거리용의 2륜마차 키시움(Cisium), 3인용 2륜마차 카렛세(Calesse), 4인승 장거리용의 4륜마차 파레토리움(Paretorium)으로부터 포장과 침대가 붙은 4륜차 카루카 도르미토리아(Carruca Dormitoria) 등 여러 종류가 있었다.

한편, 해상교통도 소형의 트라게토(Traghetto)나 바르카(Barca)로부터 대형의 나베(Nave)에 이르기까지 여러 가지가 있었는데, 대형선으로 로마의 오스티아(Ostia)항구에서 스페인의 카디즈(Catiz)까지는 7일, 나폴리 근처의 포추올리(Pozzuoli)항구에서 그리스의 코린투스(Corintus)까지는 5일이 걸렸다고 한다.

숙박시설은 처음에는 민가를 개조하는 정도의 것이었으나, 관광이 발전함에 따라 대형화되기 시작했으며, 오스티아(Ostia) 등지에서는 4층 건물로 내부에 리셉션 데스크와 선물가게까지 갖춘 여관이 있었다는 것은 오늘날 오스티아의 유적에서도 확인되고 있다. 이 밖에 그리스에 있었던 것과 같은 간이식당 타베르나(Taverna)나 식당 겸 숙박시설인 포피나(Popina)가 각지에 건설되어 영업을 하고 있었다.

그 당시에 관광은 극히 일부의 계층에만 한정되어 행하여졌음에도 그것이 발달한 이유로서는 위에서 지적한 여러 조건 이외에 다음과 같은 점을 지적할 수 있다.

첫째, 치안의 유지가 잘되어 있어서 안심하고 관광여행을 할 수 있었다는 것

둘째, 화폐경제가 보급되어 있어서 물물교환의 번거로움을 피할 수 있었고 또

한 행동반경이 커졌다는 것

셋째, 학문의 발달에 따라서 지식수준이 향상되어 미지의 세계에 대한 동경이 증대한 것

그러나 5세기(476년)에 이르러 로마제국이 붕괴되면서 치안은 문란해졌고 도로는 황폐해졌으며, 화폐경제는 다시 실물경제로 되돌아감으로써 관광에 있어서는 악조건이 겹쳤기 때문에 오랜 관광의 공백시대로 빠져들게 되었다.

3) 중세 유럽

유럽에서 관광 부활의 원인이 된 것은 십자군 전쟁이었다. 11세기 말(1096년)부터 13세기 말(1291년)에 이르기까지 약 200년간 7회에 걸쳐 편성된 십자군원정은 서유럽의 그리스도교도들이 성지 예루살렘을 이슬람교도들로부터 탈환할 목적으로 감행한 대원정이었다. 십자군원정이 열광적인 종교심과 함께 호기심·모험심의 산물이었다는 것은 일반적으로 널리 알려진 바이지만, 원정에서 귀국한 병사들이 들려준 동방의 풍물에 대한 정보는 유럽인들에게 동방세계에 대한 관심을 가지게 함으로써 동서 문화교류의 계기를 마련하게 되었다.

또한 동방과의 교섭의 결과 교통·무역이 발달하고 자유도시의 발생을 촉진하였으며, 동방의 비잔틴문화·회교문화가 유럽인의 견문에 자극을 주어 근세문명의 발달에 공헌한 바가 컸다.

비록 명분과 목적에서 예수의 묘가 있는 예루살렘을 회교도의 손에서 탈환하여 기독교도의 영토로 삼아 순례자의 편의를 꾀하려던 '성지 예루살렘(Jerusalem)의 탈환'은 끝내 달성하지 못했으나, 이슬람교도에게 그리스도교도의 예루살렘 순례를 인정하게 함으로써 중세를 통하여 예루살렘은 종교관광의 최고 목적지가 되었다.

중세 유럽의 관광은 중세세계가 로마 법왕을 중심으로 한 기독교문화공동체였던 탓으로 종교관광이 성황을 이루었는데, 예루살렘에 이어 제2의 순례지는 로마였다. 여기에는 교황이 있고 사도 베드로나 바울 등이 순교한 땅이기도 하다. 로마 교황이 7대에 걸쳐 프랑스 남부 아비뇽(Avignon)에 유폐당한 14세기와

신성 로마제국 황제 카를 5세(Karl V)가 로마를 약탈한 16세기 초에 일시적으로 황폐되기는 하였으나 오랜 중세를 통하여 로마는 신앙의 중심지였다.

중세 유럽의 제3의 순례지는 스페인의 산티아고 드 콤포스텔라(Santiago de Compostela)였다. 이곳에서 12사도의 한 사람인 야곱의 유골이 발견되었다고 해서 1082년에 대성당이 건립되었고, 또한 성지로 지정된 이래 프랑스와 스페인 각지로부터 많은 순례자가 모여들었다.

이와 같이 중세 유럽의 관광은 성지순례(Pilgrimage)의 형태를 취하였고, 그들은 수도원에서 숙박하고 승원 기사단의 보호를 받으면서 가족단위로 먼 길의 관광을 즐길 수 있었다.

2. 근대관광의 발생과 발전

1) 근대관광의 생성조건

관광은 근대의 경제적 풍요로움을 근본적 원인으로 하여 발생한 사회현상이며, 근대를 구체화하는 전형적인 사회현상이라 할 수 있다.

여가활동의 일종인 관광을 실현하기 위해서는 먼저 돈과 시간이 필요하다. 그리고 또 하나의 조건으로 관광을 받아들이는 사회규범의 침투, 즉 주위의 누구나가 어려움 없이 관광을 즐길 수 있는 사회환경을 들 수 있으며, 관광을 유발시키는 이 모든 조건은 경제적 풍요로움이 사회 전반에 걸쳐 확산됨으로써 비로소 성립하게 된다.

근대 이후 관광이 더욱더 확대된 계기는 19세기 말 이후 여행조건의 비약적인 향상을 들 수 있다.

첫째, 교통의 혁신적 발전

둘째, 숙박시설의 정비

셋째, 관광관련 산업의 복합화와 발전

넷째, 관광정보의 보급

다섯째, 이동 저해요인의 철폐 및 완화 등이다.

2) 근대 유럽의 관광

유럽에 있어 15세기에서 19세기 초까지는 르네상스, 대항해, 종교개혁, 미국의 독립, 그리고 계몽주의가 확산된 시기로 역사의 시대구분은 이를 근세라고 부른다. 이와 같은 근세는 근대의 기초가 구축되는 시대이며 또한 여행의 역사에서 관광의 역사로 전환하는 시기라고도 할 수 있다.

유럽에 있어서의 관광은 위에서 언급한 바와 같이 일부에서는 대항해시대를 맞이하는 등 화려한 일면도 있었지만, 근세에 와서도 종교관광의 기조는 달라지지 않았다. 그러던 것이 19세기에 들어서면서 커다란 변화가 나타났다. 이 시대에는 이미 중세 말기에 생긴 여관조합(inn guild)이 발전하여 여관의 수도 많아졌으며 관광여행이 쉬워진데다, 문예부흥기를 맞아 괴테(J.W.von. Goethe), 셸리(P.B. Shelley) 그리고 바이런(G.G. Byron) 등과 같은 저명한 작가와 사상가가 대륙을 여행한 후 발표한 작품들이 또 다른 관광여행의 자극제가 되었다. 역사가들은 이 시대를 가리켜 '교양관광의 시대' 또는 '그랜드 투어(Grand Tour)의 시대'라고 부르고 있다.

이른바 산업혁명이 가져온 기술혁신의 하나인 철도의 발달은 특히 영국에서 두드러져서 1850년에는 주요 철도망이 거의 완성돼 있었다. 이와 같은 시대상황에서 등장한 사람이 토마스 쿡(T. Cook)인데, 그의 활약에 의하여 대중의 즐거움을 위한 여행은 새로운 형태로 전개되어 갔다.

영국인 목사였던 쿡은 관광분야에서는 최초로 여행업을 창설한 인물로 다양한 아이디어 속에 단체관광(패키지 투어)을 처음으로 시도하였으며, 이러한 단체관광의 구조하에서 관광 대중화의 길이 열리게 된 것이다.

쿡에 의한 여행업의 창설은 처음에는 종교활동에서 시작되었다. 쿡은 인쇄업을 운영하면서 전도사 및 금주운동가로서 활동하고 있었는데, 당시 도시노동자의 음주습관을 없애기 위하여 관광이라는 건전한 레저활동을 노동자계층에 인식시키며 금주운동을 펼치고 있었던 것이다. 여행과 관련한 쿡의 최초의 업적은 금주운동 참가를 위한 단체여행의 주최였다. 그는 1841년에 철도회사와의 교섭을 통해 단체할인의 특별열차를 임대하여 570명 참가자들의 전 여정을 관리하여 성공적으로 끝마쳤는데, 이는 근대여행업의 제일보라 할 수 있다.

그 후 쿡에게 여행수속의 대행을 의뢰하는 사람이 속출하여, 드디어 1845년에는 단체여행을 조직화하고, 교통기관이나 숙박시설의 알선을 전업으로 하는 '여행대리업(당시는 excursion agent)'을 경영하게 되었다. 쿡의 공적은 누가 무엇이라 하여도 대중의 여행을 손쉽게 한 것에 있으며, '즐거움을 위한' 여행에 참가할 수 있는 사람들을 증대시켰다는 점이다. 이 점에서 쿡을 '근대관광산업의 아버지'라고 부르고, 쿡의 등장 이후를 '근대관광의 시대'라고 부른다.

한편, 숙박시설 면에서도 19세기가 되면서 온천지를 중심으로 호화로운 객실과 위락시설을 갖춘 곳이 나타났는데 이를 호텔이라 부르게 되었다. 남부 독일의 바덴바덴(Baden-Baden)의 바디쉐 호프(Der Badische Hof)나 하이델베르크(Heidelberg)의 유로페쉬 호프(Der Europäische Hof), 파리의 그랑 호텔(Grand Hotel) 등이 그것이다.

3) 근대 미국의 관광

미국은 독립 이후 급속한 근대화를 이루어 19세기 말에는 영국을 제치고 세계경제를 주도하는 대국이 되었다. 경제발전으로 인한 중산층의 탄생은 20세기에 들어와 관광 붐을 일으켜 1910~1920년에 걸쳐 미국인의 유럽여행 붐을 조성하였으며, 유럽에서도 미국관광이 유행하여 유럽대륙과 북미대륙 간의 왕래가 빈번하게 되었다.

이렇게 대서양을 사이에 두고 양 대륙 간 교류가 증가하게 된 배경에는 대형화·고속화를 이룬 대형 호화여객선의 등장을 들 수 있다. 20세기 전반은 이러한 호화 대형 여객선의 시대라 할 수 있으며, 대형 여객선에 의한 관광은 하와이, 카리브해의 여러 섬, 아프리카, 아시아 등을 대상으로 하는 세계 주유관광의 확대를 실현시켰다. 또한 미국에서는 20세기 초에 자동차 붐이 일어나 경제적 풍요로움과 중산층 계급의 대두를 상징함과 동시에 국내관광의 발전에도 기여하게 되었다. 이것이 이른바 '유럽으로의 여행시대'이다.

이와 때를 같이하여 스타틀러(E.M. Statler)와 같은 호텔경영자에 의해서 미국의 호텔기업이 대형화·근대화되는 계기가 마련되었다. '근대호텔의 혁명왕'으로 일컬어지는 스타틀러는 1908년에 버펄로(Buffalo)에서 스타틀러호텔(Statler Hotel)을 개관함으로써 미국 호텔산업에 새 역사를 창조한 인물이다.

영국에서도 근대적인 호텔기업을 발전시킬 수 있는 터전이 마련되기는 하였으나 크게 성장하지 못하였고, 미국에서 오히려 융성한 발전을 가져와 오늘날 호텔기업의 본고장으로 평가되고 있다. 이와 같이 근대에 와서 미국의 호텔이 유럽의 호텔보다 더 발전하게 된 까닭이 무엇인가를 다음과 같은 측면에서 살펴볼 수 있겠다.

첫째, 숙박업자들의 개성 면에서 미국의 숙박업자들은 유럽에 비해 보다 진취적이고 투기적이며 확장주의적 과감성이 있었던 결과이고 둘째, 호텔기업의 개성 면에서 유럽의 것이 귀족적 성향의 화려한, 그리고 안정적인 특성을 보이는데 반해 미국의 호텔은 평등적 내지는 대중적 취향의 운영형태를 보여주었다는 점이다.

이의 주요한 요인은 미국인의 생활습관에 기인함과 동시에 여행을 어느 나라에 비해서도 좋아하는 사실에서 기인되고 있다. 이는 곧 오늘날까지 국내외를 막론하고 호텔산업의 발전을 유도한 선도적 요소이기도 하다.

특히 20세기 초에 스타틀러가 전혀 새로운 스타일의 버펄로 스타틀러호텔(Buffalo Statler Hotel)을 오픈함으로써 도시를 왕래하는 중산층의 여행자가 투숙할 수 있는 상용호텔의 탄생을 가져옴과 동시에 미국 호텔산업의 새로운 시대를 열었다.

4) 일본의 근대화와 관광

일본의 근세라 하면 16세기 후반에서 에도(江戶)시대 말기까지를 말하는데, 이 시기에는 전국(戰國)시대가 종식되면서 경제 활성화를 위한 교통의 발달과 치안유지 등 여행의 조건이 기본적으로 정비됨에 따라 여행 활성화가 재개되었다. 특히 이 시대에는 주인(朱印)무역선에 의한 해외교역이 성행하였다. 주인무역선이란 허가서를 교부받은 상선으로 대외교역을 장려하는 국가시책에 힘입어

17세기 초까지 동남아시아를 중심으로 성행하였는데 에도시대로 접어들면서 쇄국정책에 밀려 약 200년간에 걸쳐 대외교역은 모습을 감추고 말았다.

하지만 에도시대에는 근대화를 위한 경제적, 사회·문화적 기반이 형성되어 실질적으로 민중이 '즐거움을 위한 여행'을 누릴 수 있었던 시기라 할 수 있다. 에도시대에 들어오면서 여행을 위한 제반조건이 거의 갖추어지게 된다. 봉건제도가 정착된 에도시대에는 각 지역을 관리·통제하는 영주나 무사들에게 순번제로 일정한 기간 동안 에도로 불러들여 정부 일을 담당케 하는 '참근교대제'가 제도화되었는데, 이들의 편의를 위해 전국에 걸쳐 도로 및 숙박시설이 정비되었으며 농업경제 활성화로 인한 화폐경제의 발달과 치안향상 등은 일반 서민들까지 여행의 기회를 누릴 수 있는 촉매역할을 하였다.

에도시대에 유일하게 서민들이 참가할 수 있는 여행은 바로 종교관련 여행이었다. 종교관련 여행이라 함은 주로 전국의 참배지를 순례하는 여행으로 당시 가장 인기있는 참배지는 '이세신궁(伊勢神宮)'이었다. 이세신궁은 서민에게 있어 일생에 한 번은 참배해야 하는 곳으로 인식될 만큼 종교적 흡인력이 강한 곳이었다. 이세신궁을 참배하는 형태에는 크게 두 가지 유형이 있었는데 '누케마이리'와 '오카게마이리'가 그것이다. 여기서 '마이리'란 신사참배를 위해 몰래 여행을 떠나는 것을 의미하는 말이다.

먼저 전자인 '누케마이리'란 일반적으로 여행허가서를 교부받지 않거나 집주인의 승낙 없이 집을 빠져나와 몰래 신사참배를 위해 여행을 떠나는 것을 가리키는 것으로 에도시대 젊은이들 사이에 유행하였으며, 하나의 풍습으로 받아들여져 여행 후 돌아와도 처벌받지 않았다고 한다. 여기서 '누케'란 일본어로 '빠져나오다'라는 말이다.

한편, 후자인 '오카게마이리'란 1638~1867년 사이에 약 60년을 주기로 3회 정도(1705년, 1771년, 1830년) 이세신궁으로 민중들이 대거 참배하였던 현상을 가리키는 말이다. 이러한 배경에는 이세신궁의 부적이 하늘에서 떨어진다는 기이한 현상을 직접 경험하기 위한 것이 원인이었는데, 남녀노소를 불문하고 모든 계층의 사람들이 참가하였다고 한다. 특히 이들의 여행을 위해 도로 주변에 대규모로 편의시설이 마련되었으며, 이러한 시설 덕분에 여행이 가능하였다는 뜻에서

'오카게마이리'라는 용어가 탄생되었다고 한다. '오카게'란 일본어로 '덕분에'라는 말이다.

어떻든 민중의 여행이 활성화된 것은 에도시대이지만 여전히 저해요소가 산재해 있었으며, 이러한 것이 완전히 제거되어 여행의 틀을 벗어나 하나의 '관광'으로 자리매김한 것은 일본의 근대가 시작된 메이지(明治)시대부터라고 할 수 있다.

1868년 메이지시대에 접어들면서 일본은 근대국가로서의 형태를 갖추었으며 근대화구조의 기반이 마련되면서 관광정책에도 영향을 미치게 된다. 특히 관광 관련 분야 중 여행업에 관련한 정책을 펼치게 되는데, 이러한 정책 배경에는 무엇보다도 외국인 관광객을 유치하려는 정부의 의지 때문이었다. 1896년에는 '희빈회'라는 여행알선단체를 설립하여 상류계층의 외국인 관광객을 접대하기도 하였다. 이후 20세기로 들어서면서 미국과 유럽에서 중산계층에까지 국제관광 붐이 일어나 이들 외래 관광객을 전문적으로 대응하기 위하여 'Japan Tourist Bureau'가 설립되었는데, 이는 현재의 '일본교통공사'의 전신이다.

일본 근대관광의 특징으로 '단체여행'을 빼놓을 수 없는데, 이 중 수학여행은 일본 고유의 관광형태라 할 수 있다. 수학여행은 메이지시대에 근대학교제도가 정비되자 1888년에 문부대신 훈령으로 정식으로 탄생하였는데, 전쟁 중에 일단 폐지되었다가 종전 이후인 1946년에 재개되어 오늘에까지 이르고 있다. 수학여행의 목적은 학생이 단체여행을 통하여 학교생활에서 얻을 수 없는 경험이나 지식 그리고 견문 등을 넓히기 위한 것으로 서양의 그랜드투어(Grand Tour)처럼 교육적 의의가 깊은 단체여행이라 하겠다.

5) 근대 한국의 관광

우리나라에서는 근대에 들어와서도 고려시대의 '역참제도(驛站制度)'가 지속되어 교통과 통신 및 숙박시설은 역(驛)이 그 기능을 담당했었다. 그러나 임진왜란과 병자호란을 겪으면서 서서히 그 기능을 상실해가던 역은 19세기 말에 와서는 통신·교통의 일대혁신과 함께 완전히 그 기능을 잃게 되었고, 사회 내부에 몇 가지 특징적인 현상이 나타났는데, 이러한 변화는 개항기를 기점으로 다시 한번 새로운 형태의 양상으로 바뀌었다.

임진왜란 이후 혼란해진 정국 속에서 역·원제도가 유명무실해짐에 따라 객주와 여각 및 주막 등이 나타난 것이다. 역(驛)2)이나 원(院)3)은 관용적 성격을 띠고 있으나, 객주(客主)4)와 여각(旅閣)5)은 사용적 성격을 띤 것으로 일반여행자보다는 상인을 대상으로 한 여인숙이었고, 주막(酒幕)6)은 서민대중을 대상으로 한 여숙(旅宿)의 성격을 띠고 있었다.

더욱이 1876년에 강화조약이 체결된 후 부산항이 개항되고, 이어 원산 및 인천항이 개항되자 많은 객주가 개항장을 비롯한 도시에 집결되었고, 이들은 객주조합을 결성하여 활발히 활동함으로써 개항지에서 외국상품 판매의 중개역할과 더불어 그들의 숙소로 제공되었다.

한편, 개항과 더불어 외국의 물물교환이나 경제적 침투와 함께 많은 외국인이 입국하게 되면서, 이미 있었던 숙박시설의 변천을 가져왔고, 1910년 한일병합과 더불어 근대적인 여관이 서울을 비롯하여 전국적으로 생겨났다. 이러한 숙박시설들은 처음에 부산, 인천과 같은 개항지를 중심으로 발생하였는데, 철도교통의 발달과 함께 전국의 주요 철도역 부근을 중심으로 번창해 나갔다. 이에 따라 개항기 무렵에 흔히 볼 수 있었던 행전과 짚신에 괴나리봇짐을 진 나그네와 보통 여염집과 다를 것 없는 초가지붕의 낮은 여인숙의 전경은 교통과 도시의 발달 속에 점차 근대적인 모습의 일본풍 또는 서양풍의 여관에 밀려나게 되었다.

---

2) 중앙관청이 지방관청에 공문을 전달하며, 외국사신의 왕래와 관리의 여행 또는 부임 때 마필을 공급하던 곳으로, 신라 21대 소지왕 9년에 처음으로 베풀었다.

3) 고려와 조선시대 때 역과 역 사이에 두었던, 출장하는 관원을 위한 국영의 여관이다. 역이 완전히 관용에 속한다고 한다면, 원은 반관반민의 성격으로 평민이 관리하였으며, 공용여행자의 숙식 외에 일반민중의 여사로도 사용되고, 또한 가난한 자에게는 음식을, 여행자에게는 약을 무료로 제공하기도 하였다.

4) 조선시대 때 주로 인삼, 약종, 금은, 직물, 피혁 따위의 물품을 위임받아 팔거나 임시 거주하는 상인들을 상대하던 여관 개념이다.

5) 상인이 농산물이나 수산물의 매매를 거간하며, 또한 그 물건 임자를 묵게 한 여관집이다. 객주와 같은 뜻으로 쓰이나, 객주는 객상을 숙박시키고, 여각은 여상을 숙박시켰으며, 취급화물·설비·소재 등의 차이로 구별짓고 있다.

6) 서민을 대상으로 한 음식점 겸 여숙으로 주로 시골의 길거리에서 술이나 밥 따위를 팔고 나그네도 치르는 집이었다. 임진왜란 때부터 성행하였는데, 17세기 이후 개인상의 활동이 활발해짐에 따라 도시에서는 객주, 시골에서는 주막이 여숙의 장소로 제공되었다.

　　근대적인 여관의 발달과 함께 외국인을 대상으로 한 서양식 개념의 호텔도 탄생하였는데, 1888년에 인천에 세워진 대불(大佛)⁷⁾호텔이 그것이다. 그 후 이 호텔 바로 길 건너에 스튜워드 호텔(Steward Hotel)⁸⁾이 문을 열고 우리나라를 찾아오는 유럽인이나 미국인 등이 이용하였으나, 1899년에 경인선철도가 개통됨으로써 반드시 인천에서 숙박할 필요가 없게 되니 이용객이 줄어 사양길을 걷다가 문을 닫고 말았다. 1902년에는 서울에도 손탁호텔(Sontag Hotel)⁹⁾이 세워졌지만 오래 유지되지 못하였고, 1905년 경부선의 개통과 1906년 경의선이 개통됨에 따라 철도사업의 부대사업으로 1912년에 부산역과 신의주역에 각기 개관된 부산철도호텔과 신의주철도호텔이 우리나라 근대적 호텔의 효시라고 하겠다.

　　경인선, 경부선 그리고 경의선 등 철도의 개통은 한일병합을 전후하여 국내인의 여행왕래를 활발하게 하였다. 특히 일본이 압록강 가교공사를 준공시켜 개통됨과 동시에 중국대륙의 침략을 시도하면서, 철도 이용객들이 증가함에 따라 1941년에 처음으로 재팬 투어리스트 뷰로(JTB; 일본교통공사의 전신)의 조선지사가 설립되었고, 한반도 내 일본인 이동의 편의를 제공하게 되니 일본인의 여행왕래도 빈번해졌다.

　　그 당시의 여행수단은 오로지 철마에 의한 것이 대부분이었으나, 이 밖에도 1914년에는 평양~진남포 사이를 비롯한 9개의 버스 정기노선이 처음으로 등장하였고, 1936년에는 한일 사이에 부관(釜關) 대형 연락선인 '금강환(金剛丸)'이 취항함으로써 두 나라 사람들의 여행을 가속화시켰다.

　　위에서 기술한 바와 같이 우리나라의 관광여행은 개항과 더불어 철도의 개통으로 활발해지기 시작했으며, 또한 관광사업도 철도사업의 부대사업으로 태동되기 시작했다고 볼 수 있다.

---

7) 우리나라에서 서양식 개념의 호텔로는 맨 처음이다. 1888년 인천에 일본인에 의하여 세워진 3층 11실의 호텔이다. 당시 인천항을 드나들던 구미인들과 일본인들의 숙소로 사용되었다.

8) 대불호텔 바로 길 건너에 중국인에 의하여 건립되었다.

9) 독일인 손탁(Sontag)이 1902년 서울 정동에 세웠으며, 벽돌 2층의 건물로 2층에는 귀빈실을, 1층에는 보통객실과 식당을 두었다. 객실, 가구, 장식품, 악기, 의류 및 요리가 모두 서양식으로 제공된 숙박시설로서 외국인들의 집합소역할을 하였으며, 청일전쟁 후에는 미국이 주축이 되어 구성된 정동구락부로 외교가의 중심지가 되었다.

3. 현대관광의 출현과 확대[10]

1) 대중관광의 출현

(1) 대중관광과 대중소비사회

제2차 세계대전 이후의 폐허에서 부흥한 이른바 선진국에서는 1960년대부터 대중관광(mass tourism)의 시대를 맞이하게 된다. 대중관광이란 관광이 대중화되어 대량의 관광객이 발생하는 현상을 말하는데, 미국, 일본 그리고 서유럽의 국가들을 중심으로 대중관광이 시작되었다. 이러한 국가들은 대부분이 근대화의 선발 그룹에 속해 있었으며, 전후 경제발전으로 더욱더 고도의 근대화를 달성해 가고 있었는데, 선진국의 경제발전은 대중소비사회를 잉태하는 결과를 가져오게 되었다.

대중소비사회란 공업생산력이 비약적으로 증대하여 대량생산·대량소비의 경제활동에 의해 인류사상 미증유의 경제적 풍요로움을 실현한 사회를 말한다. 대중소비사회는 1950년대에 미국에서 출현하기 시작하여 60년대에는 일본과 서유럽 국가에서도 형성되고 있었다.

특히 대중소비사회의 특징인 경제적 풍요로움은 사회 전반에 걸쳐 폭넓게 침투하여 대중레저사회를 형성하게 되었다. 원래 부유한 유한계급층의 소유물로 인식되어 있던 레저(leisure)가 일반대중에게도 향수되기 시작하였고, 그 중에서 가장 인기있는 레저가 바로 관광이었으며, 대중소비사회에 대중관광이 발생하게 된 계기를 마련하게 되었던 것이다.

초기 대중관광은 패키지투어(package tour)에 의한 단체여행으로 실현되었고, 국제적인 차원에 있어서의 대중관광 역시 단체여행의 형태를 띠고 있었는데, 지구의 '북반부'에 위치하고 있는 경제 선진국의 관광객이 지구의 '남반부'에 위치하고 있는 제3세계의 국가나 개발도상국 관광지를 집중적으로 방문하는 관광형태를 보이고 있었다.

---

10) 오카모토 노부유키(岡本伸之)편, 觀光學入門, 有斐閣, 2001, pp.48~54.

(2) 대중관광시대의 개막

1960년대를 기점으로 미국과 유럽에서는 많은 사람들이 국제관광의 혜택을 누릴 수 있게 되었는데, 제트여객기가 출현함으로써 이를 이용한 관광객이 관광지에 한꺼번에 많이 몰려든 '대중관광'의 개막을 알리는 시기이기도 하였다. '북반부'에 위치한 선진국들의 관광객은 3개의 'S(sun: 태양, sand: 해변, sex: 성)'를 즐기기 위해 '남반부'의 관광지를 찾았으며, 1950년대에는 225만 명이던 관광객이 1967년까지 1,600만 명으로 증가하였고, 이들 가운데 북미와 서유럽의 관광객이 약 80%를 차지하였다.

이러한 국제대중관광의 활성화를 배경으로 1960년대부터 관광개발에 의한 '남반부' 국가들의 경제발전에 대해 국제적으로 논의되기 시작하였다. '남반부' 국가에 있어서의 관광객 지출액이 1950년의 5억 달러에서 1967년에는 30억 달러까지 급증하게 되자, 1960년대 후반부터 관광을 '무형의 수출(invisible export)'로 간주하게 되었고, 관광개발을 외화획득과 경제발전의 유망한 수단으로서 주목하게 되었던 것이다.

1960년대 후반 국제관광의 현저한 확대에 의해 관광이 지니는 의의를 다시금 인식하고, 국제관광을 촉진하기 위한 국제기관의 활동도 활발해졌다. 이러한 시대적 배경하에 국제연합(UN)은 1967년을 국제관광의 해로 정하고 "관광은 평화로 가는 패스포트"라는 슬로건 아래 국제관광의 보급과 관광사업의 진흥을 도모하였다.

또 유럽에서는 대중관광의 확대에 따른 '소셜투어리즘'의 실현이 가능하게 되었다. 소셜투어리즘(social tourism)이란 경제적 빈곤이나 신체적·정신적 장애 등의 이유에서 관광을 향수할 수 없는 사람들을 대상으로 관광을 즐길 수 있도록 제반 사회적 지원책을 수행하는 사상이나 활동을 말하는데, 20세기 중반을 기점으로 스위스와 프랑스를 중심으로 시행된 이후 유럽 전체에 보급되어 대중관광 발전에도 기여하게 되었다.

(3) 대중관광의 확대

1970년대에 들어오면서 국제관광의 경향이 더욱더 확대되는데, 1969년에는 점보 제트여객기가 정기항공노선에 취항하면서 국제관광의 대량화 및 고속화가 급속히 진행되었으며, 이 시기를 기점으로 북미와 유럽에 이어 일본도 국제관광객 송출국 대열에 뛰어들게 되었다.

1970년대부터 10년간은 국제연합이나 세계은행 등 국제기관의 국제관광개발에 대한 지원이 강화되어 국제대중관광에 대응하는 관광지가 세계 각지에 정비되는 시기였다. 1980년대에 들어오면서 대중관광에 의한 문제점들이 조금씩 제기되기 시작하였지만, 그럼에도 국제관광의 확대경향은 순조롭게 진행되었으며, NIES(Newly Industrializing Economies: 신흥공업경제지역)에 이은 ASEAN(Association of South-East Asian Nations: 동남아시아국가연합)의 여러 국가를 시작으로 하는 아시아지역의 경제발전으로부터 1980년대에는 ASEAN 회원국들이 새로운 국제관광객 송출국이 되었으며, 1990년대에는 해당 국가에서 자국민을 위한 관광촉진정책이 추진되었다.

1990년대에 들어오면서도 선진국과 아시아에서 송출되는 국제관광객 확대경향은 계속되었으며, 1997년에 시작된 아시아 통화위기로 경제성장이 조금 주춤하지만, 이미 경제적 풍요를 획득한 아시아 여러 국가에서의 국제관광에 대한 관심은 계속 고조되고 있다.

2) 새로운 관광의 모색

(1) 대중관광의 폐해와 비판

1970년대에 들어오면서 국제대중관광 확대에 따른 문제점이 제기되기 시작하였다. 관광지의 문화변모, 범죄 및 매춘 발생, 환경오염 및 파괴 등이 대표적인 문제점이었다. 더욱이 호스트(host: 관광지 주민)에 대한 게스트(guest: 관광객)의 경제적·사회적 우월성, 그리고 선진국 기업에 의한 경제적 지배 등에 귀착하는 '네오(neo) 식민지주의' 혹은 '네오(neo) 제국주의' 문제도 제기되었다.

(2) 새로운 관광의 개념

여기에서 말하는 '새로운 관광'이란 용어가 정확한 번역은 아니지만, 영어의 'alternative tourism'의 역어(譯語)로 사용하고자 한다. alternative tourism이라 함은 대중관광을 대신하는 '또 하나의 관광'이라는 의미를 내포하고 있는데, 1980년대 말부터 관광연구에 빈번히 사용되고 있다.

하지만 alternative tourism에 대한 용어의 정의가 아직 미흡하며 학술용어로 부적절하다는 지적을 받고 있기도 하다. 그래서 관광분야에서는 지구환경문제와 관련한 국제회의에서 제안된 '지속가능한 개발(sustainable development)'에서 가져온 '지속가능한 관광'이라는 용어를 많이 인용하고 있다.

하지만 여기서는 alternative tourism의 함의를 고찰하고 이상적인 관광을 표현하는·이념으로써 '새로운 관광'이라는 용어를 사용하고자 한다. 즉 새로운 관광이란 대중관광의 폐해를 극복하는 이상적인 관광형태의 총칭이라고 하겠다.

(3) 새로운 관광에의 관심 고조

1990년대 이후에도 대중관광은 계속 확대되어 가지만, 일부 북미와 서유럽에서는 새로운 관광이 실천되고 있었다. 이(異)문화 존속 및 교류를 지향하는 에스닉투어리즘(ethnic tourism) 혹은 자연환경을 보존하면서 관광을 즐기는 에코투어리즘(eco-tourism), 그리고 관광객 스스로의 목적에 따라 자유로이 실시하는 SIT(special interest tourism) 등이 대표적인 예라 할 수 있겠다.[11]

새로운 관광의 발전 및 진흥은 대중관광의 문제에 대응하는 단체 및 기관, 예를 들어 관광관련 국제기관, 각국의 정부관련 행정기관, NGO, 종교단체, 연구자집단 등에 의해 지원되어 왔는데, 새로운 관광에 대한 관심과 모색이 향후 더욱더 확대될 것으로 예상된다.

---

11) SIT: 'Special Interest Tourism'의 약자로 관광 이외의 특정목적이나 관심을 충족시키는 여행을 가리키는 용어이다. 단순한 단체여행으로는 만족할 수 없는 여행자의 다양한 수요를 흡수하기 위하여 정형화된 상품에 대한 차별화를 시도하여 근년에는 자연보호나 환경관련을 테마로 하는 여행이나 농촌체험 등도 폭넓은 의미에서 SIT에 포함시키고 있다.

3) 현대관광의 발전방향

(1) 새로운 관광과 포스트모던

1970년대에 선진국의 사회구조는 대중관광을 잉태한 대중소비사회에서 탈(脫)공업사회로 일제히 이전하게 된다. 탈공업사회란 사회학자 벨(D. Bell)이 주창한 정보화사회를 말하는데, 유럽 선진국의 고도 근대사회는 탈공업사회에 들면서 새로운 발전국면을 맞이하게 된다.

그러나 남북문제와 환경문제가 심각해지자 근대사회가 지니는 한계와 폐해에 대한 논의가 시작되었고, 그중 하나가 바로 포스트모던론이었다. 포스트모던론은 근대사회를 엄하게 진단하고 고발하였지만, 그 실상을 정확하고 구체적으로 제시하지는 못하였다는 지적을 받고 있다.

여기서 포스트모던을 탐구하는 실천방안으로써 새로운 관광에 주목할 필요가 있다. 예를 들어 에스닉투어리즘(ethnic tourism)이나 에코투어리즘(eco-tourism)은 각각 남북문제나 환경문제에 대한 관광의 변혁적 대응으로 볼 수 있으며, 이러한 실천적 대응은 근대문제를 해결하고 포스트모던을 탐구하는 하나의 계기가 될 수 있을 것이라 생각한다.

(2) 포스트모던과 현대관광의 의미

포스트모던은 이제 뿌리를 조금씩 내리고 있는 우리들의 미래상이며 이와 관련한 관광의 역사를 짚어보는 일은 매우 뜻깊은 일이라 할 수 있을 것이다. 따라서 마지막으로 포스트모던 사회와 관광과의 관계에 대해 살펴보기로 한다.

포스트모던사회가 근대사회가 안고 있는 제반 문제를 극복하여 만들어지는 사회라고 한다면, 그것은 다양한 이질적인 요소가 조화를 이루고 공생한다는 이미지를 가지게 되는 것인데, 이러한 이미지와 관광과의 공통점이 바로 '교류에 의한 창조'인 것이다. 관광에는 이질적인 문화적·사회적 배경을 지니는 호스트(host: 관광지 주민)와 게스트(guest: 관광객), 혹은 게스트(guest: 관광객)와 자연과의 접촉에서 새로운 문화나 형태가 창출될 가능성이 있으며, 이러한 '교류에 의한 창조'의 실천이야말로 새로운 관광의 실천과 연결되는 것이다.

이렇게 하여 현대관광은 여행의 전통적인 교육적 의미를 지금까지 계승하고 있는 근대의 산물인 동시에 포스트모던으로 가는 매개역할을 하는 사회현상으로 볼 수 있는 것이다. 여기에 현대관광이 지니는 의미를 찾을 수 있으며, 근대에서 탈근대, 다시 말해 모던에서 포스트모던 시대로 전환할 때, 현대관광은 절대 간과할 수 없는 하나의 사회현상인 것이다.

● 제3절 우리나라 관광의 발전과정

우리나라 관광의 발전과정을 논함에 있어 서양의 관광사를 논한 것과 같이 투어(Tour) 시대, 투어리즘(Tourism) 시대, 매스투어리즘(Mass tourism) 시대, 신관광(New tourism) 시대로 구분하는 데는 여러 이론이 있을 수 있으나, 적절치 않다고 본다. 그것은 우리나라의 여행이나 관광의 역사와 환경이 서양의 그것과는 많은 차이점을 보이기 때문이다.

물론 우리나라도 삼국시대로 거슬러 올라가 보면 불교가 전래되면서 사찰의 참배나 유명사찰의 순례라는 형태의 관광이 있었으나, 여기에 참여할 수 있는 계층은 높은 지위에 있는 왕, 귀족, 승려 등과 경제적으로 여유가 있는 특수계층이었고, 이들의 관광현상은 주로 정치, 외교, 군사적 목적이었다.

특히 우리나라가 서양의 그것과 다른 점은 무엇보다도 관광발전의 기초가 되는 교통수단이나 숙박시설이 발달되지 못하였으며, 또한 국민의 소득수준이 매우 낮았기 때문에 관광현상이 일어나기 어려웠다고 할 수 있다.

일반적으로 서양의 관광역사를 통해서 볼 때 관광의 시대는 산업혁명을 기점으로 하여 구분하고 있는데, 우리나라의 경우 본격적인 산업화가 1960년대부터 일어났으므로 60년대 이후를 관광의 시대라고 명명할 수 있을 것으로 본다.

따라서 우리나라 관광의 발전과정을 논할 때 서양의 관광사를 논할 때와는 달리 크게 산업화 이전 단계와 그 이후의 단계로 구분하여 그 전 단계 즉 1950년대 이전은 관광의 태동기로 인식하고, 산업화 이후는 60년대에서부터 각 10년 단위의 연대별로 관광의 여명기, 기반조성기, 성장기, 도약기로 명명되는 시기로 구분해 보는 것이 우리나라 관광사를 이해하는 데 유익할 것으로 생각된다.

1. 1950년대 이전(관광의 태동기)

서양에서와 마찬가지로 우리나라의 고대에도 넓은 의미의 관광행위가 이루어졌을 것으로 추측되나, 관광에 관한 문헌상의 기록은 거의 남아 있지 않다.

우리나라는 삼국시대부터 근대 조선시대에 이르기까지 불교문화권의 나라로 우리 민족의 생활양식, 정치, 문화, 제도 등 모든 면에서 불교의 영향을 받아 왔다. 따라서 여행이나 관광활동도 불교가 정착되면서 전국 각지에 사찰이 생겨남에 따라 신도들을 중심으로 불교봉축행사 참가와 산중의 사찰을 찾는 여행의 한 형태인 관광이 생성되었다고 할 수 있다. 따라서 사찰의 참배와 유명사찰의 순례는 고대 유럽에서의 신전 및 성지순례와 유사한 성격을 띠는 원시관광형태라 볼 수 있다.

백제는 중국과의 문화교류가 활발했으며 일본으로 불교를 전하는 과정에서 교류도 빈번하였다. 이러한 가운데 유학생이나 승려들이 중국뿐만 아니라 인도 및 일본 등으로의 해외 왕래가 잦았던 기록들이 많다.

이후 통일신라시대에는 불교가 크게 발전했으며, 이와 더불어 이른바 종교여행이 활발했던 것으로 전하여진다. 많은 유학생과 승려들이 불교연구를 위해 중국뿐만 아니라 멀리 인도까지 여행을 했는데, 신라시대의 의상대사가 해로를 통해 당나라 유학을 했고, 혜초는 인도에 들어가 여러 나라를 순례한 후 돌아와 여행기인 『왕오천축국전』을 남겼다.

고려시대에는 신분제도가 철저했으므로 지배계층과 피지배계층의 구별이 뚜렷하여 신분에 따라 행동에 제약이 많았다. 따라서 여행은 지배계층인 귀족계급을 제외하고는 거의 이루어지지 않았으므로, 귀족계급을 중심으로 하는 중국으로의 유학이나 교역활동이 이 시대의 여행행동을 구성하는 대표적 사례였다. 당시의 귀족계급 자제들은 명산과 사찰 등의 국내여행은 물론 국외에까지 여행을 하였다.

결국 근대 조선 이전까지의 관광 성격을 띤 여행은 종교적·민속적인 내용이 대부분이었다. 따라서 조선시대 초기의 관광유형은 이전의 삼국시대나 고려시대의 관광유형과 흡사하였으나, 조선시대 후기의 쇄국정책 그리고 일본 및 구미열강들의 침략과 일본의 통치로 말미암아 관광의 발달은 보지 못하였다. 또한 근대에 이르기까지 스스로 국제사회에 활로를 개척하지 못하고 은둔의 나라로 감추어진 채 남아 있었기에 국제간의 교류는 활발하지 못하였으며, 구미처럼 인접 국가들과의 자유스러운 관광도 이루어지지 못하였던 것이다.

조선시대의 사회계급은 양반, 중인, 상민, 천민의 봉건적 신분제도로 구분되어 있었다. 이 시대는 고려시대와는 달리 유교를 숭상하였으므로 양반인 사대부들은 낙천적인 성품으로 시와 풍류를 즐기면서 학문적 교양의 확대를 위해 단체관광에 참여하였다. 또 평민계층의 관광과 여가활동이 부분적로나마 나타나기 시작하였다. 조선시대 평민계층의 관광은 정월 보름날 밤에 행하여졌던 답교, 사월 초파일의 연등행사, 오월의 단오 등 특정일에 한하여 이루어졌는데, 이들은 대부분 풍년을 기원하고 자신과 가족의 재앙을 방지하려는 목적으로 일시적인 여행도 행하여졌던 것으로 나타났다.

여행자의 숙식을 해결하는 숙박형태는 완전히 관용으로 출장하는 관원들을 위한 역과 반관반민의 성격으로 평민이 관리하고 관용여행자의 숙식 외에 일반 백성들이 이용하는 여사(旅舍) 또는 빈자에게 음식을, 여행자에게 약을 무료로 제공하였던 원(院)제도가 발달하였으나, 임진왜란과 병자호란을 거치면서 유명무실하게 되었다.

임진왜란 이후 혼란해진 정국 속에서 역·원제도가 유명무실해짐에 따라 객주와 여각 및 주막 등이 나타난 것이다. 역이나 원은 관용적 성격을 띠었으나, 객주와 여각은 사용적 성격을 띤 것으로 일반여행자보다는 상인을 대상으로 한 여인숙이었고, 주막은 서민대중을 대상으로 한 여숙(旅宿)의 성격을 띠었다.

따라서 본격적인 우리나라 관광의 출발은 19세기 말부터라고 할 수 있다. 조선 말기에 발발한 운양호사건으로 문호개방시대를 맞이하여 1876년에 일본과의 강화조약, 즉 병자수호조약 체결을 계기로 부산항이 개항되고 이어 원산 및 인천항이 개항되어 많은 해외열강과의 통상과 접촉이 이루어졌으며 이를 통하여 기존의 전통적인 여행에 많은 변화를 가져왔다.

개항과 더불어 외국과의 물물교환 등을 통한 경제적 침투와 함께 많은 외국인이 입국하게 되면서 이미 있었던 숙박시설의 변천을 가져왔고, 1910년 한일병합이 이루어짐에 따라 근대적인 여관이 서울을 비롯하여 부산 및 인천과 같은 개항지는 물론 철도역 부근을 중심으로 번창해 갔다.

또한 1899년에는 서울~인천 간 경인선철도가 개통되어 근대적 여행시설이 확충되기 시작했으며, 1888년에는 인천에 대불호텔(우리나라 최초의 서양식 개념의 호텔)이 세워지고, 1902년에는 서울 정동에 '손탁(Sontag)'호텔이 프랑스계 독일 태생인 손탁에 의해 세워졌다. 하지만, 이러한 시설들은 모두가 일본을 비롯한 외국인을 위한 것이었다.

2. 일제강점시대(관광의 암흑기)

1910년 한일병합 이후 일본의 통치는 우리나라 관광산업에 커다란 변화를 초래하였다. 일본여행업협회(Japan Travel Bureau) 조선지사가 1912년에 설치되었고, 일본이 만주대륙 진출을 위해 병참지원 목적으로 한반도에 철도를 부설함으로써 철도여행이 큰 비중을 차지하게 됨에 따라 1914년 서울에 조선호텔, 1915년 금강산에 금강산호텔 및 장안사호텔이 각각 세워졌다. 그 후 1925년에는 평양철도호텔, 1938년에 당시 최대 규모를 자랑하던 서울의 반도호텔(현 롯데호텔 자리, 8층 111실)이 장안의 화제를 모으면서 개업하였다.

한편, 일본은 러·일전쟁의 승리로 인하여 대륙진출이 활발해지자 1914년에 재팬투어리스트 뷰로(JTB: Japan Tourist Bureau; 일본교통공사의 전신)의 한국지사를 개설하였고, 관광사업 및 국제경제상의 중요성을 알리고 일제 강점시대 동안 일본인의 여행편의를 제공하였다.

그러나 이 시기에는 모든 관광시설이 일본인과 외국인을 위한 것이었다. 따라서 우리 국민의 관광여행은 극도로 제한되어 있었고, 관광사업 역시 일본인이 독점하고 있었기 때문에 진정한 의미에서 우리의 관광사업이라 할 수 없었으며, 따라서 일제치하에서의 관광은 일본인을 위한 것이었을 뿐, 우리 국민관광으로서는 참으로 치욕의 암흑기였다고 하겠다.

3. 1950년대(관광의 여명기)

우리나라 사람이 관광사업을 경영한 것은 1945년 8월 15일 해방 이후부터이다. 해방되면서 일본여행업협회 조선지사의 명칭을 곧바로 재단법인 대한여행사(Korea Tourist Bureau)로 변경하였고, 1948년 우리나라를 방문한 최초의 외국인 관광단(Royal Asiatic Society, 70명)이 2박 3일의 일정으로 경주를 비롯하여 국내 주요 관광지를 여행하였다. 같은 해 미국의 노스웨스트 항공사(NWA)와 팬 아메리칸 항공사(PANAM) 등이 서울영업소를 차리고 영업을 개시하였다. 뒤이어 1950년에는 온양·대구·설악산·무등산·해운대 등지에 교통부(당시) 직영 관광호텔을 개관하였다. 해방 직후의 대혼란을 거쳐 1948년 정부가 수립되었으나 관광행정체계가 확립되기도 전에 1950년 6·25전쟁이 발발하여 전국의 관광시설은 모두 파괴되고 문을 닫았다.

부산으로 피난을 간 정부는 1950년 12월에 교통부 총무과 소속으로 관광계를 신설하여 철도호텔 업무를 관장케 하였으며, 1953년에는 노동자들에게 연간 12일의 유급휴가를 실시하도록 보장한 「근로기준법」을 제정·공포하였다. 그 후 1954년 2월 10일 대통령령 제1005호로 교통부 육운국에 종전의 관광계를 관광과로 승격시킴으로써 관광사업에 대한 행정적인 체제를 마련하기 시작하였다. 당시 관광행정의 당면과제는 전쟁으로 파괴된 도로, 숙박시설 등의 관광시설을 복구·확장하는 한편, 관광법규가 마련되지 않아 자발적으로 설립되는 관광사업을 지원·육성하는 데 주력하였다.

1957년 11월 교통부가 IUOTO(국제관광연맹, UNWTO 전신)에 가입하여 국제관광기구와의 유대를 갖게 되었으며, 1959년 10월에는 IUOTO 상임이사국으로 피선되었다. 1958년 3월에는 '관광위원회 규정'을 제정하여 교통부장관의 자문기관으로 중앙관광위원회를, 도지사의 자문기관으로 지방관광위원회를 각각 설치하여 다소나마 관광행정기능을 보강하였으나, 실질적으로 관광행정이 이루어지지는 못하였다.

한편, 1950년대 말에는 정부가 관광사업진흥 5개년계획을 수립하여 민간호텔 건설에 재정융자를 해주었으며 모범관광지 개발을 추진하였다. 이에 따라 국민들은 국가의 관광정책에 서서히 관심을 갖게 되었다. 이렇게 볼 때 1950년대는 정부가 관광사업에 관심을 표명한 여명기라 할 수 있다.

4. 1960년대(관광의 기반조성기)

우리나라의 관광사업은 1960년대에 들어서서 조직과 체제를 갖추고 정부의 강력한 정책적 뒷받침을 마련하는 등 관광사업 진흥을 위한 기반을 구축하기 시작하였다.

1961년 8월 22일 법률 제689호로 제정·공포된 「관광사업진흥법」은 우리나라 관광의 획기적인 발전을 위한 최초의 법률이다. 이 법은 관광질서의 확립, 관광행정조직의 정비, 관광지개발을 위한 지정관광지의 지정, 관광사업의 국제화 추진 등을 규정하였다. 1년 뒤인 1962년 7월과 11월에는 이 법의 시행령과 시행규칙이 제정되어 관광사업이 획기적으로 발전할 수 있는 계기를 마련하였다. 또한 관광과 관련되는 「문화재보호법」을 1962년 1월에 제정·공포하였다.

1962년 4월에는 「국제관광공사법」이 제정되었고, 이 법에 의하여 국제관광공사(현 한국관광공사의 전신)가 설립되었는데, 이 공사는 관광선전, 관광객에 대한 제반 편의제공, 외국관광객의 유치와 관광사업 발전에 필요한 선도적 사업경영, 관광종사원의 양성과 훈련을 주된 임무로 하였다. 또한 동년에는 유능한 안내원을 확보하기 위하여 통역안내원 자격시험이 처음으로 실시되었다.

1963년 9월에는 교통부(당시)의 육운국 관광과가 관광국(기획과, 업무과)으로 승격되어 관광행정의 범위가 넓어지게 되었고, 동년 3월에는 특수법인인 대한관광협회중앙회(현 한국관광협회중앙회)가 설립되어 도쿄와 뉴욕에 최초로 해외선전사무소를 개설하였다.

1965년 3월에는 제14차 아시아·태평양관광협회(PATA) 연차총회 및 워크숍을 유치하였고, 같은 해에 국제관광공사, 세방여행사 등의 6개 단체가 ASTA(미주여행업협회)에 정회원으로, 교통부 등 18개 업체가 준회원으로 가입하였다.

또한 1965년 3월에는 대통령령 제2038호로 '관광정책심의위원회 규정'을 제정·공포하고, 이를 근거로 국무총리를 위원장으로 하는 '관광정책심의위원회'를 발족하고, 여기서 관광정책에 관한 주요 사항을 심의·의결케 함으로써 이 기구의 법적 지위를 높임과 동시에 기능을 강화하였다.

1967년 3월에는 「공원법」이 제정·공포되어 국립공원위원회가 구성되고, 동년 12월에는 지리산이 국내 최초로 국립공원으로 지정되었다.

그리고 1968년에는 '관광진흥을 위한 종합시책'이 교통부에 의하여 공표되었는데, 이는 1971년까지의 관광시책으로서 ① 관광지역의 조성, ② 문화재의 관광자원화, ③ 고도보전의 제도 확립, ④ 온천장 및 해수욕장의 개발, ⑤ 산야개발과 여가이용 등의 내용을 설정하였다.

이상과 같이 1960년대의 한국관광은 발전과정의 기반조성시대로 볼 수 있으나, 1964년 도쿄올림픽과 그 이듬해 한국과 일본의 국교정상화로 많은 일본인이 방한하면서 한국의 관광시장은 종래의 미국으로부터 일본으로 바뀌는 전환점이 되었다. 따라서 1960년대는 관광사업이 정착·발전하기 시작하고, 종합산업으로 체계적인 발전의 초석을 놓은 시기라 할 수 있다.

5. 1970년대(관광의 성장기)

1970년대는 정부가 관광사업을 경제개발계획에 포함시켜 국가의 주요 전략산업의 하나로 육성함과 동시에 관광수용시설의 확충, 관광단지의 개발 및 관광시장의 다변화 등을 적극 추진하고, 이에 따른 관광행정조직의 보강 및 관광관련 법규를 재정비함으로써 우리나라 관광산업이 규모와 질적인 면에서 크게 성장한 시기였다고 할 수 있다. 이러한 시기에 관광진흥을 위해 시도되었던 주목할 만한 사항들을 살펴보면 다음과 같다.

1970년에는 국립공원과 도립공원이 지정되고, 한미합작투자로 조선호텔이 개관되었다. 또한 1971년에 경부고속도로의 개통을 계기로 전국적으로 관광지 개발이 촉진되었고, 청와대에 관광개발계획단이 설치되었으며, 전국의 관광지를 10대 관광권으로 설정하여 관광지 조성사업이 본격적으로 추진되기 시작하였다.

그리고 동년 11월에는 한국관광학회가 발족하였다.

1972년 12월 정부는 관광사업의 육성을 위해 「관광진흥개발기금법」을 제정하여 제도금융으로 하여금 관광기금을 설치·운용하도록 하였다. 그리고 1972년 하반기부터 우리나라 기업의 경제무대가 급속히 국제화되는 가운데 외국관광객이 급증함으로써 정부는 관광법규의 재정비에 착수하였다.

1975년 4월에는 「관광단지개발촉진법」이 제정되었다. 이 법은 경주보문관광단지와 제주중문관광단지 등과 같은 국제수준의 관광단지개발을 촉진케 함으로써 관광사업 발전의 기반을 조성하는 데 기여토록 하기 위해 제정되었으나, 1986년 12월 「관광진흥법」의 제정으로 이에 흡수되어 폐지되었다.

1975년 12월에는 우리나라 최초의 관광법규인 「관광사업진흥법」을 폐지하고, 동법의 성격을 고려하여 「관광기본법」과 「관광사업법」으로 분리 제정하였다. 즉 과거 관광사업진흥법의 진흥적·조성적 부분은 「관광기본법」으로, 규제적 부분은 「관광사업법」으로 정비한 것이다. 여기서 「관광기본법」은 우리나라 관광법규의 모법(母法)이며 근본법의 성격을 갖는다.

한편, 1973년부터 국제관광공사(현 한국관광공사의 전신)의 기구가 민영화되었고, 동년 4월에는 대한관광협회중앙회도 기구를 개편하고 조직을 강화하여 한국관광협회로 그 명칭을 바꾸었다.

교통부 관광국도 1972년부터 기구를 개편·확장하여 기획과, 진흥과, 지도과, 시설과를 설치하여 관광행정을 확대함으로써 보다 전문적으로 관광진흥 및 사업의 지도업무에 임하게 되었다.

1978년 12월에는 역사상 처음으로 외래관광객 100만 명을 돌파하는 성과를 거두었고, 1979년에는 제28차 PATA총회가 서울에서 개최되었으며, 당시 WTO(세계관광기구)에서는 9월 27일을 '세계관광의 날'로 지정하였다.

6. 1980년대(관광의 도약기)

1980년대는 우리나라 관광이 도약한 시기라고 할 수 있다. 1979년 6월 OPEC이 기준유가를 59% 인상함으로써 일어난 제2의 유류파동이 세계적인 경기침체를 가져와 1980년 초에는 우리나라 관광사업이 일시적으로 불황을 맞기도 하였으나, 이후 경제성장정책의 가속화는 다시 국민의 관심을 여가생활에 집중시켜 여가생활 속에서 생활의 만족을 느끼는 경향이 커져가던 기간이다. 따라서 1980년대에 들어서는 복지행정의 차원에서 국민복지를 향상시키고 건전국민관광을 정착시키기 위하여 국민관광진흥시책을 적극 펴나가게 되었고, 국제관광과 국민관광의 조화 있는 발전을 이루기 위한 정책이 추진되었다.

특히 1981년부터 해외여행의 부분적 허용과 50세 이상의 관광목적 해외여행에 대한 자유화(1981년 1월 1일)는 우리나라 관광의 대중화가 시작되는 분기점이라 할 수 있다.

그리고 1983년 ASTA총회, 1985년 IBRD/IMF총회, 1986년 ANOC총회와 아시안게임, 1988년 서울올림픽 개최와 같은 대규모 국제행사의 성공적 개최는 해외시장에서 한국여행에 대한 관심을 고조시키고 한국관광의 수요를 촉진시키는 데 크게 기여하였다. 또한 1989년 1월 1일부터 내국인의 해외관광이 완전히 자유화됨으로써 관광분야에서도 양방향 관광(two-ways tourism)이 활발하게 이루어지게 되었다.

7. 1990년대(관광의 재도약기)

1980년대에 이어 1990년대는 우리나라 관광의 재도약기라 할 수 있다. 1990년 7월 13일 정부는 전국을 5대 관광권 24개소권의 관광권역으로 설정한 정부계획을 확정함으로써 관광선진국 대열에 진입할 수 있도록 관광개발 및 보전에 힘을 기울이게 되었다.

1992년 4월에는 교통부가 관광정책심의위원회의 의결을 거쳐 '관광진흥중장기계획'을 정부계획으로 확정하였으며, 1992년 9월에는 '관광진흥탑' 제도를 신설하고 관광외화획득 우수업체를 선정하여 매년 관광의 날(9월 28일)에 수여했다.

1993년에는 제19차 EATA(동아시아관광협회)총회를 유치하였고, 동년 8월 7일부터 11월 7일까지 총 93일 동안 치러진 대전 엑스포(EXPO)는 세계에 우리나라의 저력을 과시한 이벤트축제였다.

1994년에는 우리나라 관광업무의 담당부처가 교통부 육운국에서 문화체육부 관광국으로 이관되었으며, 특히 '94 한국방문의 해는 외국인들의 방한을 촉진하고 한국의 역사·문화를 비롯해 발전상을 외래객들에게 알리는 우리의 노력이 결실을 맺은 해이기도 하다. 또 1994년 4월에는 PATA(아시아·태평양관광협회)의 연차총회, 관광교역전 및 세계지부회의 등 3대 행사가 46개국 1,350명의 회원국 관련 인사가 참석한 가운데 성황리에 개최되었다. 그리고 종래 「사행행위 등 규제 및 처벌특례법」에서 사행행위영업으로 규정한 카지노업을 1994년 8월 3일 「관광진흥법」 개정 시 관광사업의 일종으로 전환 규정하였다.

또한 정부는 1995년 말부터 관광진흥의 중장기적 과제를 검토하기 시작하여 1996년 7월 대통령 주재로 '관광진흥 확대회의'를 개최하고 1996년부터 2005년까지 추진할 '관광진흥 10개년계획'을 확정하였다. 또 1996년 12월 30일에는 「국제회의산업 육성에 관한 법률」을 제정·공포하였는데, 이 법은 국제회의의 유치를 촉진하고 그 원활한 개최를 지원하여 국제회의산업을 육성·지원함으로써 관광산업의 발전과 국민경제의 향상 등에 이바지함을 목적으로 한다.

1997년 1월 13일에는 「관광숙박시설지원 등에 관한 특별법」이 제정되었는데, 이 법은 2000년 ASEM회의, 2002년의 아시안게임 및 월드컵축구대회 등 대규모 국제행사에 대비하여 관광호텔시설의 부족을 해소하고 관광호텔업 기타 숙박업의 서비스 개선을 위하여 각종 지원을 함으로써 국제행사의 성공적 개최와 관광산업의 발전에 이바지함을 목적으로 제정된 한시법이다.

1998년 5월에는 중국인 단체관광객에 대한 무비자 입국과 러시아 관광객에 대한 무비자 입국 및 복수비자 허용 등을 실시함으로써 한국의 관광이 선진국으로 진입하는 계기가 되었다고 할 수 있다.

8. 2000년대(관광선진국으로의 도약기)

2000년대는 뉴밀레니엄을 맞이하여 21세기 관광선진국으로의 힘찬 도약을 준비하는 시기라고 할 수 있다. 2000년에는 국제관광교류의 증진과 국내관광수용태세 개선에 주력했다. 제1회 APEC 관광장관회의와 제3차 ASEM회의를 성공적으로 개최하여 국제적 위상을 한층 제고하였다. 특히 2000년 6월 15일 역사적인 첫 남북정상회담을 갖고 난 후 발표한 6·15 남북공동선언을 계기로 남측의 백두산, 평양, 묘향산 방문 등 남북관광교류의 확대를 위한 중요한 토대가 이루어진 해라고 할 수 있다.

2001년에는 동북아 중심의 허브공항 구축의 일환으로 인천국제공항이 개항하였으며, '2001년 한국방문의 해' 사업을 통해 관광의 선진화를 위한 제반 사업이 수행되었고, 관광산업의 국제화를 위하여 제14차 세계관광기구(UNWTO) 총회를 성공적으로 개최하였다.

2002년에는 '한국방문의 해'를 연장하고, 한·일월드컵 축구대회 및 부산 아시안게임의 성공적인 개최로 국가 이미지는 한층 높아져 외래관광객의 방한욕구를 증대시켰다. 또한 관광진흥확대회의의 정기적인 개최로 법제도 개선, 유관부처의 협력모델을 도출하고 관광수용태세 개선에 만전을 기하였다.

2003년도는 동북아경제중심국가 건설을 위한 원년으로 아시아 관광허브건설 기반 구축과 개발중심의 관광정책에서 문화예술 및 생태적 가치지향의 관광정책으로의 전환과 국제적 관광인프라 확충을 추진하는 데 중점이 주어졌다. 그러나 연초부터 전 세계적으로 확산된 사스(SARS)와 이라크전쟁, 조류독감 등의 영향으로 전 세계적으로 관광시장이 위축된 한 해이기도 하였다.

2004년에 들어서면서 국제환경의 악영향으로 큰 위기를 맞이했던 관광산업은 점차 회복세로 접어들었다. 2004년 방한 외래객 수는 전년 대비 22.4% 증가한 사상 최대치인 582만 명을 기록했으며, 관광수입 또한 최근 6년 사이 처음으로 증가세를 나타냈는데 전년 대비 6.6% 증가한 57억 달러를 기록했다. 또 정부는 관광산업의 중요성과 그 가치를 인식하고, 급증하는 국민관광수요를 선도·대비할 수 있는 관광진흥 5개년계획(2004~2008년)을 수립·추진하였으며, 2004년 4월에 개통된 고속철도는 전국을 2시간대 생활권으로 연결시켜 국민생활에 큰 변혁을 가져올 뿐만 아니라 국민관광부문에 대한 파급효과도 매우 큰 것으로 본다.

2005년도에 들어와 한국과 일본은 2005년을 '한·일 공동방문의 해'로 지정하고 관광교류 및 국제행사 공동개최 등의 국제친선의 노력을 기울였으나, 근래 일본의 독도 영유권 주장 및 역사교과서 왜곡 등이 문제화되면서 일본인 관광객의 증가폭이 둔화되었다.

2006년에 들어와 관광산업 경쟁력 강화대책으로 관광산업에 대한 조세부담 완화, 신규투자 및 창업촉진을 위한 제도개선, 해외 관광시장의 획기적 확대여건 조성, 국민의 국내관광 활성화, 관광자원의 품격과 부가가치 제고 등 다섯 개 분야에 걸쳐 총 62개 과제 추진 등 획기적인 범정부적 대책을 발표하였다.

2007년 4월에는 한국 고유의 관광브랜드 'Korea, Sparkling'을 선포하고 홍보를 다각화하는 한편, 중저가 숙박시설인 '굿스테이(Goodstay)'와 중저가 숙박시설 체인화 모델인 '베니키아(BENIKEA)' 체인화 사업 운영을 위한 기반을 구축하였다.

2008년에 들어와서는 관광산업의 국제경쟁력 강화를 위해서 2008년을 '관광산업의 선진화 원년'으로 선포하고, '서비스산업 경쟁력 강화 종합대책' 등 범정부 차원의 대책을 본격적으로 추진하였다. 따라서 2008년 4월에는 서비스산업선진화(PROGRESS-Ⅰ) 방안의 일환으로 「관광진흥법」, 「관광진흥개발기금법」, 「국제회의산업 육성에 관한 법률」 등 이른바 '관광3법'상의 권한사항을 제주도지사에게 일괄 이양하기로 결정하는 등 적극적이고 지속적인 노력이 추진되었다.

2009년도에는 전 세계 대다수 국가가 관광산업의 침체상태를 면치 못하였으나, 우리나라는 환율효과 등 외부적 환경을 바탕으로 삼아 적극적 관광정책 추진으로 관광객이 증가하여 9년 만에 관광수지 흑자로 전환하는 데 성공하였다. 특히 가시적 성과로는 2011년 UNWTO 총회 유치(2009.10), 의료관광 활성화 법적 근거 마련(2009.3), MICE·의료·쇼핑 등 고부가가치 관광여건을 개선한 것 등이 있다.

2010년도는 환율하락, 신종플루 및 구제역 발생, 경기침체 지속이라는 대내외적인 위협요인을 극복하고 관광산업의 장기적인 경쟁력 확보에 주력하였다. 문화체육관광부는 '관광으로 행복한 국민, 활기찬 시장, 매력있는 나라 실현'이라는 비전 아래 외래관광객 1,000만 명 유치목표 조기 달성을 위해 크게 4개 부문 즉 수요와 민간투자 확대로 내수진작, 창조적 관광콘텐츠 확충, 외래관광객 유치 마케팅 강화, 관광수용태세 개선방안 마련에 중점을 두었다. 구체적으로는 휴가·휴일제도 개선으로 관광수요 확충을 위한 여건을 조성하고, 규제와 경영여건 완화 및 제도개선 등 민간투자 확대를 통한 내수진작을 꾀하였고, 수변관광, 새만금, 생태탐방로 등 미래형 관광자원과 한국적 특성을 갖춘 관광콘텐츠를 확충하였다.

또한 2010~2012 한국방문의 해를 계기로 국격 제고와 관광 목적지로서의 매력도 향상을 위한 지역 맞춤형 마케팅을 전개하였고, MICE, 의료관광, 한류문화 확산에 따른 공연관광 등 고부가가치 관광산업을 육성하는 등 외래관광객 유치 마케팅을 강화하였다. 그리고 외래관광객 수용태세 개선을 위해 환대서비스 제고, 안전한국 캠페인 실시, 관광안내 서비스 품질 확보 등을 추진하였고, 관광숙박시설 확충 대책, 쇼핑관광 활성화 방안 등을 마련하였다.

여기서 주목할 것은 2012년에 한국을 방문한 외국인 관광객이 1,114만 명을 기록하면서 드디어 외래관광객 1,000만 명 시대가 개막되었다. 외래관광객 1,000만 명 달성은 우리나라가 세계 관광대국으로 진입하고 있음을 알리는 쾌거인 동시에, 우리나라 관광산업이 이제 양적 성장만이 아니라 질적 성장까지도 함께 이룩해야 한다는 과제를 안겨주었다.

2013년에 들어와서는 외래관광객 1,200만 명을 기록하였으며, 2014년에는 전년 대비 16.6%의 성장률을 보이며 1,400만 명을 돌파하였다. 외래관광객 1,400만 명 돌파라는 성과는 더욱 수준 높은 서비스를 제공하기 위해 힘써온 관광업계의 노력과 관광분야를 5대 유망 서비스산업으로 선정하여 집중적으로 육성해온 정부의 지원이 어우러진 결과라 할 수 있다.

한편 2017년 7월 새 정부 국정운영 5개년 계획에서 100대 국정과제 중 관광복지 확대와 관광산업 활성화 부문의 관광산업 경쟁력 강화를 위한 추진과제로서 '관광품질인증제의 법적 근거 마련을 통한 체계적 관리'가 제시되었다.

2018년 평창 동계올림픽의 성공적인 개최는 한국관광의 인지도를 제고하고 관광목적지로서의 위상을 강화하는 기회가 되었다. 우리나라에서 처음 열린 동계올림픽 대회로 93개국 2,925명의 선수가 참가하여 역대 최대 규모로 치러졌다.

2019년 우리나라를 방문한 외국인 관광객은 전년대비 14% 증가한 1,750만 명으로 역대 최대 규모를 기록하였다. 이에 문화체육관광부를 비롯한 관광관련 단체들은 외래관광객 2천만 명 시대를 앞당기기 위해 이에 걸맞은 관광수용태세를 완비하고, 국민의 삶의 질을 높일 수 있는 여건을 조성하기 위해 다양한 정책과 사업을 추진하였다.

9. 2020년대(관광선진국으로의 재도약기)

코로나19 팬데믹으로 인해 전 세계적으로 관광 시장은 심각한 침체기를 겪고 있다. 2019년 12월 중국 후베이(湖北)성 우한(武漢)에서 처음 발생한 코로나 바이러스 감염증 확산과 세계적 대유행으로 인해 사람의 이동과 여행 제한 조치로 인해 2020년 국제관광객 수는 전년대비 74% 감소하면서 30년 전인 1990년대 수준으로 퇴보한 상태이다. 방한 관광객도 2019년 대비 85.7% 감소하고 이로 인한 관광수입 감소분만 약 12조 원으로 추정되는 등 관광산업은 그 어느 때보다 힘든 시기를 보냈다.

국제관광객 수는 2021년 1~7월 기준 전년 동기 대비 40% 감소하였고, 팬데믹 발생 이전인 2019년 동기 대비로는 80% 감소한 상황이다. 2021년 6~7월에는 백신접종과 국경재개로 인해 국제관광이 다소 회복되는 양상을 보였다.

방한 외국인 관광객 시장은 2021년 코로나19 백신의 본격화 및 트래블버블(여행안전권역 이하 트래블버블)[12) 논의가 본격화되면서 다소 회복될 것으로 예상하였으나, 코로나19 팬데믹의 심화 및 코로나19 변이 출현으로 인해 전년에 비해 외국인 관광객 수가 감소세가 지속되었다. 2019년 1,750만 2,756명으로 증가하였으나, 코로나19의 발생으로 2020년 전년 대비 85.6% 감소한 251만 9,118명의 방한 외국인 관광객이 방문한 데 이어 2021년 또한 전년 대비 61.6% 감소한 96만 7,003명으로 감소한 것으로 집계되었다.

반면, 2022년부터 전 세계적으로 코로나19 백신 예방접종률이 높아지고 확진자 수가 감소함에 따라 국가별로 방역조치 완화, 단계적 비자발급 재개 및 개선, 무비자 시행 등의 행정조치가 이루어졌다. 이에 2022년 방한 외래관광객 수가 전년 대비 230.7% 증가한 319만 8천 명으로 집계되었다.

코로나19가 엔데믹으로 전환됨에 따라 해외관광에 대한 억눌렸던 수요가 폭발하면서 국제관광 시장을 둘러싸고 수요 선점을 위해 국가 간 치열한 경쟁이

---

12) 방역 관리에 대한 상호신뢰가 확보된 국가 간 격리를 면제함으로써, 일반 여행목적의 국제이동을 재개하는 것으로, 여행 전에 코로나19 PCR 음성확인서와 예방접종 증명서를 제출해야 하고 도착 후 코로나19 검사를 받아 음성으로 확인되면 격리가 면제됨

벌어질 것으로 예상된다. 뿐만 아니라 스페인 바르셀로나, 이탈리아 베네치아, 프랑스 파리, 일본 도쿄, 인도네시아 발리 등 일부 국가와 지역에서는 관광객의 급증으로 인한 오버투어리즘으로 별도의 관광세를 인상하거나 도입하고 있고 있다.

한편, 향후에는 사회 · 기술 · 경제 · 환경 · 정치 등 전반에 걸쳐 변화가 나타남에 따라 이를 극복하고 관광산업의 구조 변화를 위해서는 관광산업 혁신을 통해 시장 회복과 재도약의 발판을 마련해야 한다. 관광트렌드의 변화 동향을 지속적으로 파악하여 변화된 관광니즈를 충족시키는 한편, 관광활동의 제약요인을 완화하기 위한 정책적 대응이 요구된다.

CHAPTER

3

관광사업

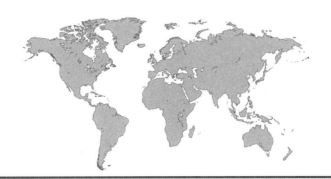

PRINCIPLES of TOURISM

CHAPTER **3** 관광사업

● 제1절 **관광사업의 개요**

1. 관광사업의 정의

관광사업(Tourist industry)의 정의를 명쾌하게 규정하기는 쉽지 않다. 그 이유는 첫째, 시대 변화에 따라 관광사업의 영역이 확대되고 있기 때문이다. 둘째, 학자에 따라 가치관이나 내용에 대한 이해의 차이 때문에 다양한 정의가 내려지고 있다. 셋째, 관광사업은 관광구조의 3요소, 즉 관광주체, 관광객체, 관광매체를 바탕으로 정의를 내릴 수 있다. 마지막으로, 관광사업의 구성원은 영리를 목적으로 하는 기업체뿐만 아니라 정부와 공공단체도 이에 포함된다. 따라서 관광사업의 정의를 한마디로 정의하는 것은 매우 어려운 일이다.

종래 관광사업의 개념 규정에 있어서 독일의 글뤽스만(Glüksman)은 관광사업을 "일시적 체재지에 있어서 외래관광객들과 이를 수용한 지역의 주민들과의 제관계의 총화"라고 정의하였으며, 일본의 이노우에 만주조(井上万壽藏)는 "관광사업은 관광객의 욕구에 대응해서 이를 수용하고 촉진하기 위하여 이루어지는 모든 인간활동"이라고 정의하였다. 또 다나카 기이찌(田中喜一)는 관광사업을 "관광왕래를 유발하는 각종 요소에 대해 조화적 발달을 도모함과 아울러 그 일반적 이용을 촉진함으로써 경제적·사회적 효과를 올리려고 하는 조직적인 활동"이라고 정의하였으며, 스즈키 타다요시(鈴木忠義)는 관광사업을 "관광의 효용과 그 문화적·사회적·경제적 효과를 합목적적으로 촉진함을 목적으로 한 조직적 활동"이라고 정의하였다.

우리나라 「관광진흥법」은 제2조 제1호에서 "관광사업이란 관광객을 위하여 운송·숙박·음식·운동·오락·휴양 또는 용역을 제공하거나 그 밖에 관광에 딸린 시설을 갖추어 이를 이용하게 하는 업(業)을 말한다"고 관광사업의 정의를 내리고 있다.

이상의 여러 정의들을 종합해 보면 "관광사업이란 관광의 효용과 그 문화적·사회적·경제적 효과를 합목적적으로 촉진함을 목적으로 한 조직적 활동이다"라고 요약할 수 있다.

2. 관광사업의 기본적 성격

위에서 설명한 개념의 정의에서 보았듯이, 관광사업은 그 사업효과를 촉진하기 위한 목적적인 조직활동이며, 조직의 구성 또한 복합적이다. 그리고 관광사업은 자신의 직접적인 이윤만을 목적으로 하는 것이 아니고, 오히려 그 성과는 국민이 널리 향유함과 아울러 관광사업의 번영을 통해서 국가나 지역사회의 발전에도 공헌함을 목적으로 하고 있다고 하겠다.

그러나 근년에 와서 관광기업이 융성해짐에 따라 관광사업에 있어서 사기업의 비중이 높아졌고, 관광기업 활동이 관광사업의 중심을 이루고 있다는 생각이 지배적으로 되었다. 그래서 일반적으로 관광산업과 관광사업을 동일시하는 풍조가 확산되었는데, 그것은 관광사업의 활동이 관광산업의 그늘에 가리기 쉬운 성질을 갖고 있기 때문이다. 사실 관광사업은 관광객의 관광행동에 대한 직접적인 서비스에 관한 부분은 대체로 관광관련 기업에 맡기고 있어서 그런 의미에서는 관광산업의 활동을 관광사업의 좁은 의미에서의 개념이라고 인식할 수도 있을 것이다. 그러나 그것은 어디까지나 관광사업에 포함된 관광산업으로서 관광산업은 관광사업의 하위시스템(sub-system)임에는 변함이 없다고 본다.

따라서 여기에서는 관광사업의 산업적 측면까지도 포함하여 그 기본적 특성이 무엇인가를 살펴보기로 한다.

1) 복합성

관광사업의 기본적인 성격은 그 복합성에 있다고 말할 수 있다. 이는 여러 사업주체로 구성된다는 점과 관광사업 자체의 내용이 매우 다양한 업종으로 구성된다는 측면에 복합성을 가지고 있다. 그 구체적인 내용을 살펴보면 다음과 같다.

첫째, 관광사업은 정부나 지방자치단체 등의 공적 기관과 민간기업이 여러 가지 의미로 역할을 분담하면서 추진하는 사업이다. 관(官)과 민(民)이 서로가 역할을 분담하면서 어떤 종류의 사업을 추진하여 나간다는 것은 다른 산업의 경우에도 크거나 작거나 그렇게 말할 수 있는 것인데, 관광사업의 경우는 특히 그러한 점이 두드러진다. 관광자원의 보존관리나 관광기반시설의 건설은 한결같이 공공부문의 역할이며, 여행업이라든가 숙박업은 거의가 민간기업의 역할이다.

이와 같이 역할이 분담되는 것은 사상(事象)의 성질상 어느 한쪽 부문만이 사업주체가 되지 않으면 아니 되는, 또는 어느 쪽의 부문 가운데 그 한쪽이 맡는 것이 적합하기 때문이다. 예를 들어 관광자원의 보존관리는 관광자원이 무엇과도 바꿀 수 없는 가치를 지닌 이상 그것에 대한 작용을 민간의 자유의사에만 맡겨 둘 수 없는 일이다. 따라서 이는 공공부문의 역할이 되는 것이다. 예를 들어 숙박시설의 경우는 효율적인 운영이 요청되기 때문에 민간부문에서 분담하는 것이 좋을 것이다.

둘째, 관광사업은 여러 사업주체로 구성된다는 의미 외에도 다양한 업종이 모여 하나로 통합된 활동체를 성립시키는 사업이라는 것이다.

업종이라는 개념은 생산되는 재화나 서비스의 단일적인 성격에 바탕을 두는 것인데, 관광사업은 여러 업종으로부터 제공되는 재화나 서비스를 갖추어야만 비로소 관광객의 행동에 대응할 수 있는 사업이다. 예를 들어 교통업, 숙박업, 음식업, 소매업, 출판업 등과 같은 각 업종의 사업활동이 각 관광사업의 한 부분을 구성하고 있으며, 이 경우 한 부분이라고 하는 점이 중요하다. 관광사업은 갖가지 업종에 의하여 구성된 종합상품이라는 데 특징이 있다. 따라서 각자의 사업활동은 관광사업의 한 몫을 담당함과 동시에 그들 고유의 존재의의를 가지고 있다.

결국 관광사업이란 여러 사업주체의 복합으로 구성될 뿐만 아니라, 갖가지 잡다한 업종의 복합으로 성립될 수 있는 조직상의 복합성을 특질로 하는 사업이다.

2) 입지의존성

관광사업은 원래 관광자원에 의존하여 성립되기 때문에 입지의존성이 매우 강한 사업이라고 하겠다. 예를 들면, 물건을 생산하는 기업일 경우 생산된 것을 유통과정을 통해 판매하므로 고객을 공장에 유치한다는 것은 거의 의식할 필요가 없다. 그러나 관광사업일 경우 어떤 장소에 관광객을 모이게 함으로써 레저공간을 판매한다는 성격을 가지기 때문에 관광객 유치라는 관점에서 입지(立地)가 매우 중요한 문제가 된다. 따라서 관광사업에서 입지는 곧바로 해당 기업의 매출과 생존으로 직결되는 매우 중요한 특성으로 볼 수 있다.

그러나 관광사업은 관광자원의 우열 여하에도 의존하는 바가 크며, 동시에 그 경영적 입지조건에 의해서 크게 영향을 받는다. 그것은 관광사업의 산업적 측면이 기본적으로 다음과 같은 특질을 가지고 있기 때문이다.

첫째, 관광사업은 관광객의 내방에 의해 경영활동이 비로소 시작되는데, 관광객의 내방(소비활동)은 계절별, 월별, 주별, 시간별 등에 따라 변동의 차이가 매우 크며, 관광객의 임의적인 행동에 좌우되기 때문에 불연속적인 생산형태를 피할 수 없다는 것이다.

둘째, 관광사업은 순간생산·순간소비의 형태를 기본적 특질로 하고 있어 생산과 소비가 동시에 완결적으로 이루어지는 생산 즉 소비형 산업이라는 것이다. 따라서 관광상품, 예를 들어 호텔의 객실과 같은 경우는 저장이 불가능하여 경영상의 탄력성이 없다는 것이다.

셋째, 관광사업의 대형화에 따라 노동시설률(유형고정자산액/종업원 수)이 높아져 가는 경향에 있다. 초기자본의 투자액이 크면 클수록 경영환경 및 경영조건의 중시와 경영기반의 안정이 주요 과제로 대두된다는 것이다.

이상의 세 가지 특성은 관광사업의 경영상 서로 밀접한 관련을 맺게 되지만, 모두 다 경영상의 불안정요소가 되는 것뿐이다. 그러므로 사업노력이 이와 같은 요소의 해소에 마땅히 집중되어야 함은 말할 것도 없겠지만, 많은 관광객이 연중 계속해서 평균적으로 내방하는 관광지를 가장 좋은 관광지로 보는 입장에서 관광사업의 입지의존성은 가장 중요한 기본적인 특성으로 말할 수 있다.

3) 공익성과 기업성

관광사업은 여러 관련업종의 복합체로 성립되는 특수성 때문에 사적 관광기업까지 포함해서 공익목적을 달성하는 사업체이다. 그래서 관광사업은 공익성과 기업성을 내포하여 사적 관광기업을 통해서 공익목적을 달성하려고 하는 데 특색이 있다.

관광기업에 있어서 공익적인 측면은 관광효과와 관광경제효과 및 경제외적효과라는 면이 지적된다. 먼저 관광효과는 국제관광에 있어서 국제친선의 증진이나 국제문화의 교류를 들 수 있고, 국내관광에 있어서는 보건의 증진, 근로의욕의 증진, 교양의 향상 등을 들 수 있다.

▶▶ 표 3-1 **관광사업의 공익적 효과**

구 분	효과 내용
관광효과	① 국제관광: 국제친선증진, 국제문화의 교류촉진 ② 국내관광: 보건증진, 근로의욕증진
관광경제효과	① 국민경제효과: 외화획득효과 ② 지역경제효과: 고용효과, 소득효과, 산업관련효과, 조세효과, 산업기반시설 정비효과, 지역개발효과
경제외적효과	① 보존 및 정비효과: 자연보전, 문화재보존, 공원정비, 교통 및 상하수도시설정비, 의료시설 및 생활환경시설 정비 ② 교류효과: 관광객과 지역주민과의 교류효과

다음으로 관광의 경제적 효과 면에서는 국민경제적 효과로서 외화획득효과를 들 수 있고, 지역경제적 효과로서는 고용효과, 소득효과, 산업경제효과 등을 들 수 있으며, 지역개발상 중요시되고 있다.

또한 경제외적 효과는 이른바 관광산업의 진흥에 따른 부차적 효과이긴 하지만, 자연의 보전이나 문화재의 보존, 공원의 정비나 교통시설, 상하수도시설, 의료시설 및 생활환경시설의 정비 향상이나 관광객과의 교류효과 등을 들 수 있다.

그런데 이상에서 든 여러 효과는 어느 것이든 간에 공익적인 면에서 인식되고, 관광사업진흥의 기조가 되어 있지만, 다른 한편으로 이와 같은 효과를 실질적으로 거둘 수 있는 위치에 있는 사적 관광기업은 경합적인 개별기업활동을 원칙으로 하고 있어 반드시 공익적 성과에 기능한다고는 볼 수 없다. 그래서 관광사업은 개별기업활동의 특징을 살리면서 공익적 효과를 높이도록 관광기업을 유도하는 것이 큰 과제가 되며, 공익성과 기업성의 조화적 발전을 도모해 나가는 데서 그 존재 의의를 찾을 수 있다고 본다.

4) 변동성

일반인의 관광에 대한 충족욕구는 필수적인 것이 아니고 임의적인 성격을 띠고 있기 때문에 관광활동은 외부사정의 변동에 매우 민감하여 영향을 받기 쉽다. 변동성의 요인으로는 경제적 요인, 사회적 요인, 자연적 요인 및 기술적 요인을 들 수 있다.

첫째, 사회적 요인은 사회정세의 변화, 국제정세의 긴박함, 정치불안, 폭동, 질병발생 등과 그 밖에 인간의 안전에 불안감을 주는 것들이다.

둘째, 경제적 요인은 경제불황, 소득의 불안정, 환율변동, 운임변동과 외화사용 제한조치 등이다.

셋째, 자연적 요인은 기후, 지진, 태풍, 폭풍우 등과 같은 자연의 변동현상을 들 수 있다.

넷째, 기술적 요인은 증강현실(AR)/가상현실(VR), 인공지능(AI), 챗GPT, 메타버스, 빅데이터 활용 등과 같이 4차 산업혁명에 따른 산업 전방위적으로 다양한 디지털 신기술 적용을 들 수 있다.

5) 서비스성

관광사업을 서비스업이라 하는 것은 관광사업이 생산·판매하는 상품의 대부분이 눈에 보이지 않는 서비스이기 때문이다. 서비스는 관광객의 심리에 지대한 영향을 미치므로 서비스의 질적 수준 여하에 따라 기업 자체는 물론이고 관광지 전체, 국가 전체 관광사업의 성패에 중대한 영향을 미치게 된다.

따라서 이러한 서비스의 제공은 비단 관광사업 종사자뿐만 아니라 지역주민이나 국민 전체의 친절한 서비스 제공도 필요하기 때문에, 일반국민에게 관광에 대한 인식을 적극적으로 계몽시킬 필요가 있다.

3. 관광사업의 현대적 특색

앞에서 관광사업의 기본적인 성격에 관하여 검토해 보았는데, 여기서는 관광사업의 현대적 특색에 관하여 기술해 보고자 한다.

우선 첫째로 사업주체의 복합성과 관련이 있는 것으로 공적 기관의 역할이 비약적으로 증대했다는 점을 들 수 있겠다. 공적 기관이 관광에 적극적으로 관여하게 된 이유는 교통, 통신, 상하수도, 에너지, 치안, 보안과 같은 공공서비스가 관광을 진흥시키는 데 있어서 필수적 요소라는 명백한 사실에 있는 것만은 아니다. 1975년 12월 31일에 제정된 「관광기본법」에 명시되어 있듯이 관광행정의 목적은 ① 국제친선의 증진, ② 국민경제 및 국민복지의 향상, ③ 건전한 국민관광의 발전에 이바지한다는 인식에 기초하고 있기 때문이다.

여기에서 국제친선의 증진이라 함은 우리나라 국민과 외국인 사이에 경제·사회·문화의 교류를 통하여 국민성, 풍속, 습관, 지리 및 문화를 이해하고 상호 우호적인 협력 및 선의를 증진하는 것으로서 종국적으로는 세계평화에 이바지하게 되는 것을 말한다.

또한 국민경제 및 국민복지의 향상이란 외화획득에 의한 국제수지의 개선과 관광을 대상으로 하는 민간의 기업활동이 활발해짐으로써 국민의 사회적·문화적 생활영역을 확대시켜 결과적으로는 국민의 복지를 향상시키게 된다는 것이다.

다음으로 건전한 국민관광의 발전이란, 현대사회에 있어서 국민이 일상생활에서 어쩌면 여유와 인간성을 잃어버리기 쉬운 상황 속에서 관광이 그러한 것을 회복시켜 주는 의의를 가지고 있다고 보는 것이다.

현대는 사회관광(social tourism)이라 부르는 것처럼 경제적 또는 그 밖의 이유로 관광에 참가할 수 없는 사람들에 대하여 공적 기관은 적극적인 지원을 다해야 한다고 보고 있다. 이와 같은 「관광기본법」이 있다는 것은 정부가 관광행정을 적극적으로 추진할 의무가 있다는 것을 뜻한다.

관광사업의 주체로서 공적 기관의 역할이 어째서 오늘날 높아졌는가 하는 점에 대해서는 위에서 말한 바와 같은 배경에 더해서, 자연환경의 파괴문제와 소비자보호의 문제가 중요해졌기 때문이다. 즉 관광의 대중화에 의한 관광수요의 증대는 민간기업에 의한 적극적인 관광개발을 가져왔고, 유한한 자연환경이 파괴된다는 문제가 생겼기 때문이다.

관광사업의 현대적 특색으로서 다음에 들 수 있는 것은 관광사업을 구성하고 있는 각종의 사업활동이 민간기업의 활발한 사업활동에 의해 점점 확대되고 다양화되어 간다는 점이다. 이와 같은 경향은 1960년대의 후반부터 특히 눈부신 발전을 보였다고 하겠다. 민간기업이 관광에 관계하여 활동하는 것은 말할 것도 없이 영리가 그 목적이다. 그러므로 관광이 대중화되고 더구나 앞으로 점점 그 수요가 점점 증가할 것을 예상한다면, 민간기업에 있어서는 관광이 이제부터 발전하게 되는 성장사업이며, 민간기업의 독자적인 창의와 연구를 결집시킬 분야가 된다고 하겠다. 그렇기에 야생동물을 방사하는 동물원 등 과거에는 볼 수 없었던 새로운 관광시설이 등장하기도 하고, 역사가 깊은 숙박업의 경우에도 대형화하고, 다각 경영화되는 경향을 따르는 등 관광사업은 더욱 복잡하게 발전되고 있다.

관광사업에 대한 민간 대기업의 본격적인 진출은 우리나라에서는 민영호텔로부터 시작되었다. 민간호텔은 숙박업으로서 원래 관광사업의 중추적인 역할을 차지하고 있었으나, 특히 1965년에서 1968년 사이에 국제관광공사(현 한국관광공사)가 워커힐호텔 등의 운영권을 민간에게 불하한 후부터 한국 관광업계의 중심세력이 되고 있다. 특히 한때 해외건설에 진출하고 있던 재벌회사들이 각지에 호텔을 세워 계열업체로 경영하였고, 호텔 이외에도 그룹 자체인력의 해외송출을 막기 위해 기존 소자본의 항공운송대리점을 인수하여 국제여행업을 경영하기도 하였다. 이 밖에도 콘도미니엄 리조트의 개발이나 자연농원, 스키장 등의 야외 레크리에이션 시설의 개발 등 갖가지 관광사업을 경영하고 있다는 것은 잘 알려진 사실이다. 이와 같이 관광사업을 전개하는 민간기업은 호텔에만 한정되어 있지 않고, 여러 가지 사업에 진출하고 있음을 볼 수 있다.

이와 같이 현대의 관광사업은 첫째로, 공적 기관의 역할이 커지게 되었다는 것 둘째로, 사업활동의 내용이 민간기업의 활발한 사업활동에 따라 점점 확대되어 다양화하고 있다는 점들을 그 특색으로 들 수 있겠다.

● 제2절 관광사업의 분류

1. 사업주체에 의한 분류

관광사업은 사업주체에 의해서 공적 관광기관과 사적 관광기업으로 나눌 수 있다. 공적 관광기관은 정부나 지방자치단체 등의 관광행정기관과 관광협회나 업종별 협회 등 관광공익단체로 나누어지며, 사적 관광기업은 직접관련 관광기업과 간접적 관광관련 기업으로 나누어 볼 수 있다.

1) 관광행정기관

공적 관광사업으로 관광정책 관련 기관을 의미하는데, 국가 · 정부 · 지방자치단체 등 관광행정기관을 가리킨다. 이는 관광객 · 관광기업 · 관광관련 기업들과 직간접적으로 영향을 주고받으며 관광개발업무와 관광진흥업무를 담당한다.

2) 관광공익단체

공적 관광기관으로 한국관광공사, 관광협회 등의 공익법인과 관광인력을 양성하는 교육기관 및 관광연구소 등이 있다.

3) 관광기업

관광객과 직접적으로 관계되어 영리를 목적으로 하는 기업을 말한다. 관광객의 소비활동을 주된 수입원으로 하는 기업들을 말한다.

여기에는 여행업, 숙박업, 교통업, 쇼핑업, 관광정보제공업, 관광개발업 등 대부분의 관광사업이 포함되며, 「관광진흥법」에 의한 자영업자들도 여기에 포함된다.

4) 관광관련 기업

관광객과 직접 대면하지는 않으나 관광기업과 직접적인 관계를 가짐으로써 관광객과는 간접적(2차적)으로 관련을 갖는 간접관광사업 또는 2차 관광사업이라 칭한다.

호텔에서 외주를 받은 세탁업자, 청소업자, 경비업자와 식품납품업자 등이 여기에 포함되며, 일반적인 소매상점, 요식업체, 오락업체 등도 관광객이 이용할 때에는 여기에 해당된다.

2. 관광법규에 의한 분류

1961년 8월 22일 제정·공포된 「관광사업진흥법」은 우리나라 관광의 획기적인 발전을 위한 최초의 관광법규이다. 이 법의 제정 당시에는 관광사업의 종류를 여행알선업, 관광호텔업, 통역안내업, 관광시설업 등 4가지로 구분하였으나, 1975년 12월 31일에 폐지될 때까지 4차에 걸친 개정을 통해 관광사업의 종류를 여행알선업, 관광호텔업, 통역안내업, 관광시설업, 관광휴양업, 관광교통업, 토산품판매업 등 7개 업종으로 구분하였다.

그러나 1975년 12월 31일 종래의 「관광사업진흥법」을 폐지하고 새로 제정된 「관광사업법」에서는 관광사업의 종류를 여행알선업, 관광숙박업, 관광객이용시설업 등 3개 업종으로 축소하였던 것이나, 그 후 시대의 변천에 따라 여행형태가 다원화되고 관광객의 관광성향이 전문화되자 관광사업의 종류도 확대·조정할 필요가 있게 되었다.

이에 따라 1987년 7월 1일부터 시행된 「관광진흥법」에서는 관광사업의 종류를 여행업, 관광숙박업, 관광객이용시설업, 국제회의용역업, 관광편의사설업 등 5개 업종으로 구분하였고, 1994년 8월 3일에는 「관광진흥법」을 개정하여 종래 「사행행위 등 규제 및 처벌 특례법」에서 '사행행위영업'으로 규정하고 있던 카지노업을 관광사업의 일종으로 포함시켰다.

1999년 1월 21일에는 「관광진흥법」의 전문개정이 있었는데, 종전의 국제회의용역업을 국제회의업으로 명칭을 변경하고, 또 종래 「공중위생법」에 의하여 보건복지부장관의 소관으로 있던 유원시설업을 문화체육관광부장관의 소관으로 이관하여 관광사업의 일종으로 규정하였다.

따라서 2024년 12월 말 현재 「관광진흥법」에서 규정하고 있는 관광사업의 종류는 여행업, 관광숙박업, 관광객이용시설업, 국제회의업, 카지노업, 유원시설업, 관광편의시설업 등 크게 7개 업종으로 구분하고 있으며, 동법 시행령에서는 이를 각각의 종류별로 다시 세분하고 있다(동법 시행령 제2조). 이를 도표화하면 다음 〈표 3-2〉와 같다.

▶▶ 표 3-2 「관광진흥법」에 따른 우리나라 관광사업의 분류

종 류	세분류	
여 행 업	종합여행업, 국내외여행업, 국내여행업	
관광숙박업	호 텔 업	관광호텔업, 수상관광호텔업, 한국전통호텔업, 가족호텔업, 호스텔업, 소형호텔업, 의료관광호텔업
	휴양콘도미니엄업	
관광객이용시설업	전문휴양업	
	종합휴양업	제1종 종합휴양업, 제2종 종합휴양업
	야영장업	일반야영장업, 자동차야영장업
	관광유람선업	일반관광유람선업, 크루즈업
	관광공연장업	
	외국인관광 도시민박업	
	한옥체험업	
국제회의업	국제회의시설업, 국제회의기획업	
카지노업		
유원시설업	종합유원시설업, 일반유원시설업, 기타유원시설업	
관광편의시설업	관광유흥음식점업, 관광극장유흥업, 외국인전용 유흥음식점업, 관광식당업, 관광순환버스업, 관광사진업, 여객자동차터미널시설업, 관광펜션업(휴양펜션업), 관광궤도업, 관광면세업, 관광지원서비스업, 기타관광편의시설업(제주)	

1) 여행업

현행 「관광진흥법」에서의 여행업이란 "여행자 또는 운송시설·숙박시설, 그 밖에 여행에 딸리는 시설의 경영자 등을 위하여 그 시설이용의 알선이나 계약체결의 대리, 여행에 관한 안내, 그 밖의 여행 편의를 제공하는 업"을 말한다(동법 제3조 1항 1호).

여행업은 사업의 범위 및 취급대상에 따라 종합여행업, 국내외여행업, 국내여행업 및 관광안내업으로 구분하고 있다.

우리나라 여행업의 등록현황을 살펴보면 2024년 12월 말 기준으로 종합여행업 8,635개소, 국내외여행업 9,608개소, 국내여행업 3,798개소이다.

(1) 종합여행업

국내외를 여행하는 내국인 및 외국인을 대상으로 하는 여행업[사증(査證; 비자)을 받는 절차를 대행하는 행위를 포함한다]을 말한다. 따라서 종합여행업자는 외국인의 국내 또는 국외여행과 내국인의 국외 또는 국내여행에 대한 업무를 모두 취급할 수 있다.

(2) 국내외여행업

국내외를 여행하는 내국인을 대상으로 하는 여행업(사증을 받는 절차를 대행하는 행위를 포함한다)을 말한다. 국내외여행업은 내국인을 대상으로 국내여행을 하거나 아웃바운드 여행(해외여행업무)을 전담하게 하기 위해서 도입한 것이므로 외국인을 대상으로 한 인바운드 여행(외국인의 국내여행)은 허용하지 않고 있다.

(3) 국내여행업

국내를 여행하는 내국인을 대상으로 하는 여행업을 말한다. 따라서 국내여행업은 내국인을 대상으로 한 국내여행에 국한하고 있어 외국인을 대상으로 하거나 또는 내국인을 대상으로 한 국외여행업은 이를 허용하지 않고 있다.

2) 관광숙박업

현행 「관광진흥법」은 관광숙박업을 호텔업과 휴양콘도미니엄업으로 나누고 (제3조 1항 2호), 호텔업을 다시 세분하고 있다(동법 시행령 제2조 1항 2호).

(1) 호텔업

호텔업이란 관광객의 숙박에 적합한 시설을 갖추어 이를 관광객에게 제공하거나 숙박에 딸리는 음식·운동·오락·휴양·공연 또는 연수에 적합한 시설 등을 함께 갖추어 이를 이용하게 하는 업을 말한다.

호텔업은 운영형태, 이용방법 또는 시설구조에 따라 관광호텔업, 수상관광호텔업, 한국전통호텔업, 가족호텔업, 호스텔업, 소형호텔업, 의료관광호텔업 등으로 세분하고 있다.

우리나라 호텔업의 등록현황을 살펴보면, 2024년 12월 말 기준으로 전국에 관광호텔업 1,083개 업체, 한국전통호텔업 10개소, 가족호텔업 157개소, 호스텔업 1,044개소, 소형호텔업 57개소, 의료관광호텔업 1개소가 운영되고 있다.

가. 관광호텔업

관광호텔업은 관광객의 숙박에 적합한 시설을 갖추어 관광객에게 이용하게 하고 숙박에 딸린 음식·운동·오락·휴양·공연 또는 연수에 적합한 시설 등 (이하 "부대시설"이라 한다)을 함께 갖추어 관광객에게 이용하게 하는 업(業)을 말한다. 종전에는 관광호텔업을 종합관광호텔업과 일반관광호텔업으로 세분하였던 것이나, 2003년 8월 「관광진흥법 시행령」을 개정하면서 이를 관광호텔업으로 통일하였다.

나. 수상관광호텔업

수상관광호텔업은 수상에 구조물 또는 선박을 고정하거나 매어 놓고 관광객의 숙박에 적합한 시설을 갖추거나 부대시설을 함께 갖추어 관광객에게 이용하게 하는 업으로서, 수려한 해상경관을 볼 수 있도록 해상에 구조물 또는 선박을 개조하여 설치한 숙박시설을 말한다. 만일 노후선박을 개조하여 숙박에 적합한 시설을 갖추고 있더라도 동력을 이용하여 선박이 이동할 경우에는 이는 관광호텔이 아니라 선박으로 인정된다.

우리나라에는 2000년 7월 20일 최초로 부산 해운대구에 객실수 53실의 수상관광호텔이 등록된 바 있으나, 그 후 2003년 태풍으로 인해 멸실되어 현재는 존재하지 않는다.

다. 한국전통호텔업

한국전통호텔업은 한국전통의 건축물에 관광객의 숙박에 적합한 시설을 갖추거나 부대시설을 함께 갖추어 관광객에게 이용하게 하는 업을 말한다. 현재 우리나라에서 운영되고 있는 관광호텔은 모두가 서양식의 구조와 설비를 갖추고 있어 외국인관광객이 한국고유의 전통적 숙박시설을 이용할 수 없는 것이 오늘의 현실이다. 따라서 외국인관광객의 수요에 대처하기 위하여 한국고유의 전통건축 양식에 한국적 분위기를 풍길 수 있는 객실과 정원을 갖추고 한국전통요리를 제공하도록 한 것이 한국전통호텔업이다.

우리나라에는 1991년 7월 26일 최초로 제주도 중문관광단지 내에 객실수 26실의 한국전통호텔(씨에스호텔앤리조트)이 등록된 이래 2003년 10월 전남 구례에 지리산가족호텔(124실), 2004년 5월에는 인천에 을왕관광호텔(44실)이 등록되었고, 2010년 7월 5일에는 경북 경주시에 (주)신라밀레니엄 라궁 16실, 2011년 10월에는 전남 영광에 한옥호텔 영산재 21실이 등록된 바 있다.

라. 가족호텔업

가족호텔업은 가족단위 관광객의 숙박에 적합하도록 숙박시설 및 취사도구를 갖추어 관광객에게 이용하게 하거나 숙박에 딸린 음식·운동·휴양 또는 연수에 적합한 시설을 함께 갖추어 관광객에게 이용하게 하는 업을 말한다.

경제성장으로 인한 국민소득수준의 향상은 다수 국민으로 하여금 여가활동을 향유케 함으로써 가족단위 관광의 증가를 가져왔는데, 가족단위 관광의 증가는 가족호텔을 급격히 증가하게 하였다. 이에 정부는 증가된 가족단위의 관광수요에 부응하여 국민복지 차원에서 저렴한 비용으로 가족관광을 영위할 수 있게 하기 위하여 가족호텔 내에는 취사장, 운동·오락시설 및 위생설비를 겸비토록 하고 있다.

마. 호스텔업

호스텔업은 배낭여행객 등 개별 관광객의 숙박에 적합한 시설로서 샤워장, 취사장 등의 편의시설과 외국인 및 내국인 관광객을 위한 문화·정보 교류시설 등을 함께 갖추어 이용하게 하는 업을 말한다. 이는 2009년 10월 7일「관광진흥법 시행령」개정 때 호텔업의 한 종류로 신설되었다.

바. 소형호텔업

소형호텔업은 관광객의 숙박에 적합한 시설을 소규모로 갖추고 숙박에 딸린 음식·운동·휴양 또는 연수에 적합한 시설을 함께 갖추어 관광객에게 이용하게 하는 업을 말한다. 이는 외국인관광객 1,200만 명 시대를 맞이하여 관광숙박서비스의 다양성을 제고하고 부가가치가 높은 고품격의 융·복합형 관광산업을 집중적으로 육성하기 위하여 2013년 11월「관광진흥법시행령」개정 때 호텔업의 한 종류로 신설된 것이다.

사. 의료관광호텔업

의료관광호텔업이란 의료관광객의 숙박에 적합한 시설 및 취사도구를 갖추거나 숙박에 딸린 음식·운동 또는 휴양에 적합한 시설을 함께 갖추어 관광객에게 이용하게 하는 업을 말한다. 이는 외국인관광객 1,200만 명 시대를 맞이하여 관광숙박서비스의 다양성을 제고하고 부가가치가 높은 고품격의 융·복합형 관광산업을 집중적으로 육성하기 위하여 2013년 11월「관광진흥법시행령」개정 때 호텔업의 한 종류로 신설된 것으로, 의료관광객의 편의를 도모함은 물론 의료관광 활성화에 기여할 것으로 기대되고 있다.

(2) 휴양콘도미니엄업

휴양콘도미니엄업이란 관광객의 숙박과 취사에 적합한 시설을 갖추어 이를 그 시설의 회원이나 공유자, 그 밖의 관광객에게 제공하거나 숙박에 딸리는 음식·운동·오락·휴양·공연 또는 연수에 적합한 시설 등을 함께 갖추어 이를 이용하게 하는 업을 말한다.

우리나라 휴양콘도미니엄업의 등록현황을 살펴보면 2024년 12월 말 기준으로 246개 업체가 등록되어 있다.

3) 관광객이용시설업

관광객이용시설업이란 ① 관광객을 위하여 음식·운동·오락·휴양·문화·예술 또는 레저 등에 적합한 시설을 갖추어 이를 관광객에게 이용하게 하는 업 또는 ② 대통령령으로 정하는 2종 이상의 시설과 관광숙박업의 시설(이하 "관광숙박시설"이라 한다) 등을 함께 갖추어 이를 회원이나 그 밖의 관광객에게 이용하게 하는 업을 말한다.

현행 「관광진흥법」은 관광객이용시설업의 종류를 전문휴양업, 종합휴양업(제1종, 제2종), 야영장업(일반야영장업, 자동차야영장업), 관광유람선업(일반관광유람선업, 크루즈업), 관광공연장업, 외국인관광 도시민박업, 한옥체험업 등으로 구분하고 있다.

관광객이용시설업의 등록현황을 살펴보면 2024년 12월 말 기준으로 전문휴양업 169개 업체, 종합휴양업 26개 업체, 야영장업은 4,037개 업체, 관광유람선업 43개 업체, 관광공연장업 11개 업체, 외국인관광 도시민박업 4,021개 업체, 한옥체험업 2,064개 업체 등이다.[1]

(1) 전문휴양업

관광객의 휴양이나 여가선용을 위하여 숙박업시설[공중위생관리법 시행령 제2조 제1항 제1호(농어촌에 설치된 민박사업용시설) 및 제2호(자연휴양림 안에 설치된

---

[1] 한국관광협회중앙회(www.ekta.kr)

시설)의 시설을 포함하며, 이하 "숙박시설"이라 한다)이나 「식품위생법 시행령」
제21조 제8호 가목 · 나목 또는 바목에 따른 휴게음식점영업, 일반음식점영업
또는 제과점영업의 신고에 필요한 시설(이하 "음식점시설"이라 한다)을 갖추고
별표 1 제4호 가목(2)(가)부터 (거)까지의 규정에 따른 시설(이하 "전문휴양시
설"이라 한다) 중 한 종류의 시설을 갖추어 관광객에게 이용하게 하는 업을 말
한다.

(2) 종합휴양업

종합휴양업은 제1종과 제2종으로 구분된다. 제1종 종합휴양업은 관광객의 휴
양이나 여가선용을 위하여 숙박시설 또는 음식점시설을 갖추고 전문휴양시설
중 두 종류 이상의 시설을 갖추어 관광객에게 이용하게 하는 업이나, 숙박시설
또는 음식점시설을 갖추고 전문휴양시설 중 한 종류 이상의 시설과 종합유원시
설업의 시설을 갖추어 관광객에게 이용하게 하는 업이다.

제2종 종합휴양업은 관광객의 휴양이나 여가선용을 위하여 관광숙박업의 등
록에 필요한 시설과 제1종 종합휴양업 등록에 필요한 전문휴양시설 중 두 종류
이상의 시설 또는 전문휴양시설 중 한 종류 이상의 시설 및 종합유원시설업의
시설을 함께 갖추어 관광객에게 이용하게 하는 업이다.

(3) 야영장업

가족단위로 야영하는 여행자의 증가에 따라 야영장의 수가 증가하고 있음에
도 불구하고 지금껏 자동차야영장업만을 관광사업으로 등록하도록 하고 있어
야영장에 관한 종합적인 관리가 어려웠는바, 마침 2014년 10월 28일 「관광진흥
법시행령」 개정 때 종전의 자동차야영장업을 일반야영장업과 자동차야영장업으
로 세분하고 일반야영장업도 관광사업으로 등록하도록 함으로써 야영장 이용객
들이 안전하고 위생적으로 이용할 수 있게 한 것이다.[2]

---

2) 조진호 외 4인 공저, 관광법규론(서울: 현학사, 2017), p.140.

가. 일반야영장업

야영장비 등을 설치할 수 있는 공간을 갖추고 야영에 적합한 시설을 함께 갖추어 관광객에게 이용하게 하는 업을 말한다.

나. 자동차야영장업

자동차를 주차하고 그 옆에 야영장비 등을 설치할 수 있는 공간을 갖추고 취사 등에 적합한 시설을 함께 갖추어 자동차를 이용하는 관광객에게 이용하게 하는 업을 말한다.

(4) 관광유람선업

가. 일반관광유람선업

「해운법」에 따른 해상여객운송사업의 면허를 받은 자나 「유선(遊船) 및 도선사업법(渡船事業法)」에 따른 유선사업(遊船事業)의 면허를 받거나 신고한 자가 선박을 이용하여 관광객에게 관광을 할 수 있도록 하는 업을 말한다.

나. 크루즈업

「해운법」에 따른 순항(順航) 여객운송사업이나 복합 해상여객운송사업의 면허를 받은 자가 해당 선박 안에 숙박시설, 위락시설 등 편의시설을 갖춘 선박을 이용하여 관광객에게 관광을 할 수 있도록 하는 업을 말한다.

(5) 관광공연장업

관광공연장업은 관광객을 위하여 적합한 공연시설을 갖추고 공연물을 공연하면서 관광객에게 식사와 주류를 판매하는 업을 말한다.

(6) 외국인관광 도시민박업

외국인관광 도시민박업이란 「국토의 계획 및 이용에 관한 법률」(이하 "국토계획법"이라 한다) 제6조제1호에 따른 도시지역(「농어촌정비법」에 따른 농어촌지역 및 준농어촌지역은 제외한다)의 주민이 거주하고 있는 단독주택 또는 다가구주택(건축법 시행령 별표 1 제1호 가목 또는 다목)과 아파트, 연립주택 또는 다세대주택(건축법 시행령 별표 1 제2호 가목, 나목 또는 다목)을 이용하여 외국인 관광객에게 한국의 가정문화를 체험할 수 있도록 숙식 등을 제공하는 사업을 말하는데, 종전까지는 외국인관광 도시민박업의 지정을 받으면 외국인 관광객에게만 숙식 등을 제공할 수 있었으나, 2014년 11월 28일 「관광진흥법 시행령」 개정에 따른 '도시재생활성화 계획'에 따라 마을기업(「도시재생활성화 및 지원에 관한 특별법」〈약칭 "도시재생법"〉 제2조제6호·제9호에 따른)이 운영하는 외국인관광 도시민박업의 경우에는 외국인 관광객에게 우선하여 숙식 등을 제공하되, 외국인 관광객의 이용에 지장을 주지 아니하는 범위에서 해당 지역을 방문하는 내국인 관광객에게도 그 지역의 특성화된 문화를 체험할 수 있도록 숙식 등을 제공할 수 있게 하였다(관광진흥법 시행령 제2조제1항제3호 바목 〈개정 2021.3.23.〉).

(7) 한옥체험업

한옥(「한옥 등 건축자산의 진흥에 관한 법률」 제2조제2호에 따른 한옥을 말한다)에 관광객의 숙박 체험에 적합한 시설을 갖추고 관광객에게 이용하게 하거나, 전통 놀이 및 공예 등 전통문화 체험에 적합한 시설을 갖추어 관광객에게 이용하게 하는 업을 말한다.

4) 국제회의업

국제회의업은 대규모 관광수요를 유발하는 국제회의(세미나·토론회·전시회 등을 포함한다)를 개최할 수 있는 시설을 설치·운영하거나 국제회의의 계획·준비·진행 등의 업무를 위탁받아 대행하는 업을 말한다.

현행 「관광진흥법」에서 규정하고 있는 국제회의업은 국제회의시설업과 국제회의기획업으로 분류하고 있다.

우리나라 국제회의업의 등록현황을 살펴보면 2024년 12월 말 기준으로 국제회의시설업 22개, 국제회의기획업 1,519개 업체가 등록되어 있다.

(1) 국제회의시설업

대규모 관광수요를 유발하는 국제회의를 개최할 수 있는 시설을 설치·운영하는 업을 말하는데(관광진흥법 시행령 제2조 1항 4호), 첫째, 「국제회의산업 육성에 관한 법률 시행령」 제3조에 따른 회의시설(전문회의시설·준회의시설) 및 전시시설의 요건을 갖추고 있을 것과, 둘째, 국제회의 개최 및 전시의 편의를 위하여 부대시설(주차시설, 쇼핑·휴식시설)을 갖추고 있을 것을 요구하고 있다.

(2) 국제회의기획업

대규모 관광수요를 유발하는 국제회의의 계획·준비·진행 등의 업무를 위탁받아 대행하는 업을 말한다. 우리나라 국제회의업은 '국제회의용역업'이라는 명칭으로 1986년 처음으로 「관광진흥법」상의 관광사업으로 신설되었던 것이나, 1998년에 동법을 개정하여 종전의 국제회의용역업을 '국제회의기획업'으로 명칭을 변경하고 여기에 '국제회의시설업'을 추가하여 '국제회의업'으로 업무범위를 확대하여 오늘에 이르고 있다.

5) 카지노업

카지노업이란 전문영업장을 갖추고 주사위·트럼프·슬롯머신 등 특정한 기구 등을 이용하여 우연의 결과에 따라 특정인에게 재산상의 이익을 주고 다른 참가자에게 손실을 주는 행위 등을 하는 업을 말한다(관광진흥법 제3조 1항 5호).

카지노업은 종래 「사행행위 등 규제 및 처벌특례법」에서 '사행행위영업'의 일환으로 규정되어 오던 것을 1994년 8월 3일 「관광진흥법」을 개정하여 관광사업의 일종으로 전환 규정하고, 문화체육관광부에서 허가권과 지도·감독권을 갖게 되었다(동법 제21조). 다만, 제주도에는 2006년 7월부터 「제주특별자치도 설치 및 국제자유도시 조성을 위한 특별법」이 제정·시행됨에 따라 제주특별자치도에서 외국인전용 카지노업을 경영하려는 자는 제주도지사의 허가를 받아야 한다.

현행 「관광진흥법」에 의거한 카지노업은 내국인 출입을 허용하지 않는 것을 기본으로 하고 있으며, 예외적으로 「폐광지역개발지원에 관한 특별법」에 의거

폐광지역의 경기활성화를 위하여 2000년 10월 강원도 정선군에 개장한 강원랜드 카지노만은 내국인의 출입을 허용하고 있고, 2015년 12월 31일까지 효력을 가지는 한시법(限時法)으로 되어 있었으나, 그 시한을 10년간 연장하여(개정 2005.3.31.) 2015년 12월 31일까지 효력을 갖도록 하였던 것을, 다시 10년간 연장하여(개정 2012.1.26) 2025년 12월 31일까지 효력을 갖도록 하였다.

우리나라 카지노시설은 2024년 12월 말 기준으로 전국에 18개 업체가 운영 중에 있는데, 이 중에서 외국인 전용 카지노가 17개 업체이고, 내국인 출입 카지노는 강원랜드카지노 1개소이다.

6) 유원시설업

유원시설업은 유기시설이나 유기기구를 갖추어 이를 관광객에게 이용하게 하는 업(다른 영업을 경영하면서 관광객의 유치 또는 광고 등을 목적으로 유기시설이나 유기기구를 설치하여 이를 이용하게 하는 경우를 포함한다)을 말한다.

현행 「관광진흥법」상의 유원시설업은 종합유원시설업, 일반유원시설업, 기타유원시설업으로 분류하고 있다.

유원시설업의 등록현황을 살펴보면 2024년 12월 말 기준으로 종합유원시설업 51개 업체, 일반유원시설업 414개 업체, 기타 유원시설업 2,499개 업체 등이다

(1) 종합유원시설업

유기시설이나 유기기구를 갖추어 관광객에게 이용하게 하는 업으로서 대규모의 대지 또는 실내에서 「관광진흥법」 제33조에 따른 안전성검사 대상 유기시설 또는 유기기구 여섯 종류 이상을 설치하여 운영하는 업을 말한다.

(2) 일반유원시설업

유기시설이나 유기기구를 갖추어 관광객에게 이용하게 하는 업으로서 「관광진흥법」 제33조에 따른 안전성검사 대상 유기시설 또는 유기기구 한 종류 이상을 설치하여 운영하는 업을 말한다.

(3) 기타유원시설업

유기시설이나 유기기구를 갖추어 관광객에게 이용하게 하는 업으로서 「관광진흥법」 제33조에 따른 안전성검사 대상이 아닌 유기시설 또는 유기기구를 설치하여 운영하는 업을 말한다.

7) 관광편의시설업

관광편의시설업은 앞에서 설명한 관광사업(여행업, 관광숙박업, 관광객이용시설업, 국제회의업, 카지노업, 유원시설업) 외에 관광진흥에 이바지할 수 있다고 인정되는 사업이나 시설 등을 운영하는 업을 말한다. 이는 비록 다른 관광사업보다 관광객의 이용도가 낮거나 시설규모는 작지만, 다른 사업 못지않게 관광진흥에 기여할 수 있다고 보아 인정된 사업이라고 하겠는데, 그 종류는 다음과 같다.

우리나라 관광편의 시설업의 등록현황을 살펴보면 2024년 12월 말 기준으로 관광유흥음식점업 12개, 관광극장유흥업 97개, 외국인전용유흥음식점업 323개, 관광식당업 1,915개, 관광순환버스업 61개, 관광사진업 14개, 여객자동차터미널시설업 2개, 관광펜션업(휴양펜션업) 1,060개, 관광궤도업 25개, 관광면세업 76개, 관광지원서비스업 479개, 기타 관광편의시설업(제주) 20개 업체 등이다.

(1) 관광유흥음식점업

식품위생법령에 따른 유흥주점 영업의 허가를 받은 자가 관광객이 이용하기 적합한 한국 전통 분위기의 시설(서화·문갑·병풍 및 나전칠기 등으로 장식할 것)을 갖추어 그 시설을 이용하는 자에게 음식을 제공하고 노래와 춤을 감상하게 하거나 춤을 추게 하는 업을 말한다.

(2) 관광극장유흥업

식품위생법령에 따른 유흥주점 영업의 허가를 받은 자가 관광객이 이용하기 적합한 무도(舞蹈)시설을 갖추어 그 시설을 이용하는 자에게 음식을 제공하고 노래와 춤을 감상하게 하거나 춤을 추게 하는 업을 말한다.

(3) 외국인전용 유흥음식점업

식품위생법령에 따른 유흥주점영업의 허가를 받은 자가 외국인이 이용하기 적합한 시설을 갖추어 그 시설을 이용하는 자에게 주류나 그 밖의 음식을 제공하고 노래와 춤을 감상하게 하거나 춤을 추게 하는 업을 말한다.

(4) 관광식당업

식품위생법령에 따른 일반음식점영업의 허가를 받은 자가 관광객이 이용하기 적합한 음식 제공시설을 갖추고 관광객에게 특정 국가의 음식을 전문적으로 제공하는 업을 말한다.

(5) 관광순환버스업

「여객자동차운수사업법」에 따른 여객자동차운송사업의 면허를 받거나 등록을 한 자가 버스를 이용하여 관광객에게 시내와 그 주변 관광지를 정기적으로 순회하면서 관광할 수 있도록 하는 업을 말한다.

(6) 관광사진업

외국인 관광객과 동행하며 기념사진을 촬영하여 판매하는 업을 말한다. 관광사진업을 운영하기 위해서는 사진촬영기술이 풍부한 자 및 외국어 안내서비스가 가능한 체제를 갖추어야 한다.

(7) 여객자동차터미널시설업

「여객자동차운수사업법」에 따른 여객자동차터미널사업의 면허를 받은 자가 관광객이 이용하기 적합한 여객자동차터미널시설을 갖추고 이들에게 휴게시설·안내시설 등 편익시설을 제공하는 업을 말한다.

(8) 관광펜션업

숙박시설을 운영하고 있는 자가 자연·문화 체험관광에 적합한 시설을 갖추어 관광객에게 이용하게 하는 업을 말한다. 이는 2003년 8월 「관광진흥법 시행령」 개정 때 새로 추가된 업종으로 새로운 숙박형태의 소규모 고급민박시설이지만, 관광숙박업의 세부업종이 아님을 유의하여야 한다.

그리고 관광펜션업은 「제주특별자치도 설치 및 국제자유도시 조성을 위한 특별법」을 적용받는 지역에 대하여는 적용하지 아니한다. 이 「제주특별자치도법」에서는 관광펜션업 대신에 '휴양펜션업'을 규정하고 있다.

(9) 관광궤도업

「궤도운송법」에 따른 궤도사업의 허가를 받은 자가 주변 관람과 운송에 적합한 시설을 갖추어 관광객에게 이용하게 하는 업을 말한다. 이는 종전의 「삭도·궤도법」이 전부 개정되어 「궤도운송법」으로 법의 명칭이 변경됨에 따라 2009년 11월 2일 「관광진흥법 시행령」 개정 때 종전의 관광삭도업을 관광궤도업으로 명칭이 변경된 것이다.

(10) 관광면세업

보세판매장의 특허를 받은 자 또는 면세판매장의 지정을 받은 자가 판매시설을 갖추어 관광객에게 면세물품을 판매하는 업을 말한다(관광진흥법 시행령 제2조제1항제6호 카목). 이는 2016년 3월 22일 「관광진흥법 시행령」 개정 때 새로 추가된 업종으로, 관광면세업을 관광사업의 업종에 포함시켜 관광면세업에 대한 관광진흥개발기금의 지원이 가능하게 함으로써 관광면세업을 체계적으로 관리·육성할 수 있도록 하려는 데 목적이 있다.

관광면세업의 지정기준을 살펴보면 첫째, 외국어 안내서비스가 가능한 체제를 갖출 것, 둘째, 한 개 이상의 외국어로 상품명 및 가격 등 관련 정보가 명시된 전체 또는 개별 안내판을 갖출 것, 셋째, 주변교통의 원활한 소통에 지장을 초래하지 않을 것 등이다.

제3절 **관광의 효과**

　관광의 여러 가지 효과란 관광이란 행동과 그 집합으로서의 현상이 가져온 영향을 어떤 기준으로 평가한 것을 말한다. 관광은 다양한 행동이며, 매우 현대적인 사회현상이라서 그것이 가져오는 영향은 매우 여러 방면에 걸쳐 있으므로 관광을 어떤 각도에서 파악하는가에 따라 그 효과의 의미도 달리 해석된다.

　관광의 효과라고 말하는 경우, 종래에는 먼저 국제관광을 통한 외화획득, 즉 국제수지의 개선에 관한 효과를 들었다. 그러나 점차적으로 국제 및 국내의 관광왕래가 활발하게 이루어져 감에 따라 국제수지의 면만이 아닌 여러 가지 경제적 효과가 인정되기에 이르렀다. 즉 관광에 직·간접적으로 관련되는 사업에 대한 투자의 촉진이나 고용기회의 증대 등이 그것이다.

　또한 관광은 다른 나라의 풍토나 문물을 알고, 문화적 교류를 가져오게 하는 등의 비경제적 효과가 있다는 것이 예부터 널리 알려져 왔다. 더구나 대중관광(Mass tourism)의 시대가 도래하면서 교육적·문화적 효과, 국민후생적 효과 등이 주목받게 되었고 점차 그 비중이 증대되고 있다. 그러므로 현대에 있어 관광의 효과는 이들을 종합한 것으로 이해해야 할 것이다.

　관광의 여러 효과는 상호 관련성을 갖는 면이 있지만, 여기서는 이것을 경제적 효과와 사회·문화적 효과로 분류하고, 각각의 효과에 대하여 설명한 후, 긍정적 효과와 함께 제기될 수 있는 부정적 효과에 대해서도 살펴보고자 한다.

1. 관광의 경제적 효과

　관광은 즐거움을 위한 여행이지만, 관광객은 일련의 소비활동으로 이루어지는 복합적인 현상이기도 하다. 관광객은 관광행위를 수행하면서 여러 가지 소비활동을 수반하게 되는데, 이러한 과정에서 발생하게 되는 경제적 효과에는 국제수지 개선과 외화획득, 경제발전에의 기여, 지역개발의 촉진 등이 있다.

1) 국제수지의 개선

국제관광에 의한 외화획득은 국제수지를 개선하는 데 커다란 역할을 한다. 그것은 외래관광객의 소비가 관광국에는 외화수입이 되며, 외국인 관광객의 증대가 외화획득의 증대에 직접적으로 기여하기 때문이다. 더욱이 부존자원과 자본이 빈약하고 공업제품의 수출이 곤란한 나라에는 국제관광객을 받아들이는 것이 외화획득에 매우 유효한 수단이 되고 있다.

제품수출 등에 의해서 외화를 획득하는 경우, 외화로 지급되는 수출대금의 전부가 외화수입으로 되는 것은 아니다. 왜냐하면, 그 상품을 만드는 데 필요한 원자재 등을 수입하는 경우가 많기 때문이며, 외화를 지출하는 부분이 있기 때문이다. 물론 그와 같은 점은 관광의 경우에도 마찬가지지만, 관광에 의한 외화획득은 일반 수출에 비해 외화가득률이 훨씬 높다는 것이 특징이다.

여기서 '외화가득률'이란 획득한 외화수입에서 그 외화를 얻기 위해 지출된 외화를 뺀 나머지 실질적인 외화수입이며, 이 순외화수입이 획득한 외화수입 가운데 몇 %인가를 나타내는 것을 말한다.

관광상품의 판매에 의해서 획득되는 외화가득률이 제품수출 등에 의해 획득되는 외화가득률보다도 1.4배 가까이나 높은 것은[3] 외화를 얻기 위해 지급되는 비용이 매우 적게 들기 때문이다. 다시 말하면, 제품수출 등에 의해서 외화를 획득하는 경우에는 원자재의 수입, 외국에서의 선전비 외에도 해외로 제품을 실어 나가는 수송비 등이 들지만, 관광제품일 경우에는 국내에서 생산되지 않은 일부 식료품이나 양주, 그리고 외국에서의 선전비만 지출되고 해외로 제품을 실어나가는 수송비와 같은 비용은 들지 않기 때문이다.

국제관광에 의한 외화수입이 "보이지 않는 수출"이라고 불리는 까닭은 여기에 있고, 나라마다 외국인 관광객을 유치하려고 노력하는 이유가 되고 있다.

그리고 관광에 의한 외화획득은 제품수출 등의 상품무역에 의한 외화획득과는 달리 또 다른 하나의 유리한 특징을 갖고 있다. 즉 상품무역에 있어서는 각

---

3) 일반적인 예로서 재품수출 등에 의한 외화의 가득률은 65.2%인데 비해, 관광에 의한 외화의 가득률은 91.8%이며, 우리나라의 경우는 거의 94%에 달하는 것으로 나타나 있다.

나라의 보호무역주의에 의한 관세장벽, 민족자원주의에 의한 원자재의 수입곤란, 수출시장에 있어서 환경의 악화 등의 문제를 항상 안고 있고, 경우에 따라서는 수출대상국의 국민의 민족감정, 국제경제정책 등의 영향을 받아 상품배척이라는 문제가 일어나는 데 반하여, 관광은 오히려 국제친선이나 문화교류에 기여하면서 외화를 얻을 수 있다는 점이다.

이상에서 살펴본 바와 같이 국제관광은 외화의 획득에 이바지하는 것이나, 무역수지가 대폭적으로 흑자가 되는 경우에는 관광지출을 증대시킴으로써 국제수지의 균형을 이룰 수 있는 대책을 세울 수 있어, 이런 면에서 국제수지의 개선에 이바지하는 것이다.

2) 경제발전에의 기여

국제관광, 국내관광 어느 것이든지 관광은 관광객과 관광대상을 결부시킴으로써 대상지로서의 국가 또는 지역의 경제발전에 기여한다. 특히 관광 특유의 상품이나 서비스에 대한 수요의 증대가 가져오는 경제적 효과는 대단히 큰 것이라 할 수 있다.

관광소비의 구조는 교통비, 숙박비, 식사비, 오락비, 상품구입비 등으로 구성되는데, 이들의 관광소비는 국가나 지역의 수입과 직접적으로 이어지는 것이다.

관광소비의 증대는 관광객을 직접적인 이용자로 하는 관광사업의 성립·발전을 촉진한다. 예를 들면, 숙박시설의 건설, 오락시설의 신설, 교통기관의 정비, 전문적 서비스 사업의 성립 등은 관광객 왕래의 증대에 기인하는 투자활동의 결과라고 생각할 수 있다.

관광사업의 발전은 이와 관계 있는 모든 사업의 발전을 촉진시킴과 동시에 새로운 고용의 기회를 제공한다. 나라 전체의 외화획득액 가운데서, 관광에 의한 외화수입이 압도적으로 높은 관광국인 스페인에서는 취업인구의 약 20% 정도가 관광과 직접 관련되는 사업에 종사하고 있으며, 다른 특별한 산업이 부진한 국가나 지역에서 관광이 가져오는 고용효과는 큰 의미를 갖는다.

더욱이 고용기회의 증대는 새로운 구매력을 낳게 하고, 수요를 확대시키며,

이른바 승수효과를 나타내게 되는 것이다.

이러한 것들이 관광의 경제적 활동을 자극하는 기본적 구조이며, 관광경제를 지배하는 법칙과 그 자체는 일반경제의 그것과 같은 것이다. 즉 수요와 공급의 관계나 시장원리 등을 적용하는 점은 같지만, 관광경제의 경우에는 수요자(관광객)가 공급자 측에 직접 찾아옴으로써 경제활동이 성립한다는 점에 특색이 있다.

3) 지역개발의 촉진

국제관광에 비해 국내관광의 경제적 효과는 일반적으로 가볍게 여기기 쉽다. 그것은 국제관광이 외화의 수입에 직결되어 있는 데 비해 국내관광은 화폐의 국내이동과 재배분을 가져올 뿐이라는 평가가 있기 때문이다. 그러나 국내관광이 지역경제의 발전에 크게 이바지하는 것이라는 점은 두말할 필요도 없거니와 재화의 지역적 이동이 미치는 영향을 가볍게 생각해서는 안 될 것이다.

국제관광의 경우에서도 숙박, 토산품 구입이라고 하는 구체적인 소비활동은 특정한 지역을 중심으로 이루어지는 것이며, 그러한 의미에서 볼 때 국내·국제를 불문하고 관광의 경제적 효과는 우선 지역경제의 발전으로 나타날 수 있다고 생각할 수 있다.

지역경제에 대하여 효과가 발생하는 과정은 앞에서 이미 설명한 것과 기본적으로 같다. 해당 지역에서의 관광에 관한 소비의 증대는 관광에 관한 여러 가지 사업을 성립시키는 것이 되고, 거기에서 다음과 같은 경제적 효과가 생겨나게 된다.

첫째, 고용의 기회를 증대시킨다. 관광에 관한 사업은 그 성격에서 비교적 단순한 서비스노동을 많이 필요로 하고, 그렇기 때문에 노동력을 빠른 시간에 활용할 수 있다는 점에서는 다른 산업보다 직접적인 유효성을 지니고 있다.

둘째, 관광소비의 증대와 관광사업의 활성화는 직간접적으로 지방자치단체의 세수(稅收)를 증대시키는 것과 관련된다. 세수의 증대가 공공서비스의 향상, 즉 지역사회의 발전에 이바지함은 말할 필요도 없다.

셋째, 관광사업의 발전이 도로, 상하수도, 전력공급 등과 같은 생활기반시설의 정비에 관계되는 것을 들 수 있다. 즉 관광사업이 그 주변 일대의 생활환경을 근대화하는 데 이바지하게 되는 것이다.

2. 관광의 사회·문화적 효과

관광의 비경제적 효과를 총칭하여 관광의 사회·문화적 효과라 부르는데, 그것은 '인간의 정신활동에 미치는 영향'을 말한다. 매스투어리즘(Mass tourism)의 시대에 있어서 관광의 사회·문화적 효과는 경제적 효과 이상으로 주목받게 되었다. 사람과 자연과의 접촉, 사람과 사람과의 만남이라는 일들이 사람에게 미치는 영향은 매우 크다고 이해되고 있다.

관광의 효과는 기본적 의미에서는 직접 체험과 문화의 전달을 매개하는 기능을 가진 것이라고 말할 수 있는데, 일반적으로는 교육적 효과, 문화적 효과, 국제친선 효과, 국가홍보 효과 등으로 나누어 고찰할 수 있다.

1) 교육적 효과

관광은 직접적 체험을 통해서 풍물을 보고 사물에 접한다는 점에 있어서 뛰어난 교육적 효과를 가지고 있다. 관광을 통하여 새로운 지식의 획득이 이루어지지만, 무엇보다도 '변화욕구'의 충족이 중요하며, 이러한 과정에서 파생되는 지적 욕구의 구체적 실현이라고 하는 교육적 효과는 관광객들이 가장 높은 관심을 보여야 할 요인이다. 즉 관광이란 여가활동의 한 형태로서 경제적 발전과 타 문화에 대한 지적 호기심을 충족시키기 위한 수단으로 활용되고 있음을 의미한다.

인간은 업무나 여가활동을 통하여 욕구의 충족을 도모함으로써 인간적 성장을 지향하는 것이며, 사회변화의 영향을 받아 파생되는 여러 가지 현대적 욕구의 대부분은 평소와는 다른 환경과 체험에 의해 충족시키고 있는 것이다. 궁극적으로 관광의 교육적 효과는 관광객이 직접적 체험을 통해서 얻어지는 것에 대한 평가이며, 견학이나 시찰여행 등의 교육적 목적을 달성하기 위해 시도하는 직접적 체험에 의한 지식의 증대를 도모한다. 따라서 관광은 교실 없는 교육, 즉 Education without a class room이라 한다.

요약하면, 관광의 교육적 효과란 관광을 통해 다양한 문물에 대한 접촉과 경험의 축적을 의미한다. 역사유적 탐방, 박물관·미술관 탐방 및 동식물원의 관람, 그리고 다도관광, 전적지관광, 도자기 만들기, 성지순례, 수학여행, 보이스카우트 캠프 참가 등 교육목적에 따라 다양한 체험을 경험함으로써 관광객은 역사적 통찰력과 문화적 가치를 보다 깊이 이해하게 되는 것이다.

2) 문화적 효과

관광이 지니고 있는 또 한 가지의 사회·문화적 효과는 관광이 서로 다른 문화를 전달하는 매개로서 기능을 다하는 데서 생긴다.

관광에 의해서 습득한 지식과 체험은 다른 여러 사람들에게 자연스럽게 전해짐으로써 사회에 대하여 커다란 영향을 미치게 된다. 오랜 역사의 모든 과정을 통해서 보면 다른 나라의 문화나 산물은 여행자와 함께 다른 나라로 건너간 일이 많았다.

예전에는 다른 나라나 다른 지방의 문화는 상인이나 순회연예인과 같이 여행하는 것을 일거리의 일부처럼 여기는 사람들에 의하여 전해졌다고 말할 수 있다. 실크로드(silk road)가 교역뿐만 아니라 동서문화의 교류에 크게 이바지한 것은 잘 알려진 사실이며, 이탈리아의 여행가 마르코 폴로의 체험담에 바탕을 둔 『동방견문록』은 당시로서는 최초의 상세한 동양의 소개서였고, 유럽사람들의 동양에의 관심을 높여, 그것이 신항로나 신대륙 발견의 원인이 되었다고 한다.

관광이 즐거움을 위한 여행이고 여행하는 그 자체가 목적이지만, 그 여행에 의해 얻어지는 지식과 경험은 다른 사람들에게 전해질 수 있는 것이며, 내방한 여행자를 통하여 서로 다른 문화에 접촉할 수 있는 것이다.

커뮤니케이션 수단이 발달한 현대에 있어서는 관광이 문화를 전달하는 기능은 상대적으로 감소되었다고 말할 수 있겠으나, 사람들의 행동양식 등은 기본적으로 사람과 사람과의 접촉을 통해 전해지는 성격을 가진 것이다.

우리나라에서도 해외여행을 경험한 사람은 여러 가지 지식이나 체험을 가지고 돌아와 다른 사람들에게 적잖은 영향을 미쳤으며, 이는 오늘날까지도 계속되고 있다. 또한 우리나라를 방문한 외국인 여행자를 통해서 다른 나라의 문화가 도입되고 있으며, 한국인 관광객에 의해 한국의 문화가 해외에 소개되고 있다.

국내관광에 있어서도 다른 지역의 사람들 사이의 교류가 관광객의 왕래에 의해 촉진되고 있다.

3) 국제친선 효과

관광은 국제교류를 통하여 국가 간의 친선을 도모할 수 있다. 오늘날 관광에 부과된 기본적 사명 중에서 국제친선의 증진은 국가 간의 상호이해를 꾀할 수 있어 매우 중요시되고 있다. 이에 따라 각국의 국민이 될 수 있는 한 많은 기회를 만들어 해외여행을 하여 그 나라 국민과 광범위하게 접촉하고, 또한 모든 사정을 관찰하는 것이 요망된다.

이처럼 관광의 국제친선효과는 매우 광범위하게 나타나며, 특히 인적 교류를 통한 상호 이해의 증진, 한국을 이해하고 도와주는 친한인사 증가, 국제화시대의 원활한 국제활동 등에 크게 기여하게 된다. 아울러 관광종사원과 해외여행자는 민간외교관의 역할을 수행하게 된다.

따라서 관광산업은 평화산업으로 인식되고 있으며, 실제로 관광을 통해 세계평화에 이바지한다고 볼 수 있다. 무엇보다도 이해집단 간의 분쟁은 서로에 대한 오해와 불신에서 비롯된다는 점을 고려할 때, 국제관광은 세계를 하나의 우호적인 공동체로 만드는 데 기여하게 될 것이다.

궁극적으로 관광이 구현하고자 하는 이념이 세계평화라고 볼 때, 관광은 상호교류를 통해 국가 간의 이해를 증진시킬 수 있으며, 그동안 특정국가에 대해 가지고 있던 편견을 불식시키는 데 중요한 역할을 하게 된다. 여러 연구결과를 보면, 어떤 특정 국가나 지역을 방문했던 관광객은 방문하기 전보다 방문지에 대해 긍정적인 평가를 하여 관광활동이 국제친선에 기여함을 이해할 수 있다. 따라서 관광객과 접촉한 지역주민이 접촉이 없었던 주민보다 관광객에 대해 더욱 긍정적인 평가를 하였다. 따라서 해외여행은 국제친선과 민간외교에 도움이 된다고 볼 수 있다. 또한 관광객과 관광종사원은 민간외교관 즉 'Diplomacy without a protocol'이라고 불린다.

4) 국가홍보 효과

관광의 활성화는 관광지 국가를 내외국인에게 홍보하는 효과를 꾀할 수 있다. 이는 오늘날의 관광이 단순히 경제적 효과만을 위해 발전시키는 것이 아님을 의미한다. 특히 관광을 통한 국가홍보 효과는 자국의 민족적 우수성을 세계에 알리는 역할을 한다. 지난 70년대 정부에서 실시한 참전용사 유치사업은 6·25전쟁의 폐허와 가난의 참상에서 놀랍게 발전한 우리나라의 재건모습을 세계적으로 유감없이 홍보하였다고 할 수 있다. 따라서 관광은 언론 없는 통신 즉 'Communication without a press'라고 한다.

이와 같은 국가홍보 효과를 달성하기 위해서는 무엇보다도 우리나라를 찾는 외국인에게 우수한 전통문화와 문물을 체계적으로 소개해야 한다. 고려자기, 거북선, 인쇄(금속활자) 등 다양한 한국의 전통문화는 관광상품 개발에도 유용하게 활용될 수 있으며, 이와 같은 전통문화를 외래 관광객들에게 효과적으로 소개할 수 있는 관광수용태세를 정비해야 할 것이다.

아울러 국가의 발전상, 친절, 미풍양속 등을 보여줌으로써 국위선양을 도모해야 한다. 한강의 기적을 이룩한 우리나라의 발전모습은 한국보다 경제적으로 낙후된 지역에서 온 관광객들에게는 주요한 관광매력이 될 수 있다. 이처럼 관광자원은 단순히 역사유적 및 전통문화에 국한되는 것이 아니라 관광객의 호기심을 자극할 수 있는 모든 것들이 관광자원으로 활용될 수 있는 것이다.

또한 외국관광객들을 맞이하는 모든 국민과 관광종사원은 우리나라를 선전하는 홍보요원이 되어야 하며, 내국인의 해외여행을 통해서도 국가홍보를 꾀할 수 있어야 한다. 하지만 해외를 방문하는 내국인이 해외에서 모범적인 행동을 하지 못하고 현지인과 관광객들에게 좋지 못한 행동을 한다면, 우리나라의 이미지에 부정적인 영향을 미치게 되어 한국의 전반적인 이미지를 흐리게 한다. 따라서 외국을 여행하는 내국인들은 자신의 행동이 우리나라의 국익에 영향을 미친다는 점을 명심해야 할 것이다.

대통령이 국가홍보 TV광고에 출연한 것은 외국인 관광객 유치 및 한국관광 이미지 개선에 큰 도움이 되었으며, 실제로 일본지역에 대통령의 국가홍보 광고가 방영된 후 우리나라를 찾는 일본인 관광객이 29.4%나 급증하였다고 한다. 실로 이는 국가의 이미지를 바꾸고 국가를 홍보하는 데 있어서 커다란 성과를 거두었다고 본다.

그 밖의 관광의 사회·문화적 효과를 살펴보면 다음과 같다.

(1) 직업의 다양화 가능

관광산업의 발전은 다양한 직업종류의 확대와 직업의 전환, 직업구조의 다양성을 촉진시킨다. 관광의 발전과 성장으로 관광산업의 유형이 다양해짐으로써 직업종류가 확대되고, 이들 산업에 종사하는 사람들과 기타 부대시설에 근무하는 사람들의 신규 수요창출로 새로운 직업기회가 많아짐에 따른 직업의 전환이 자연적으로 발생한다.

(2) 해당 지역주민의 직·간접 견문의 확대

관광목적지를 방문하는 관광객들과의 직·간접적인 접촉 등을 통하여 이질적인 문화를 습득하고 이해하는 기회를 제공받아 자연적으로 견문을 넓히는 계기를 제공한다. 아울러 각종 문화적 이질감의 오해에 따른 편견 등을 사전에 제거하고 국제적 친선과 우의를 증진하는 데 기여하게 된다.

(3) 문화·교육 인프라의 확대

관광산업의 발전에 따라 지역 간 신규 도로망 확충, 통신시설의 확대 및 관광객을 위한 휴식공간 및 관광지의 자연적 인구증가 등에 따른 교육시설 등과 같은 하부시설의 확충이 우선시 추진된다.

이러한 인프라는 관광목적지 내에 필요한 물품의 신속한 조달, 외부 지역과의 긴밀한 정보교류, 인간생활과 사회생활의 질적 개선, 교육환경의 개선 등 지역주민의 문화와 생활환경에 질적으로 긍정적인 결과를 가져오게 된다.

3. 관광의 환경적 효과

1) 관광자원의 개발과 보전

관광자원의 효율적인 개발을 통해 방치되어 있던 관광자원을 개발하여 활성화하고 기존의 자원을 보호 및 보존하며, 또한 이에 부합된 편의시설을 확충함으로써 관광자원의 가치를 제고할 수 있다. 그 예로 National Trust,[4] 그리고 쇠락했던 현충사를 1960년대에 재건한 경우를 들 수 있다. 이와 같이 관광은 제도적으로 자연자원을 보호하고 보존한다.

2) 자연환경의 정비와 보전의 계기

관광객들을 유치하기 위해서는 관광과 관련된 환경의 정비가 필수적이므로 이를 위해 자연경관을 효과적으로 정비하고 조성하는 것이 필요하다. 따라서 환경에 대한 인식이 증대되는 효과가 있다. 그 예로 1963년 프랑스 정부가 랑그독 루시옹(Languedoc Roussilon) 계획을 통해 남부 지중해의 황무지 해변 200km를 6개의 쾌적한 휴양도시로 변화시킨 사례를 들 수 있다.

3) 관광 제반시설의 확충

관광객들이 이용하는 제반시설의 편의성을 보장하기 위해 지역의 물리적 환경을 개선함은 물론, 공공환경도 정화하고 접근하기 쉽도록 시설을 확충함으로써 관광객뿐만 아니라 지역주민에게도 그 편익이 돌아갈 수 있도록 기회를 제공할 수 있다.

---

4) NT(National Trust for Places of Historic Interest or Natural Beauty)는 영국에서 시작한 자연보호와 사적 보존을 위한 민간단체로, 시민들의 자발적인 모금이나 기부·증여를 통해 보존가치가 있는 자연자원과 문화자산을 확보하여 시민 주도로 영구히 보전·관리하는 시민 환경운동. 1895년 변호사 로버트 헌터(Robert Hunter), 여류 사회활동가 옥타비아 힐(Octavia Hill), 목사 캐논 하드윅 론즐리(Canon Hardwicke Rawnsley) 세 사람이 설립하였다.

4. 관광의 부정적 효과

1) 여러 효과의 관련성

관광의 여러 가지 효과에 관해서, 이것을 앞에서 편의상 경제적 효과와 사회·문화적 효과로 대별하여 설명했지만, 본래 이것들은 서로 관련되는 것으로서, 한편으로는 바람직한 영향인 플러스 효과를 가져오는가 하면, 다른 한편에서는 바람직스럽지 못한 영향인 부정적 효과를 동시에 발생시킨다는 문제가 있다.

외화획득을 위한 국제관광객의 수용은 국제수지를 개선하는 경제적 효과와 함께 국제친선이라고 하는 사회·문화적 효과를 높이는 것이지만, 예의를 갖추지 못한 관광객의 언행으로 인하여 그 나라에 대한 평가가 잘못 내려지는 경우가 있다. 또 경제적으로도 관광객이 상품이나 서비스의 수요를 급격히 증가시킴으로써 물가 상승 등의 부정적 효과가 생기는 수도 있다.

이와 같은 경우에 전체적인 평가는 어느 쪽의 가치를 보다 중시하는가와 어느 것이 기본적인 사항이고 또 어느 것이 파생적인 사항인지에 대한 인식에 따라 내려지겠지만, 마이너스되는 측면만 문제 삼는다면 관광 그 자체는 부정적 효과를 가져오는 것으로만 부각되어 비판의 대상이 되기 쉽다.

이하에서는 대표적인 관광의 부정적 효과를 살펴보고자 한다.

2) 자연환경의 훼손

관광개발은 필연적으로 자연의 훼손을 동반하게 된다. 한편으로 무조건적인 보호가 인간생활의 풍요에 도움을 준다고 하는 견해는 문제가 있다고 본다. 때로는 자연조건을 인위적으로 개선하는 것이 오히려 환경의 보호에 도움이 될 수도 있기 때문이다. 예를 들어 홍수 시에 자주 범람하는 하천의 폭을 넓혀 홍수피해를 예방하는 것은 소극적인 자연보호에서 벗어나 적극적인 대응으로 환경을 관리하는 방안이 될 수도 있기 때문이다.

이처럼 자연에 대한 개발은 개발 자체가 문제가 된다기보다는 개발자의 개발방향에 따라 문제가 될 수도 있고 자연보호에 도움이 될 수도 있다. 이와 같은 개발방식을 보전적 개발(sustainable development)이라 한다. 그러나 관광개발 시 관광개발 주체가 지나치게 자신의 이익만을 고집하면 실제적으로 많은 부작용이 표출되며, 이로 말미암아 나타나는 대표적인 환경파괴의 요인은 크게 두 가지로 요약된다.

첫째, 경제적 이유만을 추구하는 개발은 많은 환경파괴를 일으키게 된다. 관광개발자들은 경제적 이익에 몰두하고 환경보전을 등한시하여 개발지 주민과 주변지역에 피해를 주는 사례가 종종 발생한다. 이에 따라 행정당국의 적절한 통제가 요구된다.

둘째, 자연의 무분별한 이용은 생태계의 질서를 파괴한다. 이를 예방하기 위해서는 보전적 개발을 전제로 관광지가 개발되어야 한다. 이는 환경친화적인 개발을 의미하며, 향후 환경친화적인 개발만이 개발자뿐만 아니라 지역주민에게도 이익이 될 것이다.

따라서 생태계를 보호할 수 있는 개발, 지역적 특성을 고려한 개발, 기후 및 풍토에 기초한 지역적 특성을 고려한 개발, 환경보호를 위한 제도적인 장치구축 등의 조건을 충족시킬 수 있는 여건이 마련되어야 한다.

3) 인문환경의 훼손

관광개발은 자연적 환경파괴 외에도 미풍양속 등의 전통문화를 파괴하여 지역정서를 왜곡시키고 현지인들의 가치관을 혼돈에 빠지게 할 우려가 있다. 이는 폐쇄적인 전통사회가 갑작스럽게 외부세계에 노출되어 주민생활 침해가 발생하고 관광객들의 퇴폐적인 행태가 현지인들에게 악영향을 미침으로써 발생한다.

이에 따라 세계의 주요 관광지들은 관광지의 전통적인 문화를 보존하기 위해 다각적인 노력을 기울이고 있다. 예를 들어 하와이에 가면, 폴리네시안 문화센터가 있는데, 이는 하와이 및 주변 섬나라들의 문화를 인공의 특정 공간에 전시함으로써 현지인들의 삶을 보호할 뿐만 아니라 관광객과 현지인과의 마찰을 없애기 위한 조치이다. 아울러 이와 같은 문화의 무대화는 관광객에게 관련문화를 한 장소에서 관람하고 이해하게 함으로써 관광객의 시간적·경제적 손실을 줄이는 효과도 기대할 수 있다.

궁극적으로 전통문화를 중심으로 하는 인문환경의 보존은 현대관광에 있어서 매우 중요하게 대두되는 요인이다. 또한 전통문화는 관광객이 탐구하기 위해 관심을 고조시키는 중심적 관광매력이므로 관광개발자, 현지주민, 정책적 지원 등이 효과적으로 조화를 이루어야 한다.

4) 호화사치 및 과소비 조장

한편으로 관광은 호화사치와 과소비를 조장할 수도 있다. 관광객은 일상생활을 벗어나 신비감과 해방감, 그리고 미지의 세계가 제공하는 환상적인 분위기 속에서 경제적 소비의 위험성을 망각하기 쉽다. 특히 한국과 같이 여가에 대한 체계적인 교육이 이루어지지 않고 있는 상황하에서 관광객들은 자신의 일상적인 통제능력을 상실하여 충동적 구매에 몰입할 수 있다.

한편으로 관광객들이 일상생활권에서보다 소비행태가 더 과감하게 나타나는 것은 일상생활에서의 경쟁환경이 없으며, 위락행위가 제공하는 환상체험의 마력성과 자유를 만끽하는 과정에서 향유하는 현실도피적인 행태에서 비롯된다. 무엇보다도 위락에의 지나친 탐닉은 인생을 파멸로 몰고 갈 수도 있다. 최근 들어 청소년들이 유흥비를 마련하기 위해 범죄를 저지르는 경향이 나타나고 있는데, 이는 일부 청소년들이 쾌락적인 유흥문화에 빠져들고 있음을 의미한다.

아울러 위락에의 지나친 탐닉은 근로의욕을 저하시킬 수도 있다. 노동과 여가생활은 인간이 살아가는 데 매우 소중한 시간이다. 그러나 지나치게 균형을 상실하여 여가생활은 전혀 하지 않은 채 노동에만 몰두한다든가, 아니면 노동은 일절 하지 않은 채 여가생활에만 몰두하는 것은 매우 위험하다. 가장 이상적인 것은 노동과 여가생활의 조화이다. 이 양자는 상호 보완적인 성격을 지니고 있어 균형있는 시간배분이 필요하다.

또한 관광지에서의 지나친 소비행태는 일상생활에까지 영향을 미쳐 소비성향을 부채질할 수도 있다. 따라서 여행자들은 관광을 할 때 알뜰하고 가치있는 시간계획을 수립함으로써 규모 있는 소비행태를 확립하고 비용은 최소화하면서 관광편익은 최대화하는 노력이 요구된다.

그 외에 관광의 부정적 효과를 살펴보면 다음과 같다.

(1) 인구구조의 변화 초래

관광의 발전은 해당 지역의 경제를 활성화시키며, 인구의 증가를 가져오기도 한다. 역설적으로 관광개발로 인해 토지의 전용, 산업구조의 변화에 따른 직업구조의 변화초래 등으로 해당지역 현지민들이 토지나 주거지, 그리고 직업을 잃어버리게 되어 살던 지역을 떠나게 되기도 한다.

관광객의 증가와 외부에서 유입되는 인구로 인한 혼잡성은 주거환경을 악화시켜 지역주민들이 삶의 터전을 떠나게 만드는 원인이 되기도 한다. 뿐만 아니라 젊은 여성층과 청년층의 과도한 증가는 지역사회의 인구구조를 왜곡시키기도 한다.

(2) 지역주민들 간의 갈등 및 지역민의 소외 초래

관광의 발전에 따라 관광목적지 내 일부 주민들은 물질적 수혜를 받기 때문에 긍정적이지만 상대적으로 그러한 혜택을 누리지 못하는 여타 주민들은 상대적으로 박탈감을 느낄 수 있다. 따라서 이러한 경제적 불균형은 계층 또는 계급 간의 갈등으로 비화될 수 있는 위험요인을 내포하고 있다.

시기에 따라 대량의 외부 관광객이 유입되면 해당 관광목적지는 관광객으로 만원을 이루게 된다. 이렇게 되면 지역주민들이 과거 자율적으로 사용할 수 있었던 각종 시설들을 외부에서 유입한 관광객들과 공유해야 하는 불편함이 있다. 관광시설이 한정되어 있는 경우 지역민이 받는 불편과 피해는 커지게 되며 이는 곧 관광의 마이너스(부정적) 효과로 이어지게 된다.

또한 관광은 다양한 연관 파급효과로 지역과 국가경제를 살리는 성장산업이지만 지역 간, 국가 간 관광객 유치전이 가열되면서 수용능력을 벗어난 오버투어리즘(overtourism)이 나타나면서 물가와 임대료, 쓰레기 무단투기나 차량 정체 등으로 삶의 터전을 위협받는 주민들이 조직적으로 저항하는 관광객 공포증 혐오증을 의미하는 투어리즘 포비아(tourism phobia) 현상이 최근 확산되고 있다.

호텔과 외식업

PRINCIPLES of TOURISM

CHAPTER 4 호텔과 외식업

● 제1절 호텔업의 개요

1. 호텔의 개념

1) 고전적 개념

과거의 고전적인 호텔의 기능은 가정을 떠나 이동하는 사람들에게 가장 기본적으로 필요한 잠자고 쉴 수 있는 곳(숙박기능), 음식을 먹는 곳(취사 서비스기능), 언제 발생할지도 모르는 외부의 적으로부터 피할 수 있는 곳(보호기능) 등 주로 장소제공 기능이 가장 핵심을 이루고 있었다. 따라서 호텔의 의미도 '객실과 식음료를 제공하는 곳' 이상의 의미를 찾기는 어렵다.

2) 현대적 개념

산업혁명을 거치고 후기 산업사회로 발전하면서 소득이 증가하고 가치관이 변화함에 따라 여행의 목적 또한 이동 자체가 목적이 아니라 이동과정에서의 안락함도 추구하게 되면서 이에 맞추어 호텔의 개념도 변화하고 있다. 즉 객실과 식음료를 제공하는 단순한 기능에 부가하여 숙박과정에서 오락 및 여가 그리고 보다 편안하게 휴식을 취할 수 있는 휴게 및 문화시설을 갖추게 된 것이다. 그리고 호텔의 목표시장(target market) 또한 여행객(traveler)에서 지역주민들(local resident)에게까지 확대함으로써 시설 및 내부 프로그램이 더욱 다양하게 발전하였다.

즉 오늘날의 호텔 고객들은 자신의 집을 떠나 이동하거나 사업을 진행하는 과정에서도 '자신의 집처럼 안락함을 누릴 수 있는 곳'을 찾게 되었고, 그에 더하여 집에서는 느낄 수 없는 새로운 것을 추구하게 되었다. 그에 따라 호텔은 이러한 이용객들의 다양한 욕구를 충족시킬 수 있는 내·외장 시설 등의 하드웨어(hard ware)와 인적 서비스 및 다양한 프로그램 등의 소프트웨어(soft ware)를 보강하게 되었고, 이렇게 새로이 확장된 호텔의 기능은 소득수준이 높아진 지역주민들의 휴식 및 문화에 대한 다양하고도 높아진 욕구까지도 수용할 수 있게 된 것이다.

3) 법규적 정의

호텔에 대한 법규적 개념은 우리나라 「관광진흥법」에 명기되어 있다. 즉 호텔업이라 함은 관광객의 숙박에 적합한 시설을 갖추어 이를 관광객에게 제공하거나 숙박에 딸리는 음식·운동·오락·휴양·공연 또는 연수에 적합한 시설 등을 함께 갖추어 이를 이용하게 하는 업을 말한다(법 제3조 제1항 제2호).

여기서 관광객의 숙박에 적합한 시설이란 주로 관광객이 수면을 취하면서 체재할 수 있는 객실에 관련되는 시설을 말한다. 따라서 호텔업은 객실에 관련되는 숙박시설을 갖추어 숙박기능만을 운영하는 호텔업과 숙박시설과 숙박에 부수되는 시설(음식·운동·오락·휴양·공연 또는 연수)을 함께 갖추어 운영하는 호텔업으로 구분하고 있다.

2. 우리나라 호텔업의 발전과정

1) 우리나라 호텔업의 시작

우리나라 호텔업의 발전은 최초의 서양식 호텔로부터 살펴볼 수 있다. 우리나라 최초의 서양식 호텔은 일본인 호리 리기다로(堀力太郎)가 1888년(고종 25년)

인천 서린동에 세운 대불(大佛)호텔이었다. 우리나라 호텔의 효시로 일컬어지는 이 호텔은 3층 건물에 객실 11개를 갖춘 당시로서는 고급으로 지어진 건물로 우리나라를 찾는 외국인을 위한 양식호텔이었다. 이후 대불호텔의 호황에 힘입어 청나라의 이태(怡泰)라는 사람이 대불호텔 맞은편에 객실 8개의 2층짜리 스튜워드 호텔(Steward Hotel)을 개관하였는데, 1층에서는 양(洋)잡화상을 운영하면서 2층은 객실로 영업을 하였다.

그러나 1899년 9월에 경인선이 개통되면서 서울과 인천 간의 여행시간이 단축됨으로써 외국인들은 굳이 인천에서만 숙박할 필요가 없게 되자 인천의 대불호텔 등은 사양길을 걷게 되었고, 반면에 서울에서는 1902년 독일 여인 안트와네트 손탁(Sontag)이 지금의 정동에 손탁호텔(Sontag Hotel)을 건립하였다. 이 손탁호텔은 1층에는 보통 객실과 식당·회의장 등을 갖추고, 2층에는 황실의 귀빈을 모시는 객실로 꾸며 우리나라 숙박시설에 일대 전환기를 가져왔다. 호텔 내 식당에서는 처음으로 프랑스요리를 선보였으며, 객실의 가구를 비롯한 장식품, 악기, 의류 및 요리 등이 서양식으로 제공되었다. 1909년에는 역시 정동에 프랑스인이 하남(何南)호텔을, 1911년에는 일본인이 남산입구에 소복(笑福)호텔을 개업하기도 하였다.

2) 철도호텔의 발전기

일본이 중국대륙의 침략을 위해 한반도를 교두보로 삼아 남북을 종단하는 철도를 부설하고 이에 따른 부대사업으로 철도이용객의 편의를 위해 철도역에 역사를 건축하는 것이 필요불가결하였던 것이다.

1899년 경인선, 1905년 경부선, 1906년 경의선이 개통되면서 여행자들의 편의를 위해 철도호텔들이 탄생하게 되었다. 1912년 8월 신의주에 가장 먼저 철도호텔이 개관되었고, 동년 12월에는 부산역에 역사를 벽돌 2층 건물로 세우면서 1층은 대합실로, 2층은 호텔객실로 활용하게 되었는데, 이것이 우리나라 국영호텔의 시초이다.

이러한 국영호텔은 1914년 조선호텔, 1915년 금강산호텔, 1918년 장안사호텔, 1920년 온양온천호텔, 1925년 평양호텔 등이 계속해서 건립되었다. 그리고 이어서 경성호텔, 광화문호텔, 목포호텔, 부산의 동래호텔, 신촌 부근의 온천호텔, 월미도호텔 등이 영업을 시작하였고, 1936년에는 미국 스타틀러호텔의 경영방식을 도입한 반도호텔이 일본인 노구찌(野口)에 의해 우리나라 최초의 상용호텔시대의 문을 열었다. 이 반도호텔은 111개의 객실을 갖춘 당시 최대의 시설규모를 자랑하면서 우리나라 호텔산업에 일대 전환기를 가져왔다.

3) 현대적 호텔의 발전

해방 이후 1949년에는 교통부에서 빅토리호텔을 인수·경영하였고, 1950년도에는 온양, 대구, 설악산, 무등산, 화진포에 호텔이 개관하였으며, 1952년에는 대원호텔이 문을 열었다. 이후 1954년 2월 교통부 육운국에 관광과가 개설되면서 호텔은 새로운 국면을 맞게 되는데, 1955년에는 금수장호텔(현 앰배서더호텔의 전신), 1957년에는 대구관광호텔과 UN Center Hotel이, 1960년에 설악산관광호텔이, 1960년에 아스토리아(Astoria)호텔과 메트로(Metro)호텔이 건설되었고, 뒤이어 사보이, 뉴코리아, 그랜드호텔 등이 등장하였다.

1961년 8월 22일에는 우리나라 최초의 관광법규인 「관광사업진흥법」이 제정·공포되었는데, 이로써 관광호텔은 획기적인 발전의 기틀을 마련하게 되었다. 또 1962년에는 「국제관광공사법」이 제정되고 이 법에 의하여 국제관광공사(현 한국관광공사)가 설립되면서 기존의 반도호텔, 조선호텔을 비롯한 지방 호텔의 호텔경영권을 인수받아 새로이 영업에 들어갔다. 그리고 1963년에는 워커힐호텔이 개관하여 영업을 시작하였고, 1966년에는 순수 민간자본으로 건립된 세종호텔이 문을 열었다.

1970년대에는 정부가 제3차 경제개발5개년계획에 따라 관광사업을 국가전략사업으로 인식하면서 관광호텔이 더욱 증가하였는데, 정부주도하에 운영되던 호텔들이 하나 둘씩 민영화하면서 경영방식에 있어서도 일대 전환점을 가져왔으며, 전국적인 관광호텔의 등급화제도가 시행되면서 민간자본으로 이루어진 국제수준의 대규모 호텔들의 신축도 줄을 이었다. 또 외국인뿐만 아니라 내국인의 호텔이용에 대한 수요가 증가함에 따라 세계 유명호텔과의 체인화를 유치하여 서양식 대규모 관광호텔의 건설이 활기를 띠었다.

1980년대에는 국민관광과 국제관광의 조화발전 및 서비스수준의 향상, 국제회의의 국내유치, '86아시안게임과 '88서울올림픽 개최 등을 통하여 우리나라 호텔산업도 일대 도약기를 맞이하게 되었다. 이 시기에는 국내 유수의 대기업들의 호텔사업 진출이 본격적으로 시작되었고, '관광의 꽃'이라 불리는 각종 컨벤션산업의 무대로도 호텔이 큰 역할을 하게 되었다.

특히 1997년 1월 13일 제정·공포된 「관광숙박시설지원 등에 관한 특별법」은 2000년 ASEM회의, 2002년의 아시안게임 및 월드컵축구대회 등 대규모 국제행사에 대비하여 관광호텔시설의 건설과 확충을 촉진하여 관광호텔시설의 부족을 해소하고 관광호텔업 기타 숙박업의 서비스 개선을 위하여 각종 지원을 함으로써 국제행사의 성공적 개최와 관광산업의 발전에 크게 이바지하였다.

2007년에는 과거 호텔업에서 휴양콘도미니엄업과 달리 공유제 분양 또는 회원모집을 할 수 없도록 규정(가족호텔업에 한해서는 회원모집 허용)하였던 것을 2006년 2월 2일 이후 사업계획승인을 받은 모든 호텔업에 대하여 회원모집을 허용함으로써 호텔업의 경영 효율화를 도모하였고(「관광진흥법」 시행령 개정, 2007.11.13.), 2008년에는 2006년 2월 2일 이전에 사업계획의 승인을 받은 관광호텔업, 수상관광호텔업 및 한국전통호텔업에 대해서도 회원모집을 허용하게(「관광진흥법」 시행령 개정, 2008.8.26.) 되었다.

2012년에는 외국인 관광객 2천만 명 시대를 대비한 관광숙박시설 확충기반을 조성하고, 국내 관광산업의 경쟁력을 획기적으로 강화하기 위한 제도적 기반을 구축하기 위해 「관광숙박시설 확충을 위한 특별법」을 제정·시행하였다(제정, 2012.1.26.).

2014년에는 등급제도 신뢰성 강화를 위하여 호텔업 등급제도 의무화(「관광진흥법」 개정/2014.3.11.), 등급 구분을 성(星)급으로 변경(「관광진흥법」 시행령 개정, 2014.11.28.)하였다. 2015년에는 호텔업 등급제도 신뢰성 강화를 위하여 등급별 평가기준 도입 및 암행·불시평가 시행(문화체육관광부 고시 개정, 2015.2.13.), 등급결정 업무를 한국관광공사로 이관(문화체육관광부 공고, 2015.1.1.), 호텔 등급표지 고시 제정(문화체육관광부 고시 제정, 2015.5.8.)을 추진하였고, 관광숙박업 입지 확충을 위하여 유해부대시설이 없는 관광숙박시설에 한하여 일정기준을 충족하면 학교환경 위생정화구역 내 입지를 허용(「관광진흥법」 개정, 2015.12.22.)토록 개선하였으며, 관광숙박업에 대한 한시적 인센티브를 연장 시행(「관광숙박시설 확충을 위한 특별법」,(65) 2015.12.31.)하였다.

4) 현대적 호텔의 재도약

2019년 말 전 세계적으로 코로나19가 확산함에 따라 호텔산업은 심각한 어려움에 직면하게 되었고 이로 인해 많은 호텔은 휴업하거나 폐업하기에 이르렀다. 2022년부터 점차 일상으로 회복됨에 따라 호텔산업도 안정화되면서 새로운 도약의 시기를 맞이하게 된다. 이에 국내외 글로벌 기업들의 호텔사업 진출이 확대되고 아울러 K-pop, K-culture 등의 영향으로 한국 방문객이 확대됨에 따라 한국 고유의 멋을 살린 관광호텔이 건설되는 등 호텔기업의 다양화·개성화·고급화 경향으로 각종 편의시설을 비롯한 판매시설을 더한 호텔이 등장하게 된다.

정부는 「관광진흥법」에 규정되어 있는 관광숙박업 외에도 다양한 숙박공간 확충사업을 추진하여 관광수요에 부응하고 있으며 향후에도 지속적으로 관광객의 수요에 부합하는 숙박시설을 확충해 나갈 계획이다.

제2절 호텔의 분류

1. 호텔의 분류

호텔은 입지조건, 시설의 규모나 운영방식 및 위치나 고객의 성격에 따라 다양하게 분류되어서 복합기업으로서 하나의 산업군을 이루고 있다. 호텔의 분류도 이와 같은 호텔업의 다양성과 복잡성 때문에 호텔경영학자들 간에 그 분류상 상당한 차이를 나타내고 있다. 따라서 현대사회가 요구하는 호텔을 100% 만족하게 규정지을 수는 없지만, 대체로 다음과 같이 분류할 수 있다.

1) 관광법규에 따른 분류

과거에는 관광숙박업을 관광호텔업, 국민호텔업, 휴양콘도미니엄업, 해상관광호텔업, 가족호텔업, 한국전통호텔업으로 분류하였으나, 현행 「관광진흥법」은 관광숙박업을 호텔업과 휴양콘도미니엄업으로 분류하고(제3조 제1항 2호), 다시 호텔업을 관광호텔업, 수상관광호텔업, 한국전통호텔업, 가족호텔업, 호스텔업, 소형호텔업, 의료관광호텔업 등으로 세분하고 있다(동법 시행령 제2조 제1항 2호).

이에 대하여는 앞의 제3장 2절 관광사업의 분류에서 상세히 설명하였으므로 여기서는 생략하기로 한다.

2) 입지조건에 따른 분류

(1) 메트로폴리탄 호텔(Metropolitan hotel)

대도시에 위치하고 수천 개의 객실을 보유하고 있는 매머드 호텔을 말한다. 이러한 호텔은 많은 숙박객을 동시에 수용할 수 있고 대연회장, 전시장, 주차장 등을 완비한 컨벤셔널호텔(conventional hotel)이라고 할 수 있다. 그러므로 이 호텔은 회의와 비즈니스상에 필요한 설비와 시설 그리고 서비스가 철처하게 완비되어 있는 호텔이 있다.

(2) 시티호텔(City hotel)

휴양지 또는 관광지 호텔과 대조적으로 불리는 호텔로서 주로 도시의 중심부에 위치하기 때문에 도심호텔(downtown hotel)이라고도 불린다.

(3) 서버반(교외)호텔(Suburban hotel)

이 호텔은 도시를 벗어난 한가한 교외에 세워진 호텔이다. 위에서 설명한 바 있는 시티호텔은 자동차 공해와 주차난 등으로 많은 난점들이 있지만, 자가용 여행자들이 급격히 증가하고 있는 오늘날에는 공기 좋고 주차가 편리한 교외호텔의 이용도가 날로 높아지고 있다. 예를 든다면 서울의 워커힐호텔이 여기에 해당한다.

(4) 컨트리호텔(Country hotel)

이 호텔은 교외라기보다는 산간에 세워진 호텔로 마운틴호텔(mountain hotel)이라고도 부른다. 특히 등산, 스키, 골프 등의 레크리에이션 기능을 다 할 수 있는 용도의 호텔을 말하며, 우리나라의 지리산, 속리산, 설악산에 있는 호텔 등이 이에 속한다고 할 수 있다.

(5) 에어포트(공항)호텔(Airport hotel)

공항 근처에 위치하면서 비행기 사정으로 출발 및 도착이 지연되어 탑승을 기다리는 손님과 승무원들이 이용하기에 편리한 호텔을 말한다. 최근에는 이를 에어텔(Airtel; Air + Hotel)이란 약칭으로 부르기도 한다.

(6) 시포트(항구)호텔(Seaport hotel)

에어포트 호텔과 같이 크게 성행하고 있지는 않지만, 항구 근처에 위치하고 있으면서 여객선의 출입에 따라 여객과 선원들이 이용하기에 편리한 호텔이다. 이러한 호텔들은 철도업무와 서비스를 일원화하기 위해 대개의 경우 철도회사에서 직접 경영하는 형태가 늘어나고 있다.

(7) 터미널호텔(Terminal hotel)

철도역이나 버스터미널, 공항터미널 또는 항구 등의 근처에 위치하는 호텔을 말한다. 주로 이러한 호텔을 이용하는 고객은 교통기관의 종류별로 기차, 비행기, 버스, 여객선 등의 이용승객과 승무원들이다. 유럽에서는 국제철도(eurail pass)가 운행되고 있어 각국의 주요 도시역마다 이 호텔들이 널리 애용되고 있음을 볼 수 있다.

3) 숙박기간에 따른 분류

(1) 트렌지언트호텔(Transient hotel)

주로 하루나 이틀 정도의 기간 동안 여행객들이 체재하는 호텔로서 흔히 상용객이 많이 이용하는 비즈니스호텔을 말한다.

(2) 레지덴셜호텔(Residential hotel)

주택형식의 호텔로서 적어도 1주일 이상의 이용객을 대상으로 한다. 아파트와 다른 점은 호텔식의 메이드 서비스(maid service)가 있고, 또한 최소한의 식사와 음료서비스가 제공되는 식당과 주장의 시설도 갖추고 있다.

(3) 퍼머넌트호텔(Permanent hotel)

레지덴셜 호텔과 같은 부류에 속하지만, 이것과는 약간 다르게 아파트식의 장기 이용객을 대상으로 하는 호텔로서 메이드 서비스가 제공되는 것이 특징이다.

4) 숙박목적에 따른 분류

(1) 컨벤셔널호텔(Conventional hotel)

이는 회의를 유치하기 위한 대규모 호텔로서 객실의 대형화는 물론, 대회의장 및 주차장의 설비를 완비하고, 회의를 위해 필요한 통역시설과 원격 화상회의 시설, 컴퓨터를 통한 회의시스템 등을 확보하고 있어야 한다.

(2) 커머셜호텔(Commercial hotel)

전형적인 상용호텔을 일컫는 말이며, 일명 비즈니스호텔(business hotel)이라고도 한다. 이 호텔의 이용객들은 대부분 세일즈맨, 엔지니어, 각 회사의 지점원, 연락사무원들이 주류를 이루고 있으므로 주로 도심지에 위치하는 것이 일반적이다. 그리고 이용객들의 이용목적에 맞추어 호텔에서 업무를 보는 데 불편함이 없도록 팩스 및 복사기, 컴퓨터, 프린터기 등의 사무기기를 갖춘 비즈니스센터를 운영하고 있다.

(3) 리조트호텔(Resort hotel)

상용호텔과는 달리 휴양이나 레크리에이션의 목적으로 이용되는 호텔을 말한다. 주로 관광지, 피서지 및 피한지, 해변, 산간 등의 휴양지와 온천지에 건축되는 호텔로서 일명 vacational hotel이라고도 부른다.

(4) 아파트먼트호텔(Apartment hotel)

우리나라에서는 보기 힘든 장기체재 이용객들을 위한 호텔로서 주로 퇴직한 노년층들이 사회복지제도의 일환으로 이용하는 호텔이다. 객실마다 주방설비가 되어 있어 일반 아파트와 같은 인상을 주는 것이 특징이다.

(5) 카지노호텔(Casino hotel)

카지노 호텔은 주로 도박을 즐기는 사람들, 즉 갬블러(gambler)들이 주로 찾는 호텔로서 객실규모가 1,000실 이상에서 수천 실에 이르기까지 다양한 매머드급의 호텔이다. 호텔마다 나름대로 독특한 건축양식이나 각종 이벤트 혹은 상징물을 갖고 있는 것이 특징인데, 이러한 호텔군을 형성하는 대표적인 도시가 미국의 라스베이거스(Las vegas)이다.

5) 숙박시설형태에 따른 분류

(1) 모텔(Motel)

모텔이란 글자 그대로 자동차 여행자를 위한 모터호텔(moter hotel)을 말한다. 오늘날 여행의 다양화에서 오는 도로의 발달과 자동차여행의 급격한 증가로 자동차와 함께 쉬고 숙박할 수 있는 모텔이 미국을 비롯하여 세계적으로 호텔 못지않게 숙박을 요구하는 고객들에게 부응하고 있다.

(2) 유스호스텔(Youth Hostel)

청소년들의 심신 수련과 보건휴양여행을 장려하기 위한 매스투어리즘(mass tourism)의 일환으로 만들어진 숙박시설이다. 일반적인 숙박시설이 영리를 목적으로 하는 데 반해 유스호스텔은 영리적인 목적보다는 청소년들이 여행을 통해 봉사와 우애의 정신, 그리고 애국심을 함양할 수 있도록 숙박요금을 저렴하게 책정한 일종의 사회복지시설의 성격을 띠고 있다.

(3) 보텔(Boatel)

보트로 여행하는 사람들이 이용하는 호텔로서 항해 중 해변에서 보트를 정박시켜 두고 투숙할 수 있는 시설이다. 이는 육지의 모텔(motel)과 그 성격이 같다.

(4) 요텔(Yachtel)

이는 해안, 호반 및 강변에 위치하여 요트를 이용하는 여행자들이 숙박하는데 편리하도록 꾸며진 호텔을 말한다. 해안이나 호반에 요트를 계류시킬 수 있는 설비를 갖출 것을 요한다.

(5) 로텔(rotel)

1966년 독일의 스투트가르트에 처음 출현한 로텔은 움직이는 이동식 호텔로서 26인승 2층 버스형태로 등장하여 초기에는 대중들의 눈길을 끌었지만, 많은 사람들이 움직이는 버스에서 숙식을 함께 하기란 쉬운 일이 아니므로, 로텔(rotel)의 변형된 형태로 나타난 것이 지금의 캠핑카(camping car)라고 할 수 있다.

(6) 플로우텔(Floatel)

플로우텔은 해상 및 수상의 호화호텔이라 할 수 있는데, 주로 폐선을 개조하여 숙박시설로 이용하는 것이 일반적이다. 우리나라 「관광진흥법 시행령」 제2조 제1항 2호에 명기되어 있는 호텔업의 일종인 수상관광호텔업에 해당한다고 할 수 있다.

6) 요금지급방식에 따른 분류

(1) 미국식 요금지급방식(American plan) 호텔

1일, 1주일 또는 1개월 단위의 3식 요금을 객실요금에 포함하는 방식인 풀 펜션(full-pension), 아침 및 저녁식사의 2식만 포함시키는 하프 펜션(half-pension)

또는 데미 펜션(demi-pension) 등이 있는데, 흔히 이러한 것을 수정된 미국식 요금계산방식(Modified American Plan: MAP)이라고 한다. 그리고 객실요금에 아침의 1식만을 포함시키는 대륙식 요금지급방식(Continental plan) 호텔도 있다.

(2) 유럽식 요금지급방식(European plan) 호텔

객실요금과 식사대를 분리하여 계산하는 근대식의 경영방식으로서 고객에게 식사를 제공하지 않고 고객의 의사에 따라 식사대는 별도로 계산하여 지급하는 방식이다. 유럽 쪽에 이러한 호텔들이 많은데, 주로 업무용으로 많이 이용하는 커머셜 호텔(commercial hotel)에서 이러한 요금지급방식을 채택하고 있다.

(3) 혼합식 요금지급방식(Dual plan) 호텔

이는 고객의 요구에 따라 미국식이나 유럽식을 선택할 수 있는 것으로 두 가지 형태를 다 도입한 호텔 경영방식이다.

7) 규모에 따른 분류

(1) 소형 호텔(Small hotel)

객실 수가 25실 이하인 소형 호텔을 말한다. 지금은 우리나라에도 이런 소규모의 호텔은 존재하지 않지만, 여관 같은 숙박시설들은 25실 이하의 객실을 갖추고 있는 곳이 많다.

(2) 중형 호텔(Average hotel)

우리나라에서는 「관광진흥법」상 2등급(2성급) 이하의 부류에 속하는 호텔로 객실 수가 25실에서 100실까지 보유한 호텔을 말한다.

(3) 중대형 호텔(Above average hotel)

객실을 100실에서 300실까지를 확보하고 있는 호텔을 말한다. 우리나라의 「관광진흥법」상 1등급(3성급) 관광호텔들이 이에 해당한다고 본다.

(4) 대형 호텔(large hotel)

호텔의 객실 수가 300실 이상을 보유하고 있는 대규모 호텔을 말한다. 우리나라의 관광진흥법상 특등급(5성급·4성급) 관광호텔들이 이에 속한다고 말할 수 있지만, 요즘에는 수백에서 수천의 객실을 보유하는 대규모 호텔이 속속 등장하고 있기 때문에, 위에서와 같은 객실 수에 의한 호텔의 분류는 전근대적인 분류방식이라고 생각된다.

2. 호텔업의 등록 및 등급[1)

1) 호텔업의 등록관청

관광사업의 등록은 관광사업의 허가나 지정과는 달리 등록에 앞서 선행행정절차를 거쳐야 하는 업종이 많다. 즉 관광숙박업(호텔업 및 휴양콘도미니엄업)을 경영하려는 자는 관광숙박업의 등록을 하기 전에 그 사업에 대한 사업계획을 작성하여 특별자치도지사·특별자치시장·시장·군수·구청장의 승인을 받아야 하고(동법 제15조 1항; 사업계획의 사전승인제도), 또 관광숙박업 및 관광객이용시설업 등록심의위원회(이하 "등록심의위원회"라 한다)의 심의를 거쳐야 등록을 할 수 있다(동법 제17조 1항).

2) 호텔업의 등급

(1) 개요 : 별(星)등급제도의 도입

2014년 9월에 「관광진흥법」이 개정되면서 호텔업의 등급제도가 기존 무궁화등급제도에서 국제적 관례에 맞는 별(星)등급제도로 변경되었다. 그동안 무궁화개수에 따라 특1등급·특2등급, 1등급·2등급·3등급으로 구분해왔던 호텔등급이 5성급·4성급·3성급·2성급 및 1성급의 체계로 변경되었다. 그리고 호텔업의 등록을 한 자 중 대통령령으로 정하는 자는 반드시 등급결정을 신청하도록 의무화하고, 또 등급결정을 하는 경우에 유효기간을 정하여 등급을 결정할 수 있도록 하였다.

(2) 등급결정대상 호텔업 및 등급구분

관광숙박업의 시설 및 서비스수준을 높이고 이용자의 편의를 돕기 위하여 의무적으로 등급결정을 신청하여야 하는 호텔업은 관광호텔업, 수상관광호텔업, 한국전통호텔업, 가족호텔업, 소형호텔업 및 의료관광호텔업에 한하고, 호스텔업은 제외된다(관광진흥법 시행령 제22조1항 〈개정 2019.11.19.〉). 그리고 호텔업의 등급은 5성급, 4성급, 3성급, 2성급 및 1성급으로 구분한다(동법시행령 제22조 2항 〈개정 2014.11.28〉).

종래의 특1등급, 특2등급, 1등급, 2등급 및 3등급으로 구분해왔던 호텔업의 등급을 국제적으로 통용되는 별등급체계로 정비함으로써 외국인 관광객들이 호텔을 선택함에 있어서의 편의를 도모하고자 한 것이다.

(3) 호텔업 등급결정권한의 위탁

문화체육관광부장관은 호텔업의 등급결정권을 다음 각호의 요건을 모두 갖춘 법인(法人)으로서 문화체육관광부장관이 정하여 고시하는 법인에 위탁한다(관광진흥법 제80조 제3항 2호, 동법시행령 제66조 제1항 〈개정 2014.11.28〉).

1. 문화체육관광부장관의 허가를 받아 성립된 비영리법인이거나 「공공기관의 운영에 관한 법률」에 따른 공공기관일 것
2. 관광숙박업의 육성과 서비스 개선 등에 관한 연구 및 계몽활동 등을 하는 법인일 것
3. 문화체육관광부령으로 정하는 기준에 맞는 자격을 가진 평가요원을 50명 이상 확보하고 있을 것

● 제3절 호텔사업의 특성

1. 경영상의 특성

1) 인적 서비스의 의존성

호텔기업의 경영은 먼저 고객에 대한 서비스를 강조하게 된다. 호텔의 개념이 '임시적 가정'으로 집약될 수 있음에 비추어, 호텔을 이용하는 고객에게 마치 가정과 같은 안도감과 유쾌한 시간을 최대한 보장해 주어야 할 의무가 있는 것이다.

호텔의 상품은 물적 서비스와 무형 서비스가 조화를 이뤄 완성된다. 오늘날 고객의 욕구는 매우 다종다양하므로 임기응변의 재치있는 서비스는 규격화되고 자동화된 기계설비에 의해서는 제공될 수 없다고 보기 때문에, 인적 자원에 대한 의존도는 타 기업에 비하여 크다고 할 수 있다. 또한 물리적 환경은 각 호텔 간 편차가 거의 없기 때문에 고객들은 질 높은 인적 서비스에 더 가치를 두게 된다.

2) 입체적 협동 서비스체제

호텔의 상품은 특정 호텔리어 한 명의 서비스로는 완성될 수 없다. 호텔의 상품은 각 영업부서뿐만 아니라 후방 지원부서까지도 모두 입체적 협동 서비스를 통해 하나의 서비스로 완성된다.

그러므로 호텔기업은 각 조직 내의 부서별, 그리고 각 직무별 협력과 통합·조정이 긴밀하게 이루어져야 한다. 또 개인이나 부서 간 협력의 필요성이 강조되는 것은 인간적인 여러 요소의 중요성을 감안할 때 고객에 대한 측면뿐만 아니라 호텔리어에게도 불가피한 것이며, 이러한 직무를 수행함으로써 조직의 목표인 이윤의 추구와 기업의 발전을 도모할 수 있는 것이다.

3) 연중무휴 영업

연중무휴로 영업활동을 하는 것은 호텔의 대표적인 특징이다. 특히 외국인들이 다수 체재하는 호텔의 특성상 연중무휴 영업활동은 필수적인 사항이다. 이로 인해 호텔종사원들은 다른 사람이 공휴일을 즐기거나 쉬고 있는 동안에도 일을 해야 되기 때문에, 부득이 시프트(shift)제도를 통해 휴일에 쉬지 못하는 불편을 감수해야 하며, 호텔의 경영자는 이러한 점을 감안하여 일반기업보다는 많은 수의 종업원들을 확보해야 할 것이다.

4) 성수기 · 비수기가 대조

호텔 서비스는 계절과 요일 및 하루 중의 시간에 따라 수요의 변화가 크기 때문에 성수기와 비수기에 따라 수요를 평준화하고 촉진시키는 방법으로 차등요금을 적용시키거나 동시화 마케팅을 적용해야 한다.

특히 휴양지호텔의 경우 성수기와 비수기의 격차가 매우 심해 이와 같은 계절적 영향을 해소시키기 위한 마케팅 활용이 많이 요구된다.

5) 입지조건 의존성

호텔상품은 고정된 장소에서 고객을 유인해야 하므로 입지조건에 대한 의존성이 매우 크다. 따라서 입지조건에 따라 호텔상품의 구성이나 생산성 등이 달라야 하며, 입지조건이 좋은 호텔들의 후발 경쟁업체의 진입을 억제하는 효과를 갖게 된다.

그러나 최근 전통적인 호텔입지인 도심지가 지가상승 · 교통난 · 환경문제 등으로 매력을 잃기 시작하자 새로운 입지기준에 따른 조건을 만족시키는 것도 호텔경영의 중요과제로 대두되고 있다. 즉 쾌적한 환경중심의 입지조건, 지하철 역세권과 연계된 입지조건, 주차 및 교통여건이 좋은 입지조건 등의 새로운 경향의 입지조건을 만족시키는 것이 중요한 요소로 등장한 것이다.

6) 기능의 다원성

경제의 발전과 소득수준의 향상, 교육수준과 사회 환경의 변화, 관광여행의 대중화에 따라 고객의 욕구가 다양해지고 있다. 호텔기업경영도 이와 같은 변화추세에 맞추기 위해 다원적이며 복합적으로 운영되어야 한다.

객실·식음료·부대영업 등에 대한 경영관리기법도 변화되어야 한다. 즉 고객의 다양한 욕구를 충족시켜 주기 위해서는 호텔의 기본적인 기능 외에 문화서비스, 유통 서비스, 건강관리 서비스, 정보교환 서비스, 여가활용 서비스, 스포츠 공간제공 서비스 등 다양한 기능으로 다원화되어야만 한다.

2. 상품상의 특성

1) 무형성

호텔의 인적 서비스는 그 자체가 무형체로서 일반제품과 같이 윤곽이 뚜렷하지 않기 때문에 관리자의 주관이나 서비스제공자의 융통성이 개입될 가능성이 많다. 호텔의 인적 서비스에 대한 고객의 평가는 종사원이 고객을 영접할 때부터 환송할 때까지의 전체 과정에서 이루어지므로 서비스제공자나 서비스기관의 명성이 고객의 서비스지각에 큰 영향을 미칠 수 있다.

그러나 무형성을 지닌 인적 서비스는 상품의 가치를 결정짓는 데 가장 중요한 역할을 하는 반면에 일반생산 서비스와는 달리 기계화 내지 자동화가 곤란하다는 점에서 경영의 효율성을 증대시키는 데 한계점을 갖고 있다.

2) 저장 불가능성(非탄력성)

호텔의 제품은 저장이 불가능하다. 일반제품들은 오늘 팔지 못했다 하더라도 그다음 날 판매가 가능하지만, 호텔의 객실이라는 상품은 당일 판매하지 않으면 그 가치가 소멸된다. 식음료상품의 경우에도 주문생산이므로 정확한 수요예측이 곤란하여 많은 식재료들이 버려지는 경우가 많다.

3) 서비스의 생산과 소비과정에 고객의 참여 필요

호텔 서비스는 생산과 소비의 동시성으로 서비스제공자와 고객이 함께 서비스과정에 참여하는 상호작용에 의하여 서비스의 생산과 소비가 이루어진다. 따라서 고객이 서비스과정에 참여하여 만족을 갖도록 하기 위해서는 서비스제공자, 상품, 시설, 시간 공간 내의 다른 고객 등과 같은 제반 환경이 고객지향적 관점에서 관리되고 운영되어야 한다.

4) 노동집약적

호텔 서비스는 인적 서비스 의존도가 높은 노동집약적인 서비스산업의 하나로, 서비스품질은 서비스제공자에 의하여 크게 좌우된다. 또한 생산과정의 잠재적 변동성이 많아 서비스생산의 일관성 유지가 어려우며, 동일한 서비스품질의 유지가 곤란하다. 즉 호텔 서비스는 호텔의 입지조건, 등급, 시설, 경영상태와 성격, 소유형태, 서비스제공자의 서비스 제공능력 등에 따라 각기 다른 형태로 고객에게 지각될 수 있기 때문에 호텔 서비스의 제품생산과 같이 규격화·표준화·단순화하는 데 한계가 있다는 점이다.

5) 품질측정의 곤란

호텔 서비스는 서비스제공자로부터 서비스를 제공받기 전에는 물적 재화처럼 그 품질을 측정하기가 매우 곤란하다. 또한 동일한 서비스제공자에 의해 생산되는 동일한 서비스내용도 품질표준의 일관성이 유지되기 어렵고, 동일한 고객에게 똑같은 내용의 서비스가 제공된다고 할지라도 제공시점에 따라 고객은 자신의 주관적인 기준에 따라 서비스를 지각하기 때문에 서비스의 평가는 다르게 나타날 수 있다. 따라서 호텔 서비스를 계량적으로 측정한다는 것은 매우 어려운 일이다.

6) 비이동성

호텔이 제공하는 주된 상품인 객실과 식음료 및 그 밖에 시설을 통한 서비스는 고객이 반드시 호텔이 있는 곳으로 이동해 올 때만이 거래가 성립된다.

7) 생산과 소비의 동시성

호텔 서비스는 고객이 생산현장인 호텔에 와서 직접 주문을 하면 그 주문에 의해 생산이 되고 생산현장에서 즉시 소비가 이루어지는 상품이다. 따라서 호텔 서비스는 주문상품이 제공될 때까지의 소요기간이 적절하고 일관성 있게 유지·관리되어야 한다. 만약 고객 자신이 정서적·주관적 판단의 기준에 따라 지각하는 시간 이상을 경과하여 서비스가 제공되면 호텔 서비스는 불만족스러운 것으로 인식될 수 있다.

8) 시간·공간의 제약

호텔의 객실이나 레스토랑의 테이블과 좌석 및 부대영업시설 등은 시간이 경과하면 그 경제적 가치를 상실하게 된다. 또한 수용객수를 초과하며 판매할 수도 없다. 즉 시간과 공간의 활용에 제약요소가 많다는 특징이 있다.

성수기에는 성수기 수요를 공간적 제약에 의거하여 전부 판매로 연결할 수 없으며, 반대로 성수기나 Close Time에 맞도록 공급량을 조절하기도 쉽지 않다. 즉 호텔상품은 시간과 공간에 의해 제약을 받고 있으므로 이를 조절하는 예약기법을 최대한 활용하는 마케팅노력이 요구된다.

따라서 당일 판매하지 못한 상품을 저장하거나 다른 장소로 옮겨 판매할 수도 없고, 식음료의 판매 또난 고객의 주문에 의해 생산·판매되는 특성이 있기 때문에 호텔상품은 시간적·공간적·양적 제약을 갖고 있다고 말할 수 있다.

3. 재무·비용상의 특성

1) 낮은 자본회전율

호텔은 건설과정에서 상당한 거액이 투자되지만 매출액은 투자된 자본에 비해 상대적으로 매우 낮아 자본회전율이 낮다. 이러한 낮은 자본회전율은 호텔경영을 압박하는 요인으로 작용하는데, 따라서 많은 호텔들이 종업원들의 정신교육 강화, 기계화의 도입, 그리고 보다 과학적인 수요예측기법의 활용 등을 통하여 경영성과 제고에 힘쓰고 있다.

2) 높은 손익분기점

호텔기업은 높은 고정비의 지출로 손익분기점이 높다. 고정자산의 구성비가 높고 호텔상품의 특성상 수백 개의 객실에 단 한 사람의 고객이 투숙해도 전기·수도·난방을 가동해야 하며, 서비스요원·안전관리요원 등이 모두 근무해야 하기 때문이다. 따라서 감가상각비·전기료·수도광열비·노무비 등 고정비적 성격의 비용지출이 일반기업에 비하여 상대적으로 높아 손익분기점이 높다.

3) 과중한 인건비 지출

호텔은 연중무휴로 운영되면서 직원들이 교대로 쉴 수밖에 없으므로 더 많은 직원들을 확보해야 하며, 이는 곧 과중한 인건비 지출로 이어진다. 뿐만 아니라 보다 양질의 서비스를 제공하기 위한 종업원들의 주기적인 교육훈련도 필요한데, 이때에도 시프트(shift)제도의 실시로 말미암아 같은 내용의 훈련을 수차례 반복해야 하는 경우도 있다. 이 모든 것이 인건비의 지출로 연결되는 것이다.

4) 유지관리비와 감가상각비 과다

호텔기업은 시설의 조기 진부화 및 노후화에 따라 필요 이상의 유지관리비용(개·보수비용)과 감가상각비가 지출된다. 호텔의 시설은 고객의 이용 여부에 상관없이 계속 훼손·마모됨으로써 결과적으로 경제적 가치 내지 상품으로서의 효용가치 상실에 따른 수익성 저하가 뒤따르기 때문에 주기적인 개·보수가 요구된다. 따라서 시설 개·보수비용 적립금의 규모와 개·보수를 위한 필요기간의 산정이 수익성에 영향을 줄 수 있다.

5) 비생산적 공공장소의 과다

호텔은 고객들이 이용하는 객실과 식당, 그리고 부수적으로 이용할 수 있는 오락·휴게시설로 스포츠센터 및 카지노, 바(bar)와 커피숍 등으로 구성된다. 하지만 이 외에도 라운지와 로비, 주차장 및 입구를 비롯한 주변의 환경시설 등은 그 자체로는 수익을 올릴 수 없는 비생산적인 요소이지만 호텔의 특성상 넓은 공간을 차지하고 있다. 비생산적인 공공장소의 필연성으로 수익창출 면적이 줄어들어 간접비용이 증가하고 수익성을 감소시키는 요인이 되고 있다.

6) 객실매출액의 높은 수익성 공헌도

호텔기업의 객실부문은 매출원가를 수반하지 않기 때문에 객실매출액의 수익성 공헌도가 높다. 숙박 서비스를 제공할 때에 가장 큰 지출을 필요로 하는 객실이 이미 상품화되어 있기 때문에 고객이 객실을 이용할 시 들어가는 비용은 거의 없다. 따라서 객실매출은 손익분기점을 초과했을 때 그 초과분은 대부분 순익으로 고려할 수 있다.

7) 금융비용의 지출 부담

호텔기업은 일시적 초기투자가 높아 금융비용의 지출이 크다. 호텔의 기본적인 상품은 곧 시설이다. 다른 일반산업시설은 연차적으로 확장·재투자할 수 있으나 호텔시설은 그 시설 자체가 제품으로서 판매되어야 하기 때문에 부분적·연차적인 투자는 사실상 불가능하다. 따라서 자기자본비율이 낮은 한국의 기업환경에서 장기·저리의 양호한 자금조달이 금융비용의 부담을 감소시킬 수 있기 때문에 레버리지(Leverage) 정책(차입금 등 타인자본을 지렛대로 삼아 자기자본이익률을 높이는 정책)과 이자보상비율 관리의 중요성이 강조된다고 할 수 있다.

4. 시설·환경상의 특성

1) 초기투자의 과다

호텔시설은 다른 어떤 산업시설보다도 일시적 최초투자(initial investment)의 필요성이 높아서 방대한 규모의 투자가 호텔 건립시 일시적으로 이루어져야 한다. 그러므로 호텔시설은 다른 일반 산업시설처럼 연차적으로 확장 및 재투자를 할 수 없기 때문에, 이것이 호텔기업이 갖는 숙명적인 최대의 불리점이기도 하다.

2) 시설의 조기노후화

호텔시설은 다른 산업시설에 비해 시설의 진부화 및 노후화가 매우 빠르다. 호텔기업은 시설 그 자체를 상품으로 활용하기 때문이다. 이에 비해 타 기업은 시설물 자체를 상품으로 활용하지 않으므로 훼손의 속도가 비교적 느리다. 호텔시설은 시설 자체가 하나의 제품으로서 고객에게 어필(appeal)되어야 하기 때문에 결과적으로 그 노후화와 진부화는 가장 빠르게 이루어진다.

3) 내·외부환경 민감성

현대사회에서 경영환경은 매우 복잡하고 다양하며, 그 범위도 확대됨은 물론, 빠른 속도로 변화의 물결을 타고 있다. 이러한 변화는 신속하고 복잡하게 진행되고 있기 때문에 경영활동에 매우 큰 영향을 미치고 있다. 따라서 기업이 존속하고 성장하려면 이러한 환경변화에 민감하게 반응하며 적절히 대응하는 것이 중요하다.

호텔 경영환경에 영향을 주는 주요 요인으로는 호텔들 간의 경쟁심화, 기술과 정보의 발달, 고객의 욕구 상승, 종사원의 직업의식 수준, 노동력 부족현상, 정치·경제·사회·문화 등의 외부환경의 변화 등이다.

또한 호텔기업은 광범위한 환경요소인 국내·외적인 경제·정치·사회·문화·기술·생태·자연환경으로부터 많은 영향을 받아 왔고, 과업환경요소인 정부·노동조합·종사원·고객·지역사회·경쟁기업·공급자·금융업자·주주 등의 이해집단들도 기업활동에 직접적으로 영향을 미치고 있다. 이처럼 호텔기업은 일반기업들보다 여러 환경요인들에 의해 매우 민감하게 작용하기 때문에 이의 적절한 관리능력이 곧 효율적인 호텔경영과 직결된다고 설명할 수 있다.

제4절 **외식업의 개요**

1. 외식 개념

일상적으로 우리 가정의 식생활은 가정이라는 범주에서 먹고 마시는 '가정 내의 식생활 문화'와 가정 이외의 장소에서 먹고 마시는 '가정 외 식생활 문화'로 양분할 수 있다.

앞의 '가정 내 식생활 문화'를 '내식'이라고 하며, 후자를 '외식'이라고 지칭한다. '외식'은 일반적으로 가정을 벗어나 외부에서 음식을 먹는 것으로 인식되어져 있다. 그러나 집에서 완전히 조리된 음식을 주문하여 먹는다든지, 출장연회 등 다양한 소비형태의 발전으로 인하여 가정 내에서의 식생활 문화도 외식의 개념이 도입되었다.

따라서 현대적 의미의 '외식'이란 가정 외 식생활 문화와 가정 내의 외식적 내식까지를 포함하는 개념을 지칭한다.

2. 외식업 개념

외식사업의 첫 출발점인 식당은 '심신의 회복, 기력의 회생, 배고픈 허기를 채움' 등의 의미를 내포한 프랑스어 'Der Restaurer'가 어원으로, 그 후 미국에서 'Restaurant'으로 자리잡게 되었다.

식당에서 방문자를 상대로 음식을 서비스하면서 식당업, 식음업, 요식업 등으로 호칭되어지다가 미국의 공업화 시기이던 1950년대에 'Food Service Industry', 'Eating - out Industry', 'Dining - out Industry'로 호칭되었고, 1970년대에 일본의 '마스코미'지가 처음으로 '외식사업'이라는 용어를 사용하기 시작하였다.

우리나라에서는 해외 유명업체들이 우리나라로 본격 진출하기 시작한 1980년대 후반부터 본격적으로 업체들의 업종과 업태가 다양화되고 대기업의 속속 참여로 대규모화, 전문화, 체계화되면서 하나의 사업형태로 자리를 잡았다.

국내외식업은 지난 수년간 눈부신 성장을 거듭하여 하나의 거대산업으로 발전하여 왔으며, 2011년 현재 외식업의 외형적인 규모가 100조원을 넘어서는 한편, 외식 서비스의 품질에 있어서도 질적·양적으로 더욱 발전할 것으로 예상된다.

외식업은 넓은 의미에서 보면 "식사를 조리해서 제공하는 식품제조업과 소비자에게 음식을 직접 제공하는 음식점업을 포함하는 서비스사업의 성격이 매우 강한 복합적 사업"이라 할 수 있을 것이다.

나아가 외식업은 "식사와 관련된 음식·음료·주류 등을 제공할 수 있는 일정 장소에서 직·간접적으로 생산 및 제조에 참여하여 특정적인 또는 불특정다수에게 상업적 혹은 비상업적으로 판매 및 서비스 경영활동을 하는 모든 업소들을 포함한다"고 정의할 수 있다.

외식업의 본질은 "음식과 음료를 생산하여 소비자에게 제공하면서 이윤을 창출하고자 하는 외식사업체의 집합체"로 말할 수 있다. 이러한 외식업은 한식, 일식, 양식, 패스트푸드, 아이스크림, 패밀리레스토랑, 호텔, 단체급식, 커피숍, 제과점, 카페 등 다양한 업종과 업태로 발전하면서 각종 경영활동을 수행한다.

미국의 경우 외식업을 다음과 같이 정의하고 있다.

① "식음료산업은 '집을 떠난 사람들에게 음식과 음료를 판매하는 모든 업소'로 구성되어 있다"고 식음료서비스산업을 설명하고 있다.
   - "The food and beverage service industry consists of every establishment that sells food and beverage to people out side their own homes."
② NRA(National Restaurant Association)는 "외식산업은 모든 식사와 음료 및 스낵을 가정 밖에서 준비하여 판매하는 사업의 집합이며, 포장판매도 포함된다"고 정의하고 있다.
   - "The foodservice industry as encompassing all meals and snacks prepared outside the home. The definition therefore includes all take-out meals and beverages."

제5절 외식업의 특성 및 분류

1. 외식업의 특성

1) 높은 인적 의존도

외식업은 서비스산업의 대표적인 업종으로 1인당 매출액 및 1인당 경영효율성이 타 업종에 비해 상대적으로 낮은 편이다. 나아가 대고객에 대한 서비스의 척도에 따라 사업의 성패가 좌우될 만큼 인적서비스의 의존도가 매우 높은 업종이다. 이는 외식업의 생산라인으로 볼 수 있는 조리·주방부문의 자동화에 한계성을 내포하고 있으며, 홀 서비스 등에 있어서도 절대적으로 인적자원서비스에 의존해야만 하는 단품 생산적 요소가 강하여 구조적으로 인건비의 비중이 높은 것이다.

2) 생산·판매·소비의 동시성

일반적으로 제조업은 일정한 유통경로를 통하여 상품이 최종 소비자에게 판매되지만, 외식업은 일정한 유통경로 없이 상품의 구매를 위해서는 고객이 직접 내방해야 하고, 음식이라는 상품도 일정장소에서 판매와 동시에 소비되는 특성을 가지고 있다.

3) 높은 입지의존도

일반적인 호스피탈리티 업종과 마찬가지로 외식업 역시 접근성이 용이한 입지조건에 따라 사업의 성패가 좌우되는 특성을 가지고 있다. 고객의 눈에 잘 띄는 곳에 위치하여야 하며, 이는 곧 내방 고객의 수와 매출로 직결되는 매우 중요한 문제인 것이다.

그만큼 외식업은 다른 그 어떤 사업보다 입지의존성이 높으며, 도심의 번화가, 역세권, 빌딩주변, 교외의 대로변, 상가지역 등 인구밀집지역이나 유동인구가 우수한 곳에 입지해야 한다는 것을 반증하는 것이다.

4) 시간적 제약과 수요예측의 불가능성

외식업은 시간과 공간의 제약을 크게 받는다. 일반적으로 식사시간이 아침·점심·저녁시간으로 한정된 시간 내에 대부분의 매출이 발생하기 때문에 제반 인력관리·시간관리·공간활용 등으로 인하여 관리상의 문제점이 발생한다. 또한 사회·문화·정치·경제적인 외부환경의 변화가 변화무쌍할 뿐만 아니라 각종 행사 계절적 요인 기상조건 등으로 인한 정확한 내방 고객의 수요를 예측하거나 그에 따른 식재료의 적정구매량을 결정하기가 어려운 특성을 가지고 있다.

5) 신규 진출의 용이성 및 영세성

일반적으로 외식업은 타 산업에 비하여 적은 자본금과 특별한 기술적 노하우 없이도 누구나 쉽게 사업을 시작할 수 있는 특색을 가지고 있다. 이런 반면에 투철한 사업운영철학 및 사업정신, 경영방법의 미숙, 그리고 대다수의 외식업체들이 영세하여 자가 소유 건물이 아닌 임대형식으로 운영하고 있기 때문에 안전성이 낮아 사업에 실패할 확률이 비교적 높은 사업의 특성을 가지고 있다.

6) 저(低)원가 및 현금수익 창출

일반적으로 외식업의 원가는 타 업종의 원가에 비하여 낮은 편으로 약 30~35% 내외 정도이며 커피, 기타 음료, 주류의 경우는 15% 내외로 볼 수 있다. 반면에 결제를 하는 고객의 경우 대부분 현금 결제를 많이 이용하는 만큼 운영자금의 회전속도가 빠른 특성을 가지고 있다.

7) 다품종·소량 주문 생산

제조업의 경우 규격과 수요예측이 가능하여 그에 맞는 생산을 하고 재고보관이 용이하지만, 외식업의 경우는 식당을 내방하는 고객의 주문에 따라 그때그때 상품이 생산된다. 따라서 대다수의 외식업체는 다양한 고객의 기호 및 요구에 대비하여 메뉴의 구색을 갖추고 고객의 주문에 따라 생산, 판매하는 특성을 가지고 있다.

8) 상품의 부패용이성

제조업의 경우 원재료의 구매 저장, 그리고 완성된 상품의 장기간 보존이 가능하다. 그러나 외식업의 식재료와 상품은 장기간 저장이 불가능하고, 조리방법 및 유통기간이 까다롭고 짧아서 관리를 소홀하게 할 경우 부패의 위험성이 매우 높아 추가적인 비용지출이 발생할 수 있다.

또한 이미 부패한 식재료를 사용할 경우 위생에 따른 추가적인 문제가 발생할 수 있는 특성을 가지고 있다.

9) 높은 이직률

일반적으로 외식업은 업종 고유의 영세성과 상대적으로 열악한 근무환경, 처우 등의 사유로 외식업 종사자들의 근무의욕을 저하시키고 이직률을 높이는 원인으로 작용하였다. 근래 대기업과 호텔 등이 외식업에 속속 신규진출하면서 사회적 인식의 변화를 가져오고 있으나, 아직은 이직률이 높은 업종으로 대책이 절실히 필요한 실정이다.

또한 종사자들의 서비스가 품질평가의 기준이 되는 만큼 내부 고객인 직원들의 만족도를 제고하는 대책수립과 노력이 무엇보다도 중요하다.

10) 복합산업성

외식업은 식재료를 이용한 제조업이라 볼 수 있고 고객을 대상으로 하는 서비스 판매업이며, 즐거움과 편의를 제공하는 서비스업의 요소가 복합된 사업이다. 기존에 갖고 있는 품질, 서비스, 청결의 중심요소에 시간 및 가치가 결부된 사업으로 분위기 연출 제공시간을 최적화하고 메뉴, 가격적 측면에서 고객만족의 가치를 추구하는 특성을 가지고 있다.

2. 외식업의 분류

외식업의 정형적인 분류는 업체(레스토랑)의 성격 및 운영형태에 따라 구분할 수 있는데, 분류방법이나 분류기준에 대하여 현재까지 명확하게 정형화된 내용은 없다. 다만, 기관별이나 학자별로 다양한 형태로 나타날 수 있는데, 워커(Walker, 1999)는 패스트푸드(퀵 서비스) 레스토랑, 패밀리 레스토랑, 테마(theme) 레스토랑, 전통민속 레스토랑, 캐주얼 다이닝 레스토랑, 디너하우스 FP스토랑 등으로 나누었고, 모건(Morgan, 1993)은 레스토랑의 편의시장을 세분화하여 패밀리 레스토랑과, 스테이크 하우스 및 캐주얼 레스토랑으로 나누었다.

NRA(미국레스토랑협회: National Restaurant Association)에 따르면 Full-Service(평균 객단가 10$ 이하), Full-Service(평균 객단가 10$ 이상), Limited-Service(패스트푸드)등 총 3가지로 구분하고 있다.

우리나라의 경우 통계청의 한국표준산업분류[2])에 의하면 업종과 업태에 따라 한식점업, 중국음식점업, 일본음식점업, 서양음식점업, 기관구내 식당운영, 정식류를 제공하는 기타 일반식당, 자급식 음식점업, 피자 및 햄버그 전문점, 분식 및 김밥 전문점, 이동식 식당운영, 기타 간이 체인음식점 등으로 분류하고 있다.

또한 한국표준산업분류표의 외식산업은 대분류에 '도소매 및 음식숙박업(hotel and restaurant)'으로 분류되어 있다. 또한 소분류에 '음식점업'으로 분류되어 있으며, 세분류에 '식당업, 주점업, 다과점업'으로 분류되어 있다. 세분류의 하위분류, 즉 세세분류는 총 17가지 업종으로 한국표준산업분류표에 분류되어 있다.

외식업을 취급 메뉴와 서비스에 따라 분류하면 ① 패스트푸드점, ② 패밀리레스토랑, ③ 전문 레스토랑, ④ 토속 레스토랑, ⑤ 뷔페 레스토랑으로 구분할 수 있다(이정학, 2011).

1) 패스트푸드점

패스트푸드(fast food)란 주문하면 곧 먹을 수 있다는 뜻에서 나온 말이다. 조

---

2) 통계청이 우리나라 산업에 관련된 통계작성을 목적으로 산업활동의 동질성을 기준으로 모든 산업활동을 체계적으로 유형화하여 분류하여 발표한 것을 말함.

리는 오븐에서 데우는 정도로 간단하고, 소수의 인원으로 고객의 주문에 신속하게 응대할 수 있으며, 셀프서비스와 저가격대가 특징이다. 간편하고 **빠르다는** 점과 젊은 층의 양식화 경향에 따라 수요가 몇 년 사이 증가되었지만, 최근 웰빙 문화와 과당경쟁에 따라 침체기를 맞고 있다.

2) 패밀리 레스토랑

패밀리 레스토랑(family restaurant)이란 패스트푸드(fast food)보다 가격이 높은 대신 여유있는 테이블 서비스와 함께 식사를 즐길 수 있는 것이 장점이다. 가격대별 다양한 음식과 정중한 서비스, 차별화된 인테리어와 분위기, 각종 프로모션과 이벤트 실시 등이 특징이다. 대표적인 브랜드로는 마르쉐 · TGIF · 아웃백 · 베니건스 등이 있다.

3) 전문 레스토랑

전문 레스토랑(special restaurant)은 단일품목 위주 또는 한 · 양 · 일 · 중식과 같이 특정종류의 메뉴를 전문적으로 취급하는 레스토랑을 말한다. 예를 들어 단일품목 위주의 레스토랑으로는 피자 · 스파게티 냉면 · 닭고기 · 돼지고기 · 해산물 등의 전문점을 들 수 있으며, 특정 종류의 메뉴를 취급하는 레스토랑으로는 한 · 양 · 일 · 중식당 등을 들 수 있다.

4) 토속 레스토랑

토속 레스토랑(ethic restaurant)이란 그 지역 고유의 전통음식이나 특산물은 재료로 음식을 판매하는 곳을 말한다.

▶▶ 표 4-1 외식사업의 분류별 특징

구 분	패스트푸드	패밀리 레스토랑	전문·토속 레스토랑	뷔페 레스토랑
서비스 형태	셀프서비스	셀프, 테이블 서비스	테이블 서비스	셀프 서비스
제공시간	1분 이내	15분 이내	10분 이내	즉석
객단가	2천~4천원	1만~2만원	4천~몇 만원	3만원 전후
주메뉴	햄버거·치킨	스테이크, 샐러드	업종에 따라	양식, 씨푸드 등
메뉴구성	가벼운 메뉴	정식, 일품요리	정식, 일품요리	뷔페
표적고객	어린이, 10대 학생층	가족단위	대중	대중
체류시간	30분 전후	60분 전후	30~60분	60~90분
업체 예	맥도날드, 롯데리아, 버거킹	마르쉐, TGIF, 아웃백, 베니건스	스파게티, 냉면, 육고기, 해산물 등의 전문점, 한·중·일·중식당, 지역 토속 음식점	각종 뷔페 레스토랑

자료: 이정학, 관광학원론, 대왕사, 2011, p.236.

5) 뷔페 레스토랑

뷔페 레스토랑(buffet restaurant)은 음식의 종류를 다양하게 준비해 놓고 고객이 셀프로 식사하는 레스토랑을 말한다.

3. 우리나라 외식업 현황

1) 외식업의 성장배경과 과정

우리나라에서 외식업이 발달하게 된 성장배경으로는 우선 경제성장에 따른 국민소득·가처분소득의 증가와 핵가족화, 맞벌이 부부의 증가, 소비의식의 변화와 근로시간의 단축, 해외여행 자유화에 따른 구미식 문물의 유입 등을 들 수 있다. 이러한 모든 요인들이 국내 외식업계의 괄목할 만한 성장의 바탕을 마련하였다. 이외에도 소비수준이 높아지고 자가용 이용자가 급증하면서 가족단위의 외식이 크게 증가하고 있으며, 예전에 비해서 외식업의 공간적 범위도 크게 확장되었다. 또한 외식은 가족과 직장인들의 사교유대의 장(場)으로서의 역할도 더욱 증대되고 있다.

▶▶ 표 4-2 식생활 변천사

구 분	농경사회(BC 3000)	산업사회(18C)	정보사회(20C)	창조사회(21C)
경제	집단사회형성 산업기본활동	산업혁명 에너지 이용 생산능력 향상 물자 풍부	컴퓨터화(전산화) 전산업과 과학화 정보자료 활용	창의적 차별화 바탕하의 개념 도입 및 활용
사회	유물론 수학론 (firtility)	유물론	유무론	비유물론
생산	소품종, 소량생산	크다, 두껍다, 길다 (massiveness)	다품목 소량생산	단일품목 다양한 생산
식생활	결핍 → 충족의 의미 주식개념 → 부식개념 고유화(자연화) → 대가족화 생존을 위한 식사		풍부 및 과소비 영양학적 기호식	질과 가치 추구 특수식
의식			서구화, 편의식 외식의 태동, 활성화	국제화, 전통화, 전문화, 가치화, 창의적 고감도화

　　우리나라의 외식업이 발전하게 된 계기는 서양식 외식업이 우리나라기업과 합작형태로 우리나라에 진출하기 시작하면서부터라고 할 수 있다. 해외 유명외식기업의 서비스, 종사원 교육, 대량생산의 매뉴얼화 방식이 유입되면서 기업형 외식업이 출현하였다.

　　우리나라는 1979년 7월 '난다랑'을 효시로 국내 프랜차이즈가 시작되었고, 구미식 외식시스템의 효시는 같은 해 10월 '롯데리아'를 그 선두로 볼 수 있다. 이후 1980년대 맥도날도, KFC 등으로 대변되는 패스트푸드(fast food)의 국내 도입은 본격적으로 외식업을 산업화하는데 크게 기여하였다. 1980년대 후반부터는 패밀리 레스토랑(family restaurant)이 생기기 시작했는데, 일본의 코코스(Coco's)사와 기술제휴로 미도파의 코코스 레스토랑을 선두로 1992년에 (주)아시아스타의 TGIF, 1993년 판도라사 등이 출점하여 우리나라 외식업시장의 판도를 패스트푸드에서 패밀리레스토랑으로 변화시켰다. 〈표 4-3〉은 우리나라 외식산업의 1960년대 이후부터 10년 단위로 구분하여 살펴본 내용이다.

▶▶ 표 4-3 우리나라의 외식산업 발전과정

구 분	주요 특징	업체 예
1960년대	• 음식의침체기 • 식생활의 궁핍(보릿고개) • 밀가루 위주의 분식 확산	• 삼양라면 최초시판(1963) • 코카콜라 국내 상륙(1966) • 뉴욕제과(1967)
1970년대	• 한국 외식산업의 태동기 • 한·중식위주의 대중음식점 출현 • 인식단계(가공식품)	• 난다랑(1979.7; 국내프랜차이즈 1호) • 롯데리아(1979.10; 국내햄버거하우스 1호)

1980년대	• 외식산업의 적응 및 성장기
	• 외국계 패스트푸드 대거 상륙
	• 한식 프랜차이즈 출현
	• 해외브랜드 도입
	• 업체 난립
	• 선택단계(패스트푸드)
		• 아메리카나, 버거킹(1980)
		• 미스터도넛, 독일빵집(1981)
		• 윈첼도넛, 다림방, 짱구짱구(1982)
		• KFC, 피자헛, 하이델베르크, 장터국수, 신라명과
		  (1984)
		• 맥도날드, 베스킨라빈스(1986)
		• 피자인, 크라운베이커리, 코코스, 나이스데이,
		  도토루, 놀부보쌈(1988)
		• 자뎅, 메카(1989)

1990년대	• 외식산업의 성장기 • 대기업의 외식산업 진출 • 프랜차이즈 활성화 • 외국계 패밀리 레스토랑 대거 상륙 • 식도락 단계(식품의 예술화) • 건강식 선호(자연식품)	• TGI 프라이데이즈(1991) • 판다로사(1992) • 시즐러(1993) • 스카이락, 케니로저스(1994) • 베니건스(1995) • 마르쉐(1996)
2000년대	• Take out의 열풍 • 인터넷 음식배달업체의 발전	• 한스비빔밥(2001) • 차이니즈투고(2001)

2) 프랜차이즈시장의 동향 및 전망

우리나라 외식업은 신감각형 신업태의 출현과 기존 일반음식점의 근대화가 서서히 가속화되면서 복잡다양하게 전개될 뿐만 아니라, 외식업 전 부문별 창의적인 아이디어가 가미된 차별화된 브랜드가 주도하게 될 것이다. 또한 전통 민속형 요리점·절충형 요리점·감각형 요리점의 등장이 예견되면서 현대화와 동시에 고감도 산업으로 진입하게 될 것으로 보인다. 특히 국민소득이 1만 달러가 넘어서던 1997년도와는 달리 IMF 경제변혁기를 맞아 자금력·조직력·전문성과 노하우 구축업체 중심으로 외식업은 점진적 변혁을 모색하면서 고객가치와 고객만족지향으로 전개되면서 프랜차이즈 산업도 크게 활성화될 것이다.

우리나라 외식업의 향후 전망을 살펴보면,

첫째, 하이테크(high tech)와 하이터치(high touch)가 접목된 고도의 감각형 외식업의 출현이 예견된다. 매우 기능적이고 정서적이며 인간적인 고감성 연출이 자연스럽고 원초적으로 진행되는 쾌적성 점포의 출현이 바로 그것이다. 이와 같이 변화와 발전이 예견되고 있는 외식업은 선진국에 비해 성장템포가 크고 빠르게 진행되고 있는 것이 우리나라 외식업의 현실이다. 따라서 21세기 국내 외식업의 구도는 일본의 스카이락과 로얄그룹 같은 전문 외식그룹의 성장이 예견된다.

둘째, 흐름은 이문화와 이민족 간의 절충으로 한식에 일식이나 양식의 감각을 도입하거나 역으로 양식에 한식이나 일식 혹은 중국요리의 기법을 도입하여 종래에 없었던 감각의 표현을 연출하는 퓨전요리점의 출현이 예견된다.

셋째, 새로운 미각·식사형태·감각을 연출하면서 차별화된 공간에서 지적인 자극을 받거나 이제까지의 식상한 맛과 분위기에서 새로운 전통 민속요리점의 출현을 요구하게 된다. 전통적인 것을 현대에 맞게 끌어들여 새로운 감각을 표출한다든지, 혹은 복고풍을 반영한 현대적인 점포로 전통음식·건축양식·분위기 등을 융합하여 우리 옛것의 정감어린 향수를 현대 속에서 새로운 가치로 되살리는 전통개발형 민속음식점이 탄생하고 있다. 또 인테리어와 주방설비 및 컨설팅 관련 전문지 등의 발전과 속출이 시대적인 흐름이다. 나아가 농장·유원지·휴게소·휴양지는 물론, 호텔·스포츠센터·리조트·골프장·펜션 등과의 복합화와 건설 및 부동산·유통·식재·식품산업과도 연결하여 시대적인 소비패턴에 맞게 패셔너블한 점포 연출이 필요할 것이다. 따라서 국내 외식업의 추세는 창의적인 아이디어와 고객가치를 창출하는 업체가 외식업 시장을 주도하면서 고감도를 향해 급진적으로 변화 발전이 이루어질 것이다.

3) 외식업의 문제점

국내의 외식시장은 양적인 면에서는 급성장하여 현재 33조원 이상의 매출규모를 보이고 있으나, 전체업소의 60% 이상이 평균 30평 이하의 중소형 외식업소로 운영되는 영세성을 보이고 있다. 또한 외식업에 대한 정부의 인식부족과 관련 법규의 미비, 임대료 상승과 원가상승 등 날로 어려워지고 있는 외식업의 환경에 많은 업체들이 치열하게 경쟁해야만 하는 상황으로 외식산업 발전에 많은 장애요소를 가지고 있다. 다음은 국내 외식업의 문제점들이다(신재영 외, 2002).

(1) 외식산업에 대한 정부의 인식

해외 브랜드에 대응할 만한 국내브랜드의 개발이 시급한 상황에서 국내의 독자적인 브랜드와 전통음식점을 보호할 만한 법적 근거가 미비한 실정이며, 외식업체에 대한 과세기준도 현실성이 결여되어 있다. 또한 식품위생법상의 영업허가 기준이 애매하여 관련 공무원들이 외식업에 대한 이해와 전문지식이 거의 없는 것이 현실이다.

(2) 경영자와 종사원의 직업의식

외식업체에 종사하는 사람들은 타 산업체에 비해 사회적인 인식이 낮음으로써 직업적인 자부심이 결여되어 있고, 이 업종에 종사를 기피하는 경향으로 이직률이 높아 자질을 갖춘 전문인력을 확보하는 데 많은 어려움이 있다. 또한 경영자 또한 경험적인 운영에만 치우쳐 있어 새로운 메뉴개발과 서비스수준 제고에 크게 관심을 주지 않고 있는 상황이다.

(3) 영세성

우리나라 외식업체의 78.9%가 종사원수 4명 이하의 영세한 가족노동력 중심의 영업을 영위하고 있다. 이러한 가족중심의 생계형 경영을 하는 우리나라 외식업의 영세성은 직원교육과 서비스, 메뉴개발 측면에서 앞선 해외브랜드와의 경쟁에서 뒤처지는 가장 큰 원인이 된다.

(4) 과도한 경쟁

주요 국가별로 인구 대비 외식업체의 수를 비교한 자료[3]를 보면 우리나라의

---

3) 식품접객업 통계자료(2000년 말 기준), 일본 총무청 통계국 통계센터, NRA(National Restaurant Association): 한국(45,985천 명/672,000개), 일본(126,680천 명/805,000개), 미국(285,309천 명/831,000개), 중국(1,300,000천 명/3,100,000개)

업체수는 다른 나라에 비해 인구 대비 많은 업체수가 영업을 하고 있다. 특히 1997년말 IMF 외환위기 이후 많은 신규업체가 음식점업으로 창업을 하고 있으나, 이들 업체의 62% 이상이 폐업이나 명의이전 등을 하는 것으로 나타나고 있다. 이러한 높은 폐업률은 외식시장의 치열한 경쟁이 날로 심화됨을 말해 준다.

(5) 주변산업의 미성숙

외식산업의 주변 산업인 주방기기, 식자재 생산 및 유통의 영세성과 낮은 기술수준으로 인해 품질관리와 대량생산에 어려움이 많다.

(6) 다국적 외식기업의 국내진출 및 시장잠식

다국적 외식기업은 1988년을 전후로 국내에 대거 진출하여 해외의 유명 브랜드의 주종을 이루게 되었다. 우리나라의 대기업도 독자적인 브랜드를 개발하기보다는 손쉬운 해외브랜드와의 기술제휴로 과도한 로열티를 다국적기업에 지출하여 많은 외화가 해외로 유출되고 있다. 따라서 이제는 다국적기업의 선진화된 경영노하우와 서비스교육의 경험을 바탕으로 국내의 독자 브랜드 개발이 필요한 시기이다.

4) 외식업의 발전과제

(1) 외식업 육성을 위한 법적 지원정책 및 중장기 발전계획 수립

현재의 식품위생법은 규제법으로 외식업을 육성시키기에 적합하지 않다. 특히 시장규모가 4조 5천억원에 달하는 위탁급식업체를 법령에 조속히 반영시켜야 한다. 현재까지 위탁급식이라는 명칭이 산업분류표상에 분류도 되어 있지 않고, 단체급식사업을 비영리사업으로 규정하고 있는 등 산업의 급속한 발전에도 불구하고 관련법규는 변한 것이 없는 실정이다. 현 시점에서 위탁급식에 관련된 법규 정비를 포함하여 외식업 발전에 대한 법적 육성지원체제가 확립되어야 한다.

또한 정부가 외식업 발전을 위한 다양한 방안을 전문가 집단에 의뢰하여 발전계획을 수립하고 지속적으로 추진해야 한다. 이러한 발전계획안의 내용으로는 선진외식기법, 교육, 전통외식업 육성방안, 제품생산설비에 대한 개발 지원, 외식업 관련 국제 심포지움 유치, 축제 및 행사의 지속적 개최, 국내 향토음식 개발 및 보급 등이 포함될 수 있다.

(2) 경영자와 종사원의 인식 제고

가. 경영자

날로 경쟁이 치열해짐과 고객의 요구가 다양해지고 있는 상황에서 외식업 경영자들은 외식업을 하나의 서비스산업으로 인식하여 새로운 관점과 중·장기적인 경영전략을 마련해야 한다.

새로운 시장 및 고객의 요구에 부응하는 음식메뉴개발과 위생관리 뿐만 아니라 종사원들의 복리후생 증진을 통해 우수한 인력을 육성하여 서비스의 질을 제고시켜야 한다. 종사원들의 정기적인 교육과 세미나 참석으로 전문기술을 꾸준히 습득할 수 있는 기회를 제공함과 동시에 직업적인 자부심을 고취하도록 독려를 병행해야 할 것이다.

또한 경영자 자신도 외식업계의 빠른 변화의 흐름과 조류에 능동적으로 대처하고 새로운 신기술을 습득하기 위해 꾸준히 연구하고 노력하는 자세를 견지해야 한다면 경영자로서 기회를 보다 쉽게 가질 수 있는 장점이 있는 분야이다.

나. 종사원

외식업계가 현재까지 타 업종에 비하여 임금이나 복리후생 등이 열악한 것이 현실이다. 하지만 근래 들어 대형 외식업체와 해외브랜드의 업체가 출현하기 시작하면서 서비스 및 종사원의 교육기회가 많아지고 복리후생 면에서도 근무조건이 크게 개선되었다. 외식업 분야는 업체에서의 실무경험과 어느 정도의 자본만 있다면 누구나 한번쯤 창업을 할 수 있는 분야이므로 꾸준히 노력하고 기술과 노하우를 습득한다면 경영자로서의 기회를 보다 쉽게 가질 수 있는 장점이 있는 분야이다.

(3) 음식업체의 대형화·체인화를 통한 규모의 적정화 유도

우리나라 음식업체의 수는 60만여 개에 달하고 있으나 그중 약 80%가 30평 미만의 영세한 업소이다. 현재 다국적 외식기업은 자본과 경영적인 노하우를 바탕으로 우리나라의 토종 외식업계를 상당부분 점유하고 있다. 따라서 이러한 다국적 외식기업에 대항하기 위해서는 음식업체의 대형화와 체인화가 필요하다. 특히 소규모 업체는 연합회를 구축하거나 리퍼럴(referral)조직 구성을 통해 중앙에서 일괄적으로 식자재와 양념을 공급하는 운영방식으로 규모의 경제를 추구하는 것이 바람직하다.

(4) 외식업 주변산업의 육성

대규모 외식업소에서 주로 수입산 주방기기를 사용하고 있으므로 어차피 수입제품을 사용해야 한다면 자본과 기술력이 뛰어난 대기업이 적극적으로 참여하여 주방기기 분야의 산업을 발전시켜야 한다. 주방기기의 자동화와 주방기기산업 발전과 함께 유통, 인테리어, 부동산산업 등의 주변산업들도 함께 발전되는 것이 외식업의 발전을 위해서는 반드시 동반되어야 한다.

(5) 전통음식의 연구개발 및 해외시장 진출

전통적인 한국 음식들은 건강과 맛이라는 측면에서는 우수한 것으로 평가하지만 대중화 및 표준화에는 아직까지 미흡한 점이 많다. 특히 서양의 음식에 익숙해진 우리나라 청소년들의 기호에 맞게 개발할 필요가 있으며, 한국음식의 대중화를 위해서는 한식 조리과정의 표준화가 우선 선행되어야 할 과제이다.

한국 전통음식이 다이어트와 건강에 좋다는 인식으로 최근 서양에서도 한국음식에 많은 관심을 보이기 시작했는데, 이러한 대표적인 음식으로는 김치와 비빔밥 등이 있다. 특히 국적기의 기내식으로 제공되고 있는 비빔밥은 한국인뿐만 아니라 외국인들도 선화하는 음식으로 인기를 받고 있는데, 이러한 고유음식을 연구개발하고 외국인들의 기호를 감안하여 해외시장에 진출하는 방안을 적극 모색해야 한다.

(6) 외식업 독자 브랜드 개발

우리나라 기업이 해외의 유명 브랜드와 기술제휴를 하는 경우에는 경영전략과 노하우측면에서 이미 검증되었기 때문에 용이하게 매출을 증대시킬 수 있다. 하지만 외국의 다국적 기업에 과도한 로열티를 지불하여 많은 외화가 유출되는 문제점을 갖는다. 이제는 우리나라의 대기업들도 외국체인점에서 운영했던 노하우를 가지고 외국 브랜드와 대항할 수 있는 독자적인 브랜드를 개발해야 하며, 우리나라 시장뿐만 아니라 해외시장으로 판로를 적극 개척해 나가야 한다.

(7) 신경영기법 습득 및 시스템 구축

다국적 외식체인 업체뿐만 아니라 우리나라의 독자적인 외식 업체들도 선진 외식산업의 기법을 습득하여 체계적이고 시스템화 된 경영방식을 도입·발전시켜야 한다. 고객만족도 조사를 통한 신상품 개발과 조리과정의 표준화, 종사원의 서비스 프로그램 구축, 중앙공급식 주방 운영형태 등을 통한 프랜차이즈시스템 개발 등을 도입하여 신경영기법을 적극 수용해야 한다. 외식업의 시스템화는 구매, 물류, 메뉴, 위생, 교육, 관리 등 모든 측면에서 효율적인 시스템을 구축하는 것으로 최종적으로는 외식업의 경쟁력을 제고시킬 수 있는 것이다.

5) 우리나라 외식업 전망

사회·문화적 환경의 변화와 함께 식생활에 대한 경향과 추세는 여러 가지로 다양한 양상을 보일 것으로 전망된다. 식생활과 관련된 추세와 환경 변화의 요인으로는 외식의 보편화, 업종의 세분화·전문화·다양화, 편의성 식품과 가정 대용식의 성장, 건강과 안전지향 식품에 대한 소비욕구 확대, 핵가족화 및 맞벌이 부부의 증가로 인한 가정 내에서의 조리기회 감소, 가족구성원 간의 연령에 따른 기호와 식사시간대의 차이, 생활의 24시간화, 독신인구의 증가, 야간활동의 증가, 편의점 증가에 따른 시간제공 확대, 인구의 고령화와 독신 노인의 증가 등을 들 수 있다.

(1) 외식업체 선택기준의 변화

최근 우리나라 외식에 대한 한 조사를 살펴보면, 외식업체의 선택기준이 '맛' 중심에서 '서비스'와 '가치중심'으로 변화되고 있음을 알 수 있다. 우리나라의 경우 '맛' 선택이 과거의 80%선에서 61.6%까지 내려갔으며, 일본은 40.5%까지 내려가고 있다. 현대적 의미의 외식업은 단순히 먹는 공간이 아닌 레저와 문화의 공간으로 변화되고 있음을 시사한다.

(2) 외식업체의 다양화

우리나라 외식업체는 한식, 일식, 중식, 분식, 피자, 양식당, 주점, 뷔페, 패스트푸드, 패밀리 레스토랑 등이 중심이며, 외식 때 선택하는 외식업체가 매우 다양화되고 있다. 직장인들의 회식문화도 주류중심에서 식사중심으로 변모되고 있다.

또한 외식업체들은 다양한 고객의 욕구가 부합되도록 각종 이벤트와 패션쇼, 공연, 콘서트 등 고객의 취향과 먹거리를 접목시키는 노력을 함으로써 다변화를 도모하고 있다. 향후 외식업은 인테리어, 분위기, 맛뿐만 아니라 고객에게 선호될 수 있는 독특하고 테마가 있어야 한다. 소비자의 취향과 욕구에 맞춰 끊임없는 아이디어를 토대로 첨단화된 운영방식의 개선이 필요하다.

그리고 건강을 중시하는 계층이 넓어짐에 따라 유기농식품, 채식 뷔페 등의 건강추구형 외식업체, 식도락의 고급음식을 지향하는 고급화지향형 등 다양한 형태의 외식업체가 증가될 것으로 전망된다.

(3) 단체급식 시장의 확대

1990년대 들어오면서부터 식자재유통 또는 외식 등에 경험을 가진 대기업들이 해외 브랜드를 도입하거나 기술제휴 등으로 선진기술을 도입하면서 급식운영에 필요한 인프라 및 운영시스템 구축 등을 통하여 단체급식시장을 선점하고 있으며 공격적인 경영으로 급속히 확대되기 시작하였다.

우리나라의 급식시장은 향후에도 위탁화가 가능한 시장이 아직도 많이 남아있으나, 수익성이 높은 시장의 위탁화의 완료와 대기업의 참여증가로 인한 치열한 경쟁으로 앞으로의 경영환경은 더욱 어려워질 것으로 전망된다. 부문별로 보면 현재 위탁률이 높은 산업체와 대학교, 관공서 등의 위탁률은 둔화되는 반면, 병원과 초·중·고 등의 위탁률이 크게 증가되어 전체 위탁시장이 차지하는 비중도 확대될 것으로 예상되면서 단체급식 시장은 꾸준히 확대될 전망이다.

(4) 양극화 현상의 심화

현대인의 분주한 생활속도에 맞춘 패스트푸드의 속도 중심의 간단한 기능식과 함께 사교 및 유대의 장으로서 질 높은 서비스와 고급화된 전문음식(value)을 제공하는 식당이 동시에 발전하는 양극화 현상은 품질과 서비스, 가격, 매출액 측면에서 분명한 양극화를 보일 것으로 전망된다.

우리나라의 전문음식(value)차별화는 1990년대 패밀리 레스토랑이 다양한 메뉴로 고객의 요구에 부응한 것에 반해 2000년대는 선점업체의 진입장벽 및 전문화된 식당으로 점차 고객의 기호가 변함에 따라 브랜드의 차별화를 도모하고 있다. 이들의 대표적인 예로는 스테이크 전문점, 파스타 전문점 등이 있다(이선용, 2002). 고급화된 브랜드는 저가의 브랜드보다 매출규모와 연속성이 매우 높은 것으로 많은 조사에서 나타나고 있어 이러한 고급화된 전문음식업체가 더욱 증가할 전망이다.

(5) 대형화·체인화 변화 추구

1980년대 이후 해외브랜드의 체인화가 시작되었는데, 앞으로도 이런 체인화는 더욱 가속화될 것이다. 특히 햄버거·치킨·피자·테마레스토랑·고급 패밀리 레스토랑 등의 분야에서의 신규 외국 브랜드 국내시장 진출이 가속화될 것으로 전망된다.

현재의 해외 브랜드 패밀리 레스토랑으로 점포망의 확대 및 기존 제품으로 신규 판매채널 확장을 통한 대형화를 추구할 전망이다. 또한 단체급식시장에서 생존을 위한 업계의 구조개편이 예견되면서 급식업체간 인수·합병을 통한 대형화로 경쟁력을 강화시킬 것으로 보이며, 중소업체는 대기업에 흡수 또는 틈새시장을 목표로 차별화를 도모할 것으로 보인다.

(6) 적극적 마케팅활동 강화

대형 외식업체들을 중심으로 고객을 확보하기 위한 마케팅활동을 공격적으로 펼치고 있다. 신용카드사와의 업무제휴 강화, 휴대폰 고객을 대상으로 한 할인 서비스 제공, SNS를 활용한 사이버 쿠폰 프로모션, 고객마일리지 카드 발급, 생일이나 기념일에 무료쿠폰 제공을 통해 고객 유치 및 신규 고객 유치 경쟁을 치열하게 펼치고 있다. 또한 독자적인 브랜드가 없는 외식업체의 경우 케이블 TV와 지역방송 등의 매체를 활용하거나 신문, 전단지 등을 통해 업체를 홍보하는 등 적극적인 마케팅 홍보활동을 펼치고 있다.

PRINCIPLES of TOURISM

CHAPTER 5 여행업

● 제1절 **여행업의 개요**

일반적으로 여행사 또는 여행대리점이라고도 불려지고 있는 여행업이란 여행자와 교통기관·숙박시설 등 여행과 관계를 가지는 여러 산업과의 사이에 위치하여 여행자의 이익과 편의를 제공하는 비즈니스를 말한다.

오늘날 관광하는 사람은 대부분 이 영업의 서비스를 이용하고 있고, 특히 해외여행의 경우는 이 영업을 이용하지 않는 예가 드물다고 말할 수 있다.

여행자의 편의를 도모한다는 비즈니스로서의 여행업의 역할은 매스투어리즘(mass tourism)의 시대에 있어서 대단히 중요한 것이 되었고, 또 여행상품의 개발 등으로 말미암아 현대관광을 리딩하는 확실한 하나의 사업으로 그 영역을 확대하고 있다.

1. 여행업의 역사

1) 세계여행업의 발전과정

근대 여행업은 1845년 영국인 Thomas Cook에 의해 토마스 쿡사(Thomas Cook

& Son Co.)가 설립되어 광고에 의해 단체관광단을 모집한 데서 비롯되었다. 그 당시에는 이를 Excursion Agent라고 하였다. 그 후 미국에서 1850년에 아메리칸 익스프레스사(American Express Company)가 설립되었는데, 처음에는 운송업과 우편업무만을 취급하였으나 후에 금융업과 여행업으로 사업을 확장하면서 1891년에는 여행자수표(Traveler's Check; 약자로 T/C라 쓴다) 제도를 본격적으로 실시하였다. 또한 아메리칸 익스프레스사는 여행비용을 분할 지급하는 할부여행(Credit Tour) 제도를 실시하여 새로운 관광수요를 창출하고 이에 성공을 거둠으로써 여행업자로서의 입지를 굳혔다.

제2차 세계대전 전까지는 주로 철도와 선박 등의 교통기관을 이용한 여행업이 주종을 이루었으나, 제2차 세계대전 이후 항공기의 발달은 관광객의 대량수송과 장거리의 관광을 신속하게 만들었고 이로 인하여 여행업의 수가 급격히 증가하였다.

세계적으로 유명한 여행사로는 독일의 독일여행사(Deutsches Reisebüro), 이탈리아의 이탈리아여행사(Compagnia Italiana Turismo)와 러시아의 국영여행사 인투어리스트(Intourist), 그리고 일본 최대의 여행사인 JTB(Japan Tourist Bureau; 일본교통공사) 등이 있다.

국외		국내
영국(Thomas Cook)	**미국(Henry Wells)**	• 1954 관광과 신설
1. 단체 철도여행 기획	1. 신용판매제도 도입	• 1961 관광사업진흥법 제정
2. 최초의 국제단체 여행	2. 여행자수표 도입	• 1962 통역안내원 자격시험
3. 패키지 여행 알선	3. 세계적인 복합기업	• 1967 여행업의 허가제 실시
4. 세계일주 관광단 모집		• 1982 여행업의 등록제 실시
5. 여행의 대중화		• 1989 해외여행 전면자유화
6. 근대 관광산업의 아버지		• 1991 한국일반여행업협회
		• 1993 국회여행인솔자제도
Thomas Cook	American Express	• 1996 한국관광연구원
& Son, Ltd.		• 1998 문화관광부
		• 2008 문화체육관광부

▶▶ 그림 5-1 국내외 여행업의 발달과정

2) 우리나라 여행업의 발전과정

우리나라에서 여행사가 처음으로 설립된 것은 1910년에 압록강 가교공사의 준공개통으로 철도이용객이 증가함에 따라 일본의 JTB(Japan Tourist Bureau; 일본교통공사)가 1914년에 조선지사(현 대한여행사의 전신)를 설치한 것이 그 시초라고 하겠다.

이것은 말할 것도 없이 일본의 식민지정책의 일환으로서 설치된 것이며, 일본은 자국 내 거주자의 한국여행을 권유하기 위하여 '조선의 저녁'이란 프로그램을 마련하여 자국 내 주요 도시의 각 극장에서 상영하면서 한국여행의 안내선전을 하였고, 이 지사를 통해 많은 일본인이 한반도에 이주할 수 있도록 이동의 편의를 제공하였다. 이처럼 우리나라의 여행업도 다른 관광사업과 마찬가지로 철도의 개통으로 활발해지기 시작하였으며, 일본의 식민지정책의 일환으로 태동하였던 것이다.

광복 후 1950년을 전후로 하여 대한여행사가 새로이 창설되고, 온양, 서귀포, 설악산, 불국사, 해운대 등에 호텔이 개업함으로써 여행업도 본격적인 궤도에 오를 계기가 마련되었으나, 6·25전쟁으로 말미암아 '60년대 이전에 있어서는 발전을 하지 못하였다.

그러나 1961년에 우리나라 최초의 관광법규인 「관광사업진흥법」이 제정·공포됨으로써 제도면의 체제정비가 이루어지고, 여행업에 대한 행정적인 뒷받침이 가능하게 되었는데, 1962년 4월에 제정된 「국제관광공사법」에 따라 설립된 국제관광공사(현 한국관광공사의 전신)가 1963년 2월에 대한여행사를 인수·합병하여 운영해오다가 1973년 6월 30일 민영화로 현재의 대한여행사(Korean Travel Bureau; KTB)라는 명칭으로 운영되고 있다.

그 후 1965년에는 서울에서 처음으로 제14차 아시아·태평양관광협회(PATA) 연차총회를 개최함으로써 우리나라의 관광사업을 국제시장에 진출시키는 새로운 계기를 마련하였고, 또한 홍콩에서 개최되는 미주여행업협회(ASTA)의 총회에 국제관광공사, 세방여행사 등 6개 단체가 참가하여 정회원으로 가입하게 됨으로써 이때부터 우리나라 여행업도 획기적인 발전을 가져오게 되었다.

한편, 1977년에는 「관광사업법」의 개정에 의하여 일반여행업에서 국제여행알선업으로 개정되고 그 동안의 등록제가 허가제로 되었다.

1982년 4월에는 다시 「관광사업법」의 개정으로 종전의 허가제가 다시 등록제로 바뀌었고, 1989년에는 해외여행 완전자유화조치 및 자본주의의 시장경제 원리에 입각한 제도의 운영으로 여행사의 수가 급증하여 격심한 경쟁시대가 되었다.

1990년대 중반 이후는 일반인, 신혼여행객의 해외여행뿐만 아니라 대학생들의 배낭여행을 시발로 중·장년층의 배낭여행 등 다양한 형태의 여행이 각광을 받기 시작하여, 전국민의 여행화·레저화로 인한 대중여행시대가 개막되기에 이르렀다.

2000년대에 들어와서는 2001년 '한국방문의 해'와 2002년 한·일 월드컵 축구대회 개최의 파급효과로 많은 외래관광객을 유치하여 관광업계의 모든 관련 산업들이 상승곡선을 그렸으며, 침체된 금강산 관광도 육로관광으로 재도약을 맞이하게 되었다. 2003년에는 SARS, 이라크전쟁, 조류독감 등 악재가 잇달아 발생하여 국제적으로 관광산업이 침체됨으로써 우리나라 여행업계도 잠시 위축된 시기도 있었지만, 대형 여행사들을 중심으로 적극적인 노력을 기울인 결과로 2005년에는 외래관광객 600만 명을 돌파하였으며, 90년대 단체여행에서 탈피한 개별여행객의 증가, 여행구매 연령층의 확대, 생화수준의 향상에 따른 여가문화 정착 등으로 여행시장은 계속 확대되고 있다.

우리나라 여행업 발전에 있어서 특기할 만한 사실은, 2012년에 들어서 한국을 방문한 외래관광객이 1,114만 명을 기록하면서 드디어 외래관광객 1,000만 명 시대가 개막되었다. 외래관광객 1,000만 명 달성은 우리나라가 세계 관광대국으로 진입하고 있음을 알리는 쾌거인 동시에, 우리나라 관광산업이 이제 양적 성장만이 아니라 질적 성장까지도 함께 이룩해야 한다는 과제를 안겨주었다.

2013년에 들어와서는 외래관광객 1,200만 명을 돌파하였고, 2014년에는 전년 대비 16.6%의 성장률을 보이며, 1,400만 명을 돌파하여 최대 규모를 기록하였다. 그러나 2015년에 들어와 메르스(중동호흡기증후군)의 영향 등으로 전년 대비 6.8% 감소한 1,323만 명을 기록하여 위기를 맞기도 하였으나, 2019년에 들어와서는 전년 대비 14% 증가한 1,750만 명을 유치함으로써 역대 최고치를 기록하였다.

이러한 성과는 더욱 수준 높은 서비스를 제공하기 위해 힘써온 관광업계의 노력과 관광분야를 5대 유망 서비스산업으로 선정하여 집중적으로 육성해온 정부의 지원이 어우러진 결과라 할 수 있다. 하지만 2019년 말 전 세계적으로 코로나19가 확산함에 따라 국가 간 입국제한 및 항공노선 중단 등으로 급감하였다.

2022년 코로나19가 엔데믹으로 전환됨에 따라 문화체육관광부를 비롯한 관광관련 단체들은 외래관광객 2천만 명 시대를 앞당기기 위해 이에 걸맞은 관광수용태세를 완비하고, 국민 삶의 질을 높일 수 있는 여건을 조성하기 위해 다양한 정책과 사업을 추진하고 있다.

2022년도에는 여행불편처리센터·여행정보센터운영, 국외여행인솔자 자격증 관리, 궁 및 박물관 중국어 전담 안내사 배치, 국제교류 협력지원, 여행업 환경개선 지원 등을 통해 여행업 지원 사업을 추진하였다. 또한 여행업 종사자 디지털 역량 강화 교육 등을 통해 실효성과 전문성을 갖춘 여행업 맞춤교육으로 기존 및 예비 종사자의 직무 역량을 강화하고 환경변화에 대응할 수 있도록 여행업의 디지털 전환을 지원하였다.

한편 국내여행업의 경우 다양한 국민관광의 수요충족을 위하여 1982년에 종전의 허가제에서 등록제로 변경하였다. 이는 국민 경제발전에 따른 가처분소득의 증가와 여가시간의 확대 등으로 관광이 국민생활의 중요한 일부분으로 자리잡게 됨으로써 국민관광이 증가한 결과이다.

정부는 국민의 해외여행에 따른 여권 발급업무 및 여권 수속대행업무 등 해외여행자의 편의를 증진하기 위하여 1982년에 종전의 항공운송대리점업에 대한 등록기준을 강화하여 명칭을 여행대리점업으로 변경하였다. 1987년 7월에는 내국인을 대상으로 하는 국외여행 알선업무를 수행하도록 업무범위를 확대하면서 국외여행업으로 변경하였고, 2021년 3월 국외여행업체가 추가적인 자본금 부담 없이 국내여행업을 병행할 수 있도록 관광진흥법 시행령 개정을 통해 국내외여행업으로 변경하였다.

2. 여행업의 정의와 특성

1) 여행업의 정의

여행업이란 여행객과 공급업자 사이에서 여행에 관한 시설의 예약·수배·알선 등의 여행서비스를 제공하고 공급자로부터 일정액의 수수료(commission)를 받는 것을 영업으로 하는 사업체를 말한다. 이 사업체를 영위하는 자를 여행업자라 부르고, 여기서 공급자는 여행업자 입장에서는 프린시펄(principal)이라고 부르고 있다.

▶▶ 그림 5-2 **여행업의 개념**

따라서 여행업자는 하나 또는 복수의 프린시펄로부터 위탁을 받아 여행 및 여행에 관련된 서비스를 제공하는 개인 또는 회사를 말하고, 프린시펄이란 여행업자를 대리자로 하여 영업활동을 하는 개인 또는 회사로서 항공회사, 해운회사, 철도, 버스회사 등을 말한다.

현행 「관광진흥법」은 제3조 제1항 제1호에서 여행업을 "여행자 또는 운송시설·숙박시설, 그 밖에 여행에 딸리는 시설의 경영자 등을 위하여 그 시설 이용 알선이나 계약체결의 대리, 여행에 관한 안내, 그 밖의 여행 편의를 제공하는 업"이라고 규정하고 있다.

유통업자로서의 여행업자는 도매업자 및 소매업자의 기능을 담당한다. 여기서 여행자와 프린시펄의 관계를 도표로 나타낸 것이 위의 [그림 5-2]이다.

2) 여행업의 특성

여행업의 특성은 크게 경영의 구조적 특성과 사회현상적 특성으로 구분할 수 있으며, 그 내용은 다음과 같다.

(1) 여행업의 구조적 특성(〈표 5-1〉 참조)

가. 창업의 용이성

다른 사업에 비해 상대적으로 저렴한 자본금 규모로 회사 설립이 용이하며, 토지, 건물, 설비시설 등과 같은 초기 고정자본의 투자가 적다.

단, 시대적 조류를 반영하여 정보화 시스템에 대한 투자나 초기 영업활성화를 기하기 위한 광고·홍보활동비는 적정규모의 투자가 요구된다.

나. 소규모 자본 특성

소규모 물적, 인적 자원으로 회사경영이 가능한 특성을 갖는다. 국내전문여행사, 일부 SIT여행사의 경우 예약상담을 담당하는 OP 1명 정도만 사무실에 상주하고 스마트폰 등 모바일 오피스를 활용한 외부근무나 재택근무가 가능한 업종이다.

다. 신용 사업의 특성

여행상품은 눈으로 여행출발 전 상품을 직접 눈으로 보거나 만져볼 수 없는 절대 무형의 상품이다. 따라서 여행상품을 취급하는 여행사의 직원들의 서비스 접객태도나 고객과의 약속이행 등을 통한 신뢰도, 평판도가 매우 중요하다. 따라서 지속적인 단골고객(repeat guest)을 창출하기 위해서는 여행일정의 준수 및 양질의 서비스 제공이 무엇보다도 요구된다 하겠다.

라. 입지 의존의 특성

여행상품에 대한 문의 및 각종 상담을 위해 방문하는 고객들을 위해 보다 찾기 쉬운 곳에 입지해야 하는 특성을 갖고 있다. 이는 단순히 고객 방문이 용이한 장소적 특성을 떠나 여행사와 긴밀한 업무유대관계를 맺고 있는 항공사, 대사관, 행정기관 등의 밀집지역에 위치하는 것이 효율적 업무수행을 위해 반드시 필수불가결한 사항이다.

▶▶ 표 5-1 여행업의 경영구조적 특성

창업의 용이성	• 설립자본금의 규모가 적음: 종합여행업 5천만 원 이상일 것, 국내 외여행업 3천만 원 이상일 것, 국내여행업 1천5백만 원 이상일 것 • 고정자본의 투자가 적음: 개, 휴, 폐업이 용이함
소규모 자본특성	• 소규모 경영이 가능함 • 최근 항공좌석 예약보증금(deposit)문제 대두 • 전산개발비용 증대(인터넷예약시대 경향 반영) • 광고비용 증대 등의 문제점 대두
신용사업의 특성	• 무형의 서비스상품: 대외신뢰도 & 평판도 중요 • 고객과의 약속사항의 이행 • 여행일정 준수 및 양질의 서비스 제공
입지의존적 특성	• 고객이 찾고 방문하기 좋은 위치 • 항공사가 밀집된 곳 • 외국대사관 및 행정기관이 밀집된 위치

(2) 여행업의 사회현상적 특성(〈표 5-2〉 참조)

가. 계절의 집중성

여행업 특히 여행상품의 구매는 성수기·비수기 등 계절적인 영향을 매우 많이 받는 특성이 있다. 이는 관광산업 전반에 영향을 미치는 요인이기는 하지만 그 중에서도 여행업이 가장 많은 영향을 받는 것으로 알려져 있다. 상품가격의 차별화 및 여행조건의 다양한 변화 등을 통해 자구적으로 해결할 수 있는 전략을 실현해야 해야 기업을 생존시킬 수 있을 것이다.

나. 비(非) 저장성

여행상품은 적시에 판매가 되지 않을 경우 재고관리나 저장기능을 수행할 수 없는 특성을 갖는다. 여행상품 자체가 형태를 보유하지 않은 무형의 서비스 상품임을 반증하는 것으로 해석할 수 있다.

다. 독자적 상품조성의 불가능

여행상품을 구성할 때, 특히 패키지상품은 단일품목(교통, 숙박 등)만으로는 상품구성이 어렵다. 이는 여행상품 취급 후 부가가치 창출이 어려운 문제점이 내재되어 있기 때문이다. 또한 최종적 상품평가에 대한 만족도, 충족도가 다르며, 소위 '표준화'된 상품 생산이 불가능하다는 특성과 연관이 있다.

라. 상품수명주기의 단명성

여행상품은 특허권 출원 등 상품보호의 어려움이 있으며, 반대급부적으로 모방이 매우 용이한 특성을 갖는다. 다시 말해 독창적 상품출시의 어려움이 내재되어 있으며, 라이프사이클(life cycle)이 짧아짐에 따라 독창성, 모방성의 유지가 매우 어려움을 반영한 것이다.

마. 공익성

여행 및 관광목적지는 특정 지역이 아닌 전 세계가 해당된다. 따라서 해외여행을 하는 한 개인의 행동에 따라 결국에는 자국의 이미지를 좌우하는 매우 중요한 사안으로 연결된다. 따라서 나라를 대표하는 민간외교사절로서의 책임감과 사회적 책임을 인식하는 행위가 매우 중요하다.

바. 외부환경의 민감성

여행업은 여타 기업과 같이 내부환경보다는 기업 외부환경의 영향을 많이 받는다. 정치·경제·사회·문화는 물론 보건(질병), 자연재해 등의 영향도 예외일 수 없다. (예; 일본 지진 - 쓰나미, 방사성 물질 등 -, 아일랜드 화산폭발, 우리나라 구제역 발생, 인도네시아·태국의 쓰나미, 미얀마 지진, 구제금융, 2000년대 초반 동남아 및 중국의 사스, 조류독감 인플루엔자, 2008년 미국의 월가 금융위기 등의 영향은 여행업 동향에 매우 중대한 영향을 미쳤음)

▶▶ 표 5-2 여행업의 사회현상적 특성

계절집중성	• 관광산업 전반에 영향을 미치는 주요 특성 • 성수기, 평수기, 비수기 / 극성수기, 극비수기 등 • 상품가격 차별화, 여행조건의 다양화 등으로 극복
비(非)저장성	• 관광자원(항공기, 호텔) 및 시설은 유형의 상품 • 여행상품 자체는 무형의 상품(SVC) • 따라서 '저장이 불가능', '재고가 없음' → 항공기 좌석, 호텔의 객실 등
독자적 상품조성 불가능(어려움)	• 단일 품목(교통, 숙박)만으로는 상품구성 어려움 → 부가가치 창출의 어려운 문제점 존재 • 최종적 상품평가에 대한 만족도, 충족도가 다름 → 소위 '표준화'된 상품생산이 불가능
상품수명주기 단명성	• 특허권 보호의 어려움 → 모방이 용이 • 독창적 상품출시 어려움 내재 • 라이프사이클 짧아짐, 독창성이 어려운 상품
공익성	• 여행, 관광의 대상목적지 → 전 세계가 해당 • 해당 국가의 이미지로 좌우됨 • 나라를 대표하는 민간외교사절로 책임 인식 • 사회적 책임 인식이 매우 중요
외부환경 민감성	• 기업 내부환경보다 외부환경의 영향이 큼 → 사회, 정치, 경제, 문화, 보건(질병), 자연재해 등

3. 여행업의 역할

여행업의 역할은 1) 국가경제적 측면, 2) 여행객 측면, 3) 사회·문화적 측면으로 크게 세 가지로 구분하여 설명할 수 있다(〈표 5-3〉 참조).

▶▶ 표 5-3 여행업의 주요 역할

국가 경제적 측면	• 국제수지 개선　• 고용증대　　　　• 국민소득 창출 • 재정수입　　　• 국내 산업 진흥
여행객 측면	• 여행사에 대한 '신뢰성 확보': 미지의 세계 • 정보 판단력의 제공: 전문적 지식과 노하우 제공 • 시간과 비용 절감: 예약, 수배 정확성, 시간절약 • 여행요금의 염가성: PKG 등 대량구매 등의 이유
사회·문화적 측면	• 국가홍보: 민간외교관 역할, 자국 홍보 • 국제친선: 현지인 교류를 통한 국제친선 도모 • 지역경제 개발: 관광지 개발 등 지역경제 활성화

1) 국가경제적 측면

여행업의 역할을 국가경제적 측면에서 살펴볼 때, 국제수지의 개선, 고용증대의 효과, 국민소득 창출효과, 재정수입의 효과, 국내산업 진흥효과에 기여하는 역할을 제시할 수 있다.

2) 여행객 측면

여행업의 역할을 여행객 측면에서 살펴볼 때, 여행사에 대한 '신뢰성 확보'를 전제로 잠재 여행객들에게 정보판단력을 제공하고, 시간과 비용을 절감시키며, 패키지 여행상품을 이용함으로써 상대적으로 저렴한 비용으로 여행을 할 수 있도록 역할을 수행한다.

3) 사회·문화적 측면

여행업의 역할을 사회·문화적 측면에서 살펴볼 때, 민간외교관 역할 및 자국의 홍보를 통한 국가홍보의 효과, 현지인 교류 등을 통한 국제친선효과, 관광지 개발 및 지역경제 활성화 기여 등을 통한 지역경제개발 효과 등의 역할을 수행한다.

4. 「관광진흥법」상 여행업의 종류

「관광진흥법」에서의 여행업이란 "여행자 또는 운송시설·숙박시설, 그 밖에 여행에 딸리는 시설의 경영자 등을 위하여 그 시설 이용 알선이나 계약체결의 대리, 여행에 관한 안내, 그 밖의 여행 편의를 제공하는 업"을 말한다(동법 제3조 제1항 1호).

이와 같은 여행업은 사업의 범위 및 취급대상에 따라 일반여행업, 국외여행업, 국내여행업으로 구분하고 있다(관광진흥법 시행령 제2조 제1항 1호).

1) 종합여행업

종합여행업이라 함은 국내외를 여행하는 내국인 및 외국인을 대상으로 하는 여행업[사증(査證; 비자)을 받는 절차를 대행하는 행위를 포함한다]을 말한다. 따라서 종합여행업자는 외국인의 국내 또는 국외여행과 내국인의 국외 또는 국내여행에 대한 업무를 모두 취급할 수 있다.

우리나라 종합여행업의 등록현황을 살펴보면 2024년 12월 말 기준으로 8,635개 업체이다.

2) 국내외여행업

국내외여행업이라 함은 국내외를 여행하는 내국인을 대상으로 하는 여행업[사증(査證; 비자)을 받는 절차를 대행하는 행위를 포함한다]을 말한다. 국내외여행업은 내국인을 대상으로 국내여행을 하거나 아웃바운드 여행(해외여행업무)을 전담하게 하기 위해서 도입한 것이므로 외국인을 대상으로 한 인바운드 여행(외국인의 국내여행)은 허용하지 않고 있다.

우리나라 국내외여행업의 등록현황을 살펴보면 2024년 12월 말 기준으로 9,608개 업체이다.

3) 국내여행업

국내여행업은 국내를 여행하는 내국인을 대상으로 하는 여행업을 말한다. 즉 국내여행업은 내국인을 대상으로 한 국내여행에 국한하고 있어, 외국인을 대상으로 하거나 또는 내국인을 대상으로 한 국외여행업은 이를 허용하지 않고 있다.

우리나라 국내여행업의 등록현황을 살펴보면 2024년 12월 말 기준으로 3,798개 업체이다.

5. 유통형태에 따른 여행업의 분류

여행업은 유통구조 및 영업기능별 측면을 기준으로 분류할 때, 일반적으로 종합여행사, 도매형 여행사, 소매형 여행사, 직판형 여행사, 랜드 오퍼레이터 등으로 구분할 수 있다.

1) 종합여행사

자사의 재정적 부담으로 여행관련 공급업자가 제공한 여행단위상품들을 조합하여 완전한 상품으로 생산하여 여행소매업자 및 일반 여행객들에게 판매하는 여행사를 지칭한다. 일반적으로 중대형 규모의 여행사가 여기에 해당되며 국내여행, 해외여행의 모든 업무를 취급하는 여행사이다. 다만, 직판 여행사와 상이한 점은 다른 여행사에 도매(wholesale)와 다른 여행사의 소매(retail) 모두를 취급하고 있다는 점을 들 수 있다.

2) 도매형 여행사(wholesaler)

여행상품을 생산하여 다른 여행사에 판매하는 형태의 여행사를 지칭한다. 여행관련 업자로부터 여행소재를 받아 상품을 생산하여 자사에서 직접 여행객에게 판매하는 것이 아니라, 소매업자(retailer)를 통해 판매하는 형태를 갖는다. 패키지 투어 시장에서는 도매형 여행사가 급성장을 거듭하고 있지만, 미디어 및 온라인 판매의 확대로 인한 여행의 직판화가 진행되어 향후에 도매 여행상품만을 취급하는 여행사는 점차 감소추세를 보일 것으로 전망된다.

3) 소매형 여행사(retailer)

다른 여행사가 도매한 여행상품을 소매 형태로 판매하는 여행사를 지칭한다. 여행도매업자가 생산한 여행상품을 제공받아 이 상품을 최종 고객(소비자)에게 판매하는 여행사이다. 여행도매업자를 대신하여 일반 여행객들에게 직접 판매하고 그 댓가로 일정요율의 수수료(commission, 보통 4~12% 내외)를 받는다. 소매형 여행사는 일반적으로 여행상품을 생산하지 않는 영세업자인 경우가 대부분이다.

4) 직판형 여행사(direct saler)

여행상품의 최초 기획, 개발부터 생산, 판매의 전과정을 자사에서 취급하는 여행사를 지칭한다. 일반적으로 다른 여행사에 도매하는 경우는 있으나 웬만하면 다른 여행사의 상품을 소매하는 경우는 극히 드물다.

5) 랜드 오퍼레이터(land operator)

투어 오퍼레이터(tour operator)라고도 지칭한다. 랜드 오퍼레이터는 여행목적지의 모든 수배를 전문으로 하는 소규모 여행사를 의미한다. 다시 말해 여행사와 여행업자의 수배의뢰를 받아 현지 관광목적지의 호텔객실, 식당 예약, 현지 교통수단, 각종 입장권 예매 등의 업무에 대해 여행알선을 대행해 주는 기능을 수행하는 소위 '지상수배업체'를 지칭한다.

● 제2절 여행사의 공통업무

1) 상품기획 · 개발 업무

여행상품의 전략적 개발과 궁극적으로 효율적 판매를 위한 초기 단계의 업무 전 과정을 지칭한다. 여행상품의 초기 원가구성, 여행정보의 수집 및 브로셔 제작, 광고 및 홍보 매체의 선정 등을 대표적 수행업무로 들 수 있다.

2) 생산업무

여행관련업자들로부터 제공되어지는 단위별 상품을 결합하여 완성된 여행상품으로 만들어내는 전 과정을 지칭한다. 항공사, 호텔, 현지 교통 운송수단, 식당, 기타 편의시설 등의 알선 및 예약업무를 확정하여 여행상품을 만드는 과정이다. 여행상품의 생산을 위해서는 다양한 과정을 거치는데, 우선 여행일정작성과 여행관련사업자의 협조를 통한 단가를 결정하고, 상품원가를 분석하고, 그밖에 여행정보의 수집 등 영업을 할 수 있는 기초를 구축하는 전 업무과정을 생산업무로 말한다.

3) 판매업무

여행상품을 판매하는 업무는 해당 여행사의 기업운명에 직결되는 가장 중차

대한 업무의 비중을 차지한다. 내부적으로 훌륭한 상품을 기획·개발·생산해도 여행객에게 판매가 이뤄지지 못한다면 회사의 경영이 위험해지기 때문이다. 국내 여행 및 국외여행 상품의 상담, 예약, 판매업무, 외국인 여행객 유치 및 영업업무 수행, 항공권 발권, 육상·해상교통관련 발권업무, 국내 및 전 세계 숙박 관련 예약, 수배 대행 및 판매 업무 등을 수행한다.

4) 수배업무

항공, 호텔(주로 객실), 관광목적지, 식당, 주점, 쇼핑센터, 기념품점, 현지 교통운송수단, 관광시설물 입장권 등의 수배업무를 지칭한다.

5) 안내업무

국내여행안내업무(국내여행안내사 수행업무), 국외여행 인솔자 업무, 통역안내사 업무로 크게 나눌 수 있으며, 그 밖에 내방 여행상담, 전화상담, 직접 방문 상담 등의 업무와 출입국 수속 시 수반되는 공항센딩 및 미팅안내 업무도 주요 수행업무의 범주에 포함된다.

6) 수속 및 대행 업무

여권 및 비자수속 업무가 대표적이나 현재 전자여권(e Passport)이 시행되면서 여권수속 대행업무는 사실상 불가능해졌다. 그 밖에 여행자보험가입 및 기타 대행관련 업무의 수행으로 구분할 수 있다.

7) 관리업무

사내 경리(회계)업무의 수행과 각종 행사(개인 및 그룹의 국내외 여행)종료 후 해당 행사에 대한 소위 건별 정산업무가 수반된다. 그 밖에 지원업무(총무, 인사, 노무, 복지 등)와 경영정보 및 고객관리 업무가 수행된다.

제3절 여행업 등록 및 보험의 가입

1. 여행업의 등록

1) 여행업의 등록관청

여행업을 경영하려는 자는 특별자치도지사·특별자치시장·시장·군수·구청장(자치구의 구청장을 말한다)에게 등록하여야 한다(관광진흥법 제4조 제1항). 따라서 여행업의 등록관청은 특별자치도지사·특별자치시장·시장·군수·구청장(자치구의 구청장)이다.

2) 여행업의 등록절차

여행업의 등록을 하려는 자는 별지 제1호서식의 관광사업등록신청서에 공통의 구비서류와 사업별 필요서류를 첨부하여 특별자치도지사·특별자치시장·시장·군수·구청장(자치구의 구청장을 말함)에게 제출하여야 한다.

등록신청을 받은 특별자치도지사·특별자치시장·시장·군수·구청장은 신청한 사항이 등록기준에 맞으면 관광사업등록증을 신청인에게 발급하여야 한다.

3) 여행업의 등록기준

「관광진흥법 시행령」에서 규정하고 있는 여행업의 등록기준은 다음과 같다(관광진흥법 시행령 제5조 관련 [별표 1] 〈개정 2021.8.10.〉).

(가) 종합여행업의 등록기준

1. 자본금(개인의 경우에는 자산평가액) : 5천만원 이상일 것
2. 사무실 : 소유권이나 사용권이 있을 것

(나) 국내외여행업의 등록기준

1. 자본금(개인의 경우에는 자산평가액) : 3천만원 이상일 것

2. 사무실 : 소유권이나 사용권이 있을 것

(다) 국내여행업의 등록기준

1. 자본금(개인의 경우에는 자산평가액) : 1천500만원 이상일 것

2. 사무실 : 소유권이나 사용권이 있을 것

2. 여행업자의 보험의 가입 등

1) '보증보험 등' 가입의무

(1) 여행업의 등록을 한 자(이하 "여행업자"라 한다)는 그 사업을 시작하기 전에 여행알선과 관련한 사고로 인하여 관광객에게 피해를 준 경우 그 손해를 배상할 것을 내용으로 하는 보증보험 또는 한국관광협회중앙회의 공제(共濟)(이하 "보증보험등"이라 한다)에 가입하거나 업종별 관광협회(업종별 관광협회가 구성되지 않은 경우에는 지역별 관광협회)에 영업보증금을 예치하고 그 사업을 하는 동안 계속하여 이를 유지하여야 한다(관광진흥법 시행규칙 제18조 제1항).

(2) 여행업자 중에서 기획여행을 실시하려는 자는 그 기획여행 사업을 시작하기 전에 보증보험 등에 가입하거나 영업보증금을 예치하고 유지하는 것 외에 추가로 기획여행과 관련한 사고로 인하여 관광객에게 피해를 준 경우 그 손해를 배상할 것을 내용으로 하는 보증보험 등에 가입하거나 업종별 관광협회(업종별 관광협회가 구성되지 아니한 경우에는 지역별 관광협회)에 영업보증금을 예치하고 그 기획여행 사업을 하는 동안(기획여행 휴업기간을 포함한다) 계속하여 이를 유지하여야 한다(동법 시행규칙 제18조 제2항).

(3) 그러나 직전 사업연도의 매출액이 없는 사업개시 연도의 경우에는 보증보험등 가입금액 또는 영업보증금 예치금액을 직전 사업연도 매출액이 1억원 미만인 경우에 해당하는 금액으로 한다. 직전 사업연도의 매출액이 없는 기획여행의 사업개시 연도의 경우에도 또한 같다. 그리고 여행업과 함께 다른 사업을 병행

하는 여행업자인 경우에는 직전 사업연도 매출액을 산출할 때에 발생한 매출액만으로 산정하여야 한다.

2) '보증보험 등'의 가입금액 및 영업보증금 예치금액의 기준

여행업자가 가입하거나 예치하고 유지하여야 할 보증보험 등의 가입금액 또는 영업보증금의 예치금액은 직전 사업연도의 매출액(손익계산서에 표시된 매출액을 말한다) 규모에 따라 [별표 3]과 같이 한다.

◇ 보증보험등 가입금액(영업보증금 예치금액) 기준(개정 2021.1.1)

(관광진흥법 시행규칙 제18조 제3항 관련 〈별표 3〉)   (단위: 천원)

여행업의 종류 (기획여행 포함) \ 직전사업 연도의 매출액	관광안내업/ 국내여행업	국내외 여행업	종합여행업	국내외 여행업의 기획여행	종합 여행업의 기획여행
1억원 미만	20,000	30,000	50,000	200,000	200,000
1억원 이상 5억원 미만	30,000	40,000	65,000		
5억원 이상 10억원 미만	45,000	55,000	85,000		
10억원 이상 50억원 미만	85,000	100,000	150,000		
50억원 이상 100억원 미만	140,000	180,000	250,000	300,000	300,000
100억원 이상 1,000억원 미만	450,000	750,000	1,000,000	500,000	500,000
1,000억원 이상	750,000	1,250,000	1,510,000	700,000	700,000

제4절　기획여행 및 국외여행 인솔자[1]

1. 기획여행 요건 설정 및 광고

1) 기획여행의 의의

기획여행이란 여행업을 경영하는 자(여행업자)가 국외여행을 하려는 여행자를 위하여 여행의 목적지·일정, 여행자가 제공받을 운송 또는 숙박 등의 서비스 내용과 그 요금 등에 관한 사항을 미리 정하고 이에 참가하는 여행자를 모집하여 실시하는 여행을 말한다(관광진흥법 제2조 3호).

여행은 주로 기획여행의 형태로 운용되고 있는데, 그동안 기획여행이 무분별하게 판매되어 왔으며, 여행업자 간의 과당경쟁으로 인하여 관광업계의 질서를 파괴하는 경우가 허다하였다. 이에 따라 국외여행의 질적 향상을 도모하고 여행자의 권익보호 및 과당경쟁 방지를 위하여 기획여행을 규제할 필요성이 제기됨으로써, 여행업자는 법정요건을 갖추어 일정한 절차에 따라서만 기획여행을 실시할 수 있도록 한 것이다(관광진흥법 제12조).

2) 기획여행의 실시요건

「관광진흥법」은 국외여행을 하려는 여행자를 위해 기획여행을 실시하도록 규정하고 있기 때문에 기획여행은 국외여행에 국한하고 있다. 그러므로 기획여행을 할 수 있는 여행업자는 종합여행업자와 국내외여행업자이고 국내여행업자는 대상에서 제외된다. 또 '제주자치도'에서는 기획여행의 실시요건이나 광고 등의 표시에 관하여는 '도조례'로 정할 수 있도록 하였다(제주특별법 제244조).

따라서 국내외여행업 또는 종합여행업을 하는 여행업자 중에서 기획여행을 실시하려는 자는 국내외여행업 또는 종합여행업에 따른 보증보험 등에 가입하거나

---

[1] 조진호 외 4인 공저, 관광법규론(서울: 현학사, 2017), pp.164~168.

영업보증금을 예치하고 유지하는 것 외에 추가로 기획여행에 따른 보증보험 등에 가입하거나 영업보증금을 예치하고 이를 유지하여야 한다.

3) 기획여행의 실시 광고 등 표시의무

기획여행을 실시하는 자가 광고를 하려는 경우에는 다음 각 호의 사항을 표시하여야 한다. 다만, 2 이상의 기획여행을 동시에 광고하는 경우에는 다음 각 호의 사항 중 내용이 동일한 것은 공통으로 표시할 수 있다.

1. 여행업의 등록번호, 상호, 소재지 및 등록관청
2. 기획여행명·여행일정 및 주요 여행지
3. 여행경비
4. 교통·숙박 및 식사 등 여행자가 제공받을 서비스의 내용
5. 최저 여행인원
6. 보증보험 등의 가입 또는 영업보증금의 예치 내용
7. 여행일정 변경 시 여행자의 사전 동의 규정
8. 여행목적지(국가 및 지역)의 여행경보단계 〈신설 2014.9.16.〉

2. 유자격 국외여행 인솔자에 의한 인솔의무

1) 국외여행 인솔자의 자격요건

여행업자가 내국인의 국외여행을 실시할 경우 여행자의 안전 및 편의 제공을 위하여 그 여행을 인솔하는 자를 둘 때에는 문화체육관광부령으로 정하는 다음 각 호의 어느 하나에 해당하는 자격요건에 맞는 자를 두어야 한다(관광진흥법 제13조 제1항 및 동법 시행규칙 제22조 제1항). 다만, '제주자치도'에서는 이러한 자격요건을 「관광진흥법 시행규칙」이 아닌 '도조례'로 정할 수 있도록 규정하고 있다(제주특별법 제244조).

1. 관광통역안내사 자격을 취득할 것
2. 여행업체에서 6개월 이상 근무하고 국외여행 경험이 있는 자로서 문화체육관광부장관이 정하는 소양교육을 이수할 것

3. 문화체육관광부장관이 지정하는 교육기관에서 국외여행인솔에 필요한 양
   성교육을 이수할 것

2) 국외여행 인솔자의 자격 등록

국외여행 인솔자의 자격요건을 갖춘 자가 내국인의 국외여행을 인솔하려면
문화체육관광부장관에게 등록하여야 한다. 이는 내국인 국외여행 인솔자에 대
한 등록제도를 도입한 것이다.

국외여행 인솔자의 자격요건을 갖춘 자로서 국외여행 인솔자로 등록하려는
사람은 국외여행 인솔자등록신청서(별지 제24호의2서식)에 다음 각 호의 어느 하나
에 해당하는 서류 및 사진(최근 6개월 이내에 촬영한 탈모 상반신 반명함판) 2매
를 첨부하여 관련 업종별 관광협회에 제출하여야 한다.

1. 관광통역안내사 자격증
2. 문화체육관광부장관이 지정하는 교육기관에서 국외여행 인솔에 필요한 소
   양교육 또는 양성교육을 이수하였음을 증명하는 서류

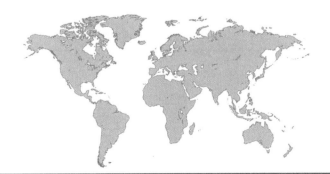

PRINCIPLES of TOURISM

CHAPTER 6 국제회의업

제1절 국제회의 개요

1. 국제회의의 정의

국제회의의 정의에 관하여는 이론상의 정의와 실정법상의 정의로 나누어 고찰해 볼 수 있다. 이론상의 정의를 보면, 국제회의란 통상적으로 공인된 단체가 정기적 또는 부정기적으로 주최하며 3개국 이상의 대표가 참가하는 회의를 의미하는데, 회의는 그 성격에 따라 국가 간의 이해조정을 위한 교섭회의, 전문학술회의, 참가자 간의 우호증진이 목적인 친선회의, 국제기구의 사업결정을 위한 총회나 이사회 등 그 종류가 매우 다양하다.

한편, 실정법인 현행 「국제회의산업 육성에 관한 법률」(이 책에서 "국제회의산업법"이라 한다)에 따르면, 국제회의란

첫째, 국제기구나 국제기구에 가입한 기관 또는 법인·단체가 개최하는 세미나·토론회·전시회·학술대회 및 기타 회의로 5개국 이상의 외국인이 참가하고, 회의참가자가 300명 이상이고 그 중 외국인이 100명 이상이며, 3일 이상 진

행되는 회의일 것.

둘째, 국제기구에 가입하지 아니한 기관 또는 법인·단체가 개최하는 회의로서 회의참가자 중 외국인이 150명 이상이고, 2일 이상 진행되는 회의를 국제회의로 규정하고 있다(동법 제2조 1호 및 동법시행령 제2조).

▶▶ 표 6-1 국제회의 기준

구 분		참가자 수	외국인	참가국 수	회의기간
국제회의연합 (UIA: Union of International Association)		300명 이상	40% 이상	5개국 이상	3일 이상
국제회의협회(ICCA: International Congress & Convention Association)		50명 이상	–	3개국 이상	–
한국관광공사(KTO: Korea Tourism Organization)		10명 이상	–	3개국 이상	2일 이상
국제회의산업 육성에 관한 법률	국제기구 또는 국제기구에 가입한 기관이나 법인·단체	300명 이상	100명 이상	5개국 이상	3일 이상
	국제기구에 가입하지 않은 기관이나 법인·단체	–	150명 이상	–	2일 이상

2. 국제회의의 중요성

국제회의가 하나의 '산업'으로 가장 먼저 정착한 곳은 유럽지역이다. 국제기구의 약 65%가 위치하고 있는 유럽의 경우 전 세계 국제회의의 약 60%를 개최하는 등 세계 국제회의산업의 중심지가 되어 왔다. 금세기 국제회의산업이 고부가가치의 신종산업으로 떠오르자 세계 각국은 컨벤션센터 건립, 국제회의 전문요원의 양성 등을 통해 자국으로의 국제회의 유치에 총력을 기울이고 있다.

우리나라도 급속한 경제성장과 국력신장에 힘입어 세계 여러 국가들과 각 분야에서 교류를 확대해 왔으며, 항공망의 꾸준한 확충, 숙박 및 회의장시설 등 국제회의 기간산업의 발전으로 인해 국제회의를 비롯한 전시회, 이벤트 등 국제행사의 개최건수가 해마다 증가추세를 보이고 있다.

그러나 우리나라의 국제회의산업은 대형 컨벤션센터의 부족, 국제회의 전문인력의 부족, 국제회의 관련업의 수도권 집중, 지방 국제항공망 부족, 관련 업계의 공조체제 부족, 국제회의 정보 부족 등 앞으로 해결해야 할 많은 문제점을 안고 있다. 관광수지 적자가 계속되고 있는 우리의 현실에서 관광산업의 꽃으로 불리는 국제회의산업이 줄 수 있는 경제적·문화적·사회적 파급효과를 올바로 파악하고, 보다 많은 국제회의를 유치하고 활성화해 나감으로써 관광수지의 흑자전환에 노력을 배가해야 할 것이다.

3. 국제회의의 종류

(1) 회의(meeting)

회의는 모든 종류의 모임을 총칭하는 포괄적인 용어이다. 특히 모든 참가자가 단체에 관한 사항을 토론하기 위해서 단체의 구성원이 되는 형태의 회의를 말한다.

(2) 총회(assembly)

한 기구의 회원국들의 대표가 모여 의사결정 및 정책결정 등을 하고 위원회의 선출과 예산협의의 목적으로 모이는 공식적인 회의를 말한다.

(3) 컨벤션(convention)

회의분야에서 가장 일반적으로 쓰이는 용어로서 정보전달을 주된 목적으로 하는 정기집회에 많이 사용되며 전시회를 수반하는 경우가 많다. 각 기구나 단체에서 개최하는 연차총회(annual meeting)의 의미로 쓰였으나, 요즘에는 총회, 휴회기간 중에 개최되는 각종 소규모 회의, 위원회회의 등을 포괄적으로 의미하는 용어로 사용된다.

(4) 콘퍼런스(conference)

컨벤션과 거의 같은 뜻을 가진 용어이지만, 컨벤션이 주로 불특정다수의 주제를 다루는 조직 및 관련기구의 정기회의인 반면, 콘퍼런스는 주로 과학·기술·학문 등 전문분야의 새로운 정보를 전달하고 습득하거나 특정 문제점 연구를 위한 회의이기 때문에 통상 컨벤션에 비해 토론회가 많이 준비되고 회의참가자들에게 토론의 참여기회가 많이 주어진다.

(5) 콩그레스(congress)

컨벤션과 유사한 의미를 가진 용어로서 유럽지역에서 빈번히 사용되며, 주로 국제규모의 회의를 의미한다. 컨벤션이나 콩그레스는 본회의와 사교행사 그리고 관광행사 등의 다양한 프로그램으로 구성되며, 대규모 인원이 참가한다. 대개 연차적으로 개최되며, 주로 상설 국제기구가 주최한다.

(6) 포럼(forum)

제시된 한 가지의 주제에 대해 상반된 견해를 가진 동일 분야의 전문가들이 사회자의 주도하에 대중 앞에서 벌이는 공개토론회로서 청중이 자유롭게 질의에 참여할 수 있으며 사회자가 의견을 종합한다.

(7) 심포지엄(symposium)

제시된 안건에 대해 전문가들이 연구결과를 중심으로 다수의 청중 앞에서 벌이는 공개토론회로서, 포럼에 비해 회의참가자들이 다소의 형식을 갖추어 회의를 진행하므로 청중의 질의기회는 적게 주어진다.

(8) 패널토의(panel discussion)

청중이 모인 가운데 2명에서 8명까지의 연사가 사회자의 주도하에 서로 다른 분야에서의 전문가적 견해를 발표하는 공개토론회로서 청중도 자신의 의견을 발표할 수 있다.

(9) 워크숍(workshop)

콘퍼런스, 컨벤션 또는 기타 회의에 보조적으로 개최되는 짧은 교육프로그램으로, 30명 내외의 참가자가 특정문제나 과제에 관한 새로운 지식, 기술, 아이디어 등을 교환하며, 발표자와 참가자가 감정적 동질성을 갖고 새로운 정보와 전문업무를 교육시키는 교육토론회이다.

(10) 세미나(seminar)

교육 및 연구목적으로 개최되는 회의로 발표자와 참가자가 단일한 논제에 대해 발표·토론하며, 발표자와 참가자는 교육자와 피교육자의 관계를 전제로 한다.

(11) 클리닉(clinic)

클리닉은 특별한 기술을 교육하고 습득하기 위한 목적에 많이 활용되는 회의형태로 기술과 전문지식 제공이 목적이며, 대부분은 소규모 집단이 참여한다.

(12) 전시회(exhibition)

무역, 산업, 교육분야 또는 상품 및 서비스판매업자들의 대규모 전시회로서 회의를 수반하는 경우도 있다. 'exposition' 및 'tradeshow'라고도 하며, 유럽에서는 주로 'trade fair'라는 용어를 사용한다.

(13) 원격회의(teleconference)

회의참석자가 회의장소로 이동하지 않고 국가간 또는 대륙간 통신시설을 이용하여 회의를 개최한다. 회의경비를 절감하고 준비 없이도 회의를 개최할 수 있다는 장점이 있으며, 오늘날에는 각종 audio, video, graphics 및 컴퓨터 장비, 멀티미디어를 갖춘 고도의 통신기술을 활용하여 회의를 개최할 수 있으므로 그 발전이 주목되고 있다.

(14) 인센티브 관광(incentive travel)

기업에서 주어진 목적이나 목표달성을 위해 종업원(특히 판매원), 거래상(대리점업자), 거액 구매고객들에게 관광이라는 형태로 동기유발을 시키거나 보상함으로써 생산효율성을 증대하고 고객을 대상으로 광고효과를 유발하는 것으로서 포상관광이라고도 말한다.

4. 국제회의의 개최효과

금세기 국제회의산업이 고부가가치의 신종산업으로 떠오르자 국제회의를 비롯한 전시회 또는 이벤트 등 국제행사의 개최건수가 해마다 증가추세를 보이고 있다. 이제 관광산업의 꽃으로 불리는 국제회의산업은 국가전략산업으로 각광을 받으면서 정착되어가고 있으며, 특히 그 효과는 다방면에 걸쳐 상승작용을 함으로써 개최국의 위상과 경제적인 부를 동시에 상승시켜 주고 있다. 그 구체적인 효과를 국가홍보, 외화획득, 고용창출, 지역경제 발전 등의 측면에서 살펴보고자 한다.

1) 정치적 효과

국제회의는 통상 수십 개국의 대표들이 대거 참여하므로 국가홍보에 기여하는 바가 크며, 회원자격으로 참가하는 비수교국 대표와 교류기반을 조성할 수도 있어 국가 외교면에서도 커다란 기여를 하며, 또한 국제회의 참가자는 대부분 해당 분야의 영향력 있는 인사들로 해당 국가의 오피니언 리더들이므로 민간외교 차원에서도 그 파급효과가 매우 크다.

2) 사회 · 문화적 효과

국제회의는 외국과의 직접적인 교류를 통해 지식 · 정보의 교환, 참가자와 개최국 시민 간의 접촉을 통한 시민의 국제감각 함양 등 국제화의 중요한 수단이 될 수 있다. 또한 국제회의 유치, 기획, 운영의 반복은 개최지의 기반시설 뿐만 아니라 다양한 기능을 향상시키며 개최국의 이미지 향상, 국제사회에서의 위상 확립 등 개최국의 지명도 향상에도 큰 기여를 한다. 또한 지방으로의 국제회의 분산 개최는 지방의 국제화와 지역 균형발전에도 큰 몫을 하게 된다.

3) 경제적 효과

국제회의산업은 종합 서비스산업으로 서비스업을 중심으로 사회 각 산업분야에 미치는 승수효과가 매우 크다. 국제회의는 개최국의 소득향상효과(회의참가자의 지출→서비스산업 등 수입증가→시민소득 창출), 고용효과(서비스업 인구 등 광범위한 인력 흡수), 세수 증가효과(관련 산업 발전→법인세→시민소득 증가→소득세) 등 경제 전반의 활성화에 기여하게 된다. 그 밖에도 참가들이 직접 대면을 하게 되므로 상호 이해 부족에서 올 수 있는 통상마찰 등을 피할 수 있게 될 뿐만 아니라 선진국의 노하우를 직접 수용함으로써 관련분야의 국제경쟁력을 강화하는 등 산업발전에도 중요한 역할을 한다.

4) 관광산업적 효과

국제회의 개최는 관광산업 측면에서 볼 때 관광 비수기 타개, 대량 관광객 유치 및 양질의 관광객 유치효과를 가져다 줄 뿐만 아니라, 국제회의는 계절에 구애받지 않고 개최가 가능하며, 참가자가 보통 100명에서 많게는 1,000명 이상에 이르므로 대량 관광객 유치의 첩경이 된다. 또한 국제회의 참가자는 대부분 개최지를 최종 목적지로 하기 때문에 체재일수가 길며 일반 관광객보다 1인당 소비액이 높아 관광수입 측면에서도 막대한 승수효과를 가져온다.

일반적으로 국제회의유치효과를 도식화하면 아래 [그림 6-1]과 같다.

경제적 측면	정치적 측면
• 고액의 외화획득 가능 • 고용 증대 • 세수 증대 • 국제수지 개선 • 국민경제 발전	• 국가홍보 기여 • 민간외교활동 기여 • 국제적 영향력 증대 기여 • 국가안보 유지, 존속 기여 • 국가위상, 이미지 제고
사회·문화적 측면	관광적 측면
• 지역문화 발전 • 사회기반시설 및 환경 개선 • 개최민의 자부심 및 의식 고양 • 국제친선 증진 • 개최도시 국제화	• 대규모 관광객 유치 • 전략적 비수기 타개책 • 체재일수 연장 • 관광 관련 산업 진흥 및 발전 • 국가 및 지역이미지 개선

▶▶ 그림 6-1 **국제회의 개최효과**

5. 「관광진흥법」에서의 국제회의업 개관

1) 국제회의업의 정의

「관광진흥법」에서 국제회의업이란 대규모 관광수요를 유발하는 국제회의(세미나·토론회·전시회 등을 포함한다)를 개최할 수 있는 시설을 설치·운영하거나 국제회의 계획·준비·진행 등의 업무를 위탁받아 대행하는 업을 말한다(동법 제3조 1항 4호). 국제회의업은 국제회의시설업과 국제회의기획업으로 분류된다(동법 시행령 제2조 4호).

2) 국제회의시설업

(1) 의의

국제회의시설업이란 대규모 관광수요를 유발하는 국제회의를 개최할 수 있는 시설을 설치·운영하는 업을 말하는데, 첫째, 「국제회의산업 육성에 관한 법률 시행령」제3조에 따른 회의시설(전문회의시설·준회의시설) 및 전시시설의 요건을 갖추고 있을 것과, 둘째, 국제회의 개최 및 전시의 편의를 위하여 부대시설(주차시설, 쇼핑·휴식시설)을 갖추고 있을 것을 요구하고 있다(관광진흥법 시행령 제5조 관련 [별표 1]).

(2) 등록관청 및 등록기준

국제회의시설업을 경영하려는 자는 특별자치도지사·특별자치시장·시장·군수·구청장(자치구의 구청장을 말한다)에게 등록하여야 한다(관광진흥법 제4조 1항).

국제회의시설업의 등록기준은 다음과 같다(동법 시행령 제5조 관련 〈별표 1〉).

1. 「국제회의산업육성에 관한 법률 시행령」제3조에 따른 회의시설 및 전시시설의 요건을 갖추고 있을 것

2. 국제회의 개최 및 전시의 편의를 위하여 부대시설로 주차시설과 쇼핑·휴식시설을 갖추고 있을 것

3) 국제회의기획업

(1) 의의

국제회의기획업이란 대규모 관광수요를 유발하는 국제회의의 계획·준비·진행 등의 업무를 위탁받아 대행하는 업을 말한다. 우리나라 국제회의업은 '국제회의용역업'이라는 명칭으로 1986년에 처음으로 「관광진흥법」상의 관광사업으로 신설되었던 것이나, 1998년에 동법을 개정하여 종전의 '국제회의용역업'을 '국제회의기획업'으로 명칭을 변경하고 여기에 '국제회의시설업'을 추가하여 '국제회의업'으로 업무범위를 확대하여 오늘에 이르고 있다.

2024년 12월 말 기준으로 국제회의기획업(PCO)은 전국에 1,519개 업체가 등록되어 있다.

(2) 등록관청 및 등록기준

국제회의기획업을 경영하려는 자는 특별자치도지사·특별자치시장·시장·군수·구청장(자치구의 구청장을 말한다)에게 등록하여야 한다. 국제회의기획업의 등록기준은 다음과 같다(동법 시행령 제5조 관련 〈별표 1〉).

1. 자본금: 5천만원 이상일 것
2. 사무실: 소유권이나 사용권이 있을 것

● 제2절 국제회의시설

1. 국제회의시설의 정의

현행 「국제회의산업 육성에 관한 법률」(이 책에서 "국제회의산업법"이라 한다)에서는 국제회의시설의 정의로 "국제회의의 개최에 필요한 회의시설, 전시시설 및 이와 관련된 부대시설 등으로서 대통령령으로 정하는 종류와 규모에 해당

하는 것을 말한다"고 규정하고 있다(국제회의산업법 제2조 3호). 한편, 국제회의시설
업은 관광사업자의 결격사유(관광진흥법 제7조)만 없으면 누구든지 경영할 수 있
는데, 국제회의시설의 건립과 확충사업에 관광진흥개발기금을 출자할 수 있게
함으로써 민간자본의 유치를 촉진하고 있다.

2. 국제회의시설의 종류

국제회의시설은 전문회의시설·준회의시설·전시시설 및 부대시설로 구분하
지만, 부대시설은 전문회의시설 및 전시시설에 부속된 시설을 말한다(동법 시행령
제3조 1항).

(1) 전문회의시설은 다음 각 호의 요건을 모두 갖추어야 한다.
1. 2천명 이상의 인원을 수용할 수 있는 대회의실이 있을 것
2. 30명 이상의 인원을 수용할 수 있는 중·소회의실이 10실 이상 있을 것
3. 옥내와 옥외의 전시면적을 합쳐서 2천제곱미터 이상 확보하고 있을 것

(2) 준회의시설은 국제회의의 개최에 필요한 회의실로 활용할 수 있는 호텔
연회장·공연장·체육관 등의 시설로서 다음 각 호의 요건을 모두 갖추
어야 한다.
1. 200명 이상의 인원을 수용할 수 있는 대회의실이 있을 것
2. 30명 이상의 인원을 수용할 수 있는 중·소회의실이 3실 이상 있을 것

(3) 전시시설은 다음 각 호의 요건을 모두 갖추어야 한다.
1. 옥내와 옥외의 전시면적을 합쳐서 2천제곱미터 이상 확보하고 있을 것
2. 30명 이상의 인원을 수용할 수 있는 중·소회의실이 5실 이상 있을 것

(4) 부대시설은 국제회의의 개최 및 전시의 편의를 위하여 전문회의시설과
전시시설에 부속된 숙박시설·주차시설·음식점시설·휴식시설·판매시
설 등으로 한다.

3. 우리나라 국제회의시설 현황

우리나라는 2000년 5월까지 '전문회의시설'은 전무한 상태였고, 그동안 유치한 국제회의는 거의 모두 준회의실에서 개최한 것이다. 그러나 2000년 아시아·유럽정상회의(ASEM), 2002년의 월드컵축구대회와 부산아시안게임, 2010년의 G20 정상회의 개최 등으로 '컨벤션센터'가 활발하게 운영되고 있다.

우리나라의 전문 컨벤션센터(국제회의시설)는 2000년 5월 코엑스컨벤션센터(COEX, 1988.9./2000.5.) 개관을 시작으로, 2001년 4월 대구전시컨벤션센터(EXCO) 개관, 2001년 9월 부산전시컨벤션센터(BEXCO) 개관, 2003년 3월 제주국제컨벤션센터(ICC JEJU) 개관, 2005년 4월에는 경기도 고양에 한국국제전시장(KINTEX) 개관, 2005년 9월에는 창원컨벤션센터(CECO) 개관, 2005년 9월에는 김대중컨벤션센터(KDJ Center) 개관, 2008년 4월에는 대전컨벤션센터(DCC) 개관, 2008년 10월에는 인천 송도컨벤시아(Songdo Convensia)가 문을 열었다. 그리고 경기도 고양의 KINTEX(2011.9.)와 대구 EXCO(2011.5.), 부산 BEXCO(2012.6.), 김대중컨벤션센터(2013.7) 등이 확장을 위한 신축공사를 완료하였다. 이 외에도 2010년 4월 구미코(GUMICO), 2013년 6월에는 광주 김대중컨벤션센터 제2센터가 문을 열었으며, 2014년 7월에는 군산 새만금컨벤션센터(GSCO), 2015년 3월에는 경주 화백컨벤션센터(HICO), 2019년 3월에는 수원컨벤션센터(SCC), 2020년 2월 울산전시컨벤션센터(UECO), 2022년 4월 대전컨벤션센터(DCC) 제2전시장이 개관되어 시설관련 수용태세는 개선되고 있다.

한편 호텔, 휴양콘도미니엄 등 다수의 국제회의가 개최되는 시설의 법령상 범위 확대 및 관리를 통한 국제회의시설업에 대한 종합관리와 정책효율성 제고를 위해 관광진흥법령상 국제회의시설업을 국제회의전문시설업과 국제회의일반시설업으로 분할 신설하였다. 먼저 '국제회의 전문시설업'은 기존 국제회의 시설업 기준(전문회의시설, 전시시설, 부대시설 구비)을 준용하며, 국제회의 일반시설업'은 전시시설을 제외하고 국제회의 개최가 가능한 준회의시설, 부대시설을 갖추도록 개정하였다.

또한 현행 국제회의업은 국제회의 기획업과 시설업 2종류만 존재하여 국제회의와 연관된 다양한 업종(인쇄업, 장치업, 통번역업, 의전업 등)들은 국제회의산업 정책 범위에서 배제되어 관광진흥법령상 '관광지원서비스업'을 신설하였다. 편입기준은 ① 정부 인증·지정·선정 사업체(관광벤처기업, 관광두레 주민사업체, 한국관광 품질인증 대상 사업체 등), ② 관광특화구역에 위치한 사업체(관광지, 관광단지, 관광특구), ③관광사업자와의 매출 비중이 50% 이상인 사업체 등이다.

리조트업과 관광교통업

PRINCIPLES of TOURISM

CHAPTER 7 리조트업과 관광교통업

제1절 리조트업의 개념

1. 리조트업의 이해

1) 리조트의 개념

리조트(resort)의 사전적 의미는 "건강, 휴양 등과 관련하여 사람들이 자주 가는 장소" 또는 "대중적인 오락, 레크리에이션의 장소"로 해석되고 있는데, 우리나라의 경우에는 '휴양지', '관광단지' 또는 '종합휴양시설' 등의 개념으로 해석되고 있다.

우리나라에서 리조트란 아직까지 일반적으로 통용되는 용어가 아니고 현행「관광진흥법」에서 규정하고 있는 관광객이용시설업 중 전문휴양업이나 종합휴양업(제1종·제2종)으로 분류되어 있을 따름이다.

일본에서는 '종합휴양지역정비법'(일명 '리조트법')이 제정되어 있어 여기에서 리조트를 "양호한 자연조건을 가지고 있는 토지를 포함한 상당규모(15ha)의 지역에 있어서 국민이 여가 등을 이용하려고 체재하면서 스포츠, 레크리에이션, 교양문화활동, 휴양, 집회 등의 다양한 활동을 할 수 있도록 종합적인 기능이 정비된 지역(약 3ha)"으로 규정하고 있다. 이 정의에 따르면 리조트는 ① 체재성, ② 자연성, ③ 휴양성(보양성), ④ 다기능성, ⑤ 광역성 등의 요건을 모두 겸비하고 있어야 하는 것으로 해석하고 있다. 따라서 하나의 요건만 만족시켰다고 해서 모두 리조트라고 말할 수 없다는 것이다.

이상의 리조트에 관한 정의들을 종합해 보면, 리조트는 사람들을 위해 휴양 및 휴식을 제공할 목적으로 일상생활권을 벗어나 자연경관이 좋은 지역에 위치하며, 레크리에이션 및 여가활동을 위한 다양한 시설을 갖춘 종합단지(complex)를 의미한다고 하겠다. 즉 리조트란 "자연경관이 수려한 일정규모의 지역에 관광객의 욕구를 충족시킬 수 있는 레크리에이션, 스포츠, 상업, 문화, 교양, 오락, 숙박 등을 위한 시설들이 복합적으로 갖추어져 심신의 휴양 및 에너지의 재충전을 목적으로 조성된 종합휴양지"라고 정의하고자 한다.

2) 리조트사업의 특성

(1) 리조트사업의 요건

현대는 스트레스사회라고 일컬어진다. 전후 일본은 경제적으로 눈부신 발전을 이루었고, 기술혁신이 진행되어 물질문명이 꽃을 피웠다. 반면 소비생활은 풍성하게 되었지만, 정신생활에 있어 마음의 피로와 갈증으로 고뇌하는 사람들이 증가하고 있었다.

리조트는 현대사회가 부과하는 다양한 스트레스에서 벗어나 본래의 자기를 찾고 싶다는 사람들이 증가함에 따라 보급되어 온 기본적 성격을 갖고 있다.

그래서 사회가 점점 근대화하고, 경제적 가치와 합리성이 한층 중시되어져 가는 것이 예상되면서부터 경쟁사회에 있어서 정신과 육체에 대한 정신적 압박감은 점차 커지고, 이로써 리조트에 대한 요구도 높아져 가게 된 것이다. 리조트사업은 이러한 인간의 정신과 관련되는 사업영역을 갖고 있기 때문에 리조트시설 등의 하드웨어적 요소의 중심만으로는 불충분하다. 서비스와 시스템, 사상, 혹은 리조트를 둘러싼 문화, 자연환경 등의 주변적 요소와 전체적 조화가 리조트로서의 성립에 중요한 의미를 갖고 있다.

정신과 육체의 피로를 푸는 것뿐만 아니라 내일의 활력을 배양하고, 가족 또는 친한 사람들과 즐겁게 한 때를 보내거나, 잃어 버렸던 자연으로 회귀하거나, 혹은 창조적인 활동을 하기 위해서 많은 사람들이 리조트를 찾고 있다고 할 수 있다. 이러한 요구에 대응하는 것이 본래의 의미에서 '리조트'라고 부르는 것이다.

(2) 리조트사업의 특성

리조트를 현실의 사업이라는 측면에서 보는 경우, 다른 산업과 비교해 어떠한 특색을 갖고 있는지 살펴보면 다음과 같다.

① 생산과 소비의 동시점·동지점성
② 수요의 불안전성
③ 막대한 초기투자

이러한 특징의 하나하나를 보면 다른 산업에도 적합한 것이지만, 이러한 3가지 특징을 전부 갖는 것이 리조트사업의 특색이다.

첫째, 생산과 소비의 동시점·동지점성인데, 이것은 서비스업 전반에 걸친 공통적인 특징이다. 다시 말하면 재고(stock)가 없다는 표현이 가능하다. 예를 들면, 리조트지역의 개인용 풀장 주변공간에서 음료를 제공한다는 서비스 제공행위와 음료를 마시면서 일광욕을 하고 시간을 보낸다는 소비행위는 공유하는 시간(동시점)에 공유하는 장소(동지점)를 고려하지 않으면 안된다. 이 때문에 이용자가 많아 의자의 수용량을 상회할 경우에는 자리가 빌 때까지 고객을 기다리게 하지 않으면 안된다(하지만, 기다리고 있는 사이에 기후가 변화하든가, 저녁이 되어서 일광욕을 할 수 없다는 상황도 있을 수 있다). 기다리는 사람이 이용을 단념하지 않게 하기 위하여 공간을 확대한다면(풀 사이드를 넓혀 의자를 증설하고, 숙박시설의 수용량을 올리고, 음료수와 서비스맨의 수를 늘린다), 고객수가 적을 때에는 시설과 노동력이 유효화하게 된다. 이렇듯 리조트사업은 재고가 없기 때문에 안정적인 서비스 제공이 불가능하다. 이것이 경영을 압박하는 원인이 된다.

둘째, 수용의 불안정성이다. 이것은 수요자측에서 볼 때, 리조트가 그들의 생활가운데에서 얼마만큼의 비중을 갖고 있는가라는 것과 리조트가 시간소비형의 행동이라는 것에 크게 유래하고 있다. 그렇기 때문에 리조트는 대부분의 사람들에게 생활필수는 아니다. 리조트에 대한 수요크기는 경기와 가계의 상황에 크게 좌우되어지는 것이라 생각된다. 더욱이 무슨 일이 있어도 리조트가 생활에 자리 잡지 않으면 안된다고 생각하는 사람은 적다. 어차피 리조트에서 시간을 보낸다면, 가능한 한 지내기 쉬운 기후시기와 그 리조트지에서 특정계절에만 있는 것 (스키 · 해수욕 등)이 가능한 시기를 선택하고 싶어 한다. 이 때문에 수요가 불안정하다는 것과 함께 전망도 불투명한 것이 리조트경영을 불안정하게 하는 하나의 요소로 존재한다.

셋째, 막대한 초기투자이다. 리조트사업은 일반적으로 거대한 토지취득과 시설건설 및 기반정비에 거액의 선행투자가 필요하다. 특히 일본처럼 지가가 높고 토지이용상의 각종 규제가 많은 나라에서는 넓은 용지를 확보하는 것만으로도 큰 비용이 든다. 리조트사업은 앞에서 본 것처럼 재고가 없고, 수요가 불안정하며, 동시에 리조트의 오퍼레이션에 의한 수익률도 생각처럼 높지 않다. 게다가 초기투자가 크고, 그 중에서도 차입금 변제와 이자지급만으로 경영이 압박받을 가능성이 있다.

3) 한국 리조트의 유형

우리나라 리조트는 고원형이 주종을 이루었으나, 앞으로는 우리나라가 3면이 바다인 지리적 여건으로 해양형 리조트의 개발도 활기를 띨 것으로 전망된다. 관광객들의 휴가철 방문지 선호도에서 바닷가가 단연 1위를 차지하고 있다는 점에서도 개발가능성이 높다고 본다.

주5일제 근무와 조기 출퇴근제 등 탄력적 근무 분위기 확산에 따라 자유시간이 늘어났고, 국민소득 증가와 승용차 보급의 확대 및 가족단위의 레저생활 등으로 레저 패턴이 단순 숙박 관광형에서 체류 · 휴양형으로 변화함에 따라 다양한 시설을 구비한 대형 리조트의 필요성이 대두되고, 이러한 레저수요의 확대성향이 대기업들의 활발한 참여 현상으로 이어지고 있다. 리조트는 산악형, 수변형, 임해형, 건강 · 온천 · 스포츠형, 위락형으로 분류할 수 있다.

2. 주요 분야별 리조트사업

현재 우리나라에서 운영 중인 리조트는 산악고원형으로 스키장중심으로 구성되어 있다. 따라서 다른 경쟁업체들과 비교해서 특별한 시설이나 컨셉을 가지지 않고 차별화되지 못하고 있는데, 이는 좁은 국토에서 기후에 차이가 없고 산지가 많기 때문이다. 또한 운영면에서도 초기투자자본의 조기회수를 위하여 콘도미니엄 분양을 중심으로 이루어지고 있다.

1) 스키리조트

스키리조트는 스키장을 기본으로 다른 레크리에이션시설을 갖춘 종합휴양지를 의미하는데, 특히 4계절이 뚜렷한 우리나라의 경우 비수기 기간이 너무 길어 스키장만을 운영하기보다는 골프장, 콘도미니엄 등을 복합적으로 갖추는 것이 일반적이다.

스키리조트는 눈이라고 하는 천연자원이 가장 핵심적인 상품으로 다른 리조트에 비해 계절성이 강하다. 또한 스키로 활강하기에 적합한 경사도를 확보하기 위해서는 산악지대에 위치하는 것이 가장 큰 특징이다.

'겨울철 스포츠의 꽃'으로 불리는 스키는 1990년대 중반 이후 국민소득 수준의 향상, 자유시간의 증가 등으로 빠르게 보급되고 있다. 1989년 이전까지는 용평, 양지파인, 베어스타운 등 5개소에 불과했으나, 1990년에 무주리조트와 사조마을이 개장해 총 7개소로 늘었다. 그 후 1992년에는 서울, 대명홍천이, 1995년에는 현대성우(현 웰리힐리), 휘닉스파크 등이 문을 열어 총 11개소로 늘어났다. 그리고 1996년 지산스키장, 2002년 강촌스키장, 2006년 오크밸리와 하이원 스키장, 2008년 오투, 2009년 알펜시아 스키장이 개장함으로써 전국에 운영 중인 스키장은 15개소에 달하고 있다.

이를 지역별로 보면 운영 중이거나 건설 중인 스키장의 대부분이 경기도와 강원도에 편중되어 있음을 알 수 있다. 이는 이들 지역이 눈이 많이 내리고 눈의 질이 좋은데다 수도권의 스키어를 유치하는 데 유리하기 때문이다.

2) 골프리조트

골프리조트란 골프장을 기본으로 각종 레크리에이션시설이 부가적으로 설치되어 있는 리조트를 말한다. 일반적으로 골프장은 컨트리클럽과 골프클럽으로 나누고 있다. 컨트리클럽(country club)은 골프코스 외에 테니스장, 수영장, 사교장 등을 갖추고 있으며 회원중심의 폐쇄적인 사교클럽의 성격을 가지고 있다. 이에 대하여 골프클럽(golf club)은 다소 부대시설은 있을 수 있으나 골프코스가 중심이고 회원제이긴 하나 컨트리클럽에 비해 덜 폐쇄적이다.

이용형태에 따라서는 회원제 골프장과 퍼블릭 골프장으로 구분된다. 회원제 골프장(membership course)은 회원을 모집하여 회원권을 발급하고 예약에 의해 이용하게 하는 골프장으로 회원권 분양에 의해 투자자금을 조기에 회수하는 것이 용이한 장점이 있다. 퍼블릭 골프장(public course)은 기업이 자기자본으로 코스를 건설하고 방문객의 수입으로 골프장을 경영하는 형태로 누구나 이용할 수 있고 이용요금도 저렴한 편이지만, 투자비 회수에 장기간이 소요된다는 단점이 있다.

현재 우리나라 지역별 골프장 현황은 서울에 인접한 북부지역의 경부고속도로 또는 중부고속도로 인접지역에 대부분 위치하고 있으며, 서울 · 인천 · 경기 등 대도시지역에 편중현상이 나타나고 있다. 새로 건설되는 골프장은 수도권이 어느 정도 포화상태를 보임에 따라 주로 강원도와 제주도에 집중될 것으로 예상된다.

3) 마리나리조트

마리나(marina)에 관한 통일적인 정의는 없으나 일반적인 의미로는 다양한 종류의 선박을 위한 외곽시설, 계류시설, 수역시설 및 이와 관련된 다양한 서비스를 갖춘 종합적인 해양레저시설을 말한다.

해양성 레크리에이션에 대한 수요가 점진적으로 더욱 다양화 · 전문화되어지고 있으므로 수상 및 레크리에이션의 중심시설인 마리나 리조트에 대한 국민의 요청도 함께 증가하고 있다.

최근에는 여가활동이 진행되는 가운데 해양레저 레크리에이션도 다양화되어 해수욕, 선텐, 낚시, 해상유람 등 전통적인 것에 비하여 세일링요트, 모터요트,

수상오토바이, 수상스키, 서핑 등 해양 레저활동의 유형이 다양화되어지고 있다. 이와 같이 해수욕, 보트타기, 요트타기, 수상스키, 스킨다이빙, 낚시, 해저탐사 등과 같은 다양한 해변 레저활동을 즐길 수 있는 체제를 위한 종합적인 레저·레크리에이션 시설 또는 지역을 마리나 리조트(marina resort)라고 말한다.

해양 레저스포츠의 발전을 위하여 마리나의 개발이 세계 각 도시에서 시작된 배경에는 지역에 따라 특성이 다르겠지만, 공통점은 마리나의 개발이 도시조성에 있어서 매력적인 요소가 매우 많다는 점과 대도시 주변에서는 항만의 재개발에 대한 요청이 높아지고 있다는 것이다.

마리나리조트 개발형태는 해변형, 마리나형, 종합휴양형, 기능전환형, 신규개발형으로 분류할 수 있는데,

① 해변형은 해수욕을 중심으로 하며, 주로 해변을 이용하는 해양 레크리에이션을 진흥하는 형태.

② 마리나형은 마리나를 중심으로 해양성 레크리에이션 기지화를 목표로 하는 형태.

③ 종합휴양형은 장기체재를 염두에 두고 종합적 휴양지 개발을 지향하는 형태.

④ 기능전환형은 어항·창고 등을 포함하여 기존기능을 전환시켜 새로운 레크리에이션적 수변이용을 촉구시키는 형태.

⑤ 신규개발형은 대규모 인공개발을 통하여 해양성 레크리에이션 공간을 새롭게 조성하는 형태로 타 기능도 포괄적으로 포함하여 개발을 전개하는 형태이다.

우리나라에서는 선진 외국의 마리나의 형태와 비교하면 마리나리조트라고 할 만한 지역은 없으나, 요트를 계류할 수 있는 마리나의 형태를 갖춘 곳은 2개소가 있는데, 공공마리나의 형태를 갖춘 부산수영만 요트경기장(Busan Yachting Center)과 민간마리나의 형태를 갖춘 충무마리나 리조트(Chungmu Marina Resort)가 있다. 아직까지는 두 곳에 불과하지만, 3면이 바다인 점과 해양스포츠에 대한 수요가 증가한다는 점을 감안한다면 앞으로 마리나 리조트의 개발가능성은 충분한 것으로 생각된다.

4) 온천리조트

온천(hot spring)이란 지열로 인해 높은 온도로 가열된 지하수가 분출하는 샘을 말하는 것으로 휴양, 요양의 효과가 크고 주변풍경과 결합되어 관광자원으로서의 가치를 구성한다. 대개 화산대와 일치하는 지역에 주로 분포하고 있는데, 화산국인 일본, 아이슬란드, 뉴질랜드를 비롯해 미국, 캐나다, 에콰도르, 콜롬비아 등 남북아메리카 화산대와 중부유럽 내륙국가에 많이 산재되어 있다. 이 중에서 세계적으로 유명한 온천은 독일의 바덴바덴(Baden Baden), 캐나다의 뱀프(Banff), 미국의 옐로스톤 공원(Yellowstone Park), 일본의 아타미(熱海) 등을 꼽을수 있다.

국내 온천의 이용형태는 여관, 호텔, 콘도 등과 같은 숙박시설과 밀접한 관련성을 맺고 있기 때문에 온천리조트는 숙박시설 중심의 관광지가 형성되는 것이 일반적이며, 1980년대 후반까지도 국내 국민관광시설의 상당수가 온천을 중심으로 발달했었다. 그러나 최근까지도 대부분의 국내 온천리조트의 개발유형은 가족단위 여행이나 편리한 교통수단으로 이용객들이 원하는 장소에 쉽게 접할 수 있는 장소에 소규모 숙박시설 하나만으로 시작되는 정체된 개발이 주를 이루고 있는 것이 사실이다.

우리나라 온천리조트는 선진국의 그것에 비해 관광자원으로서 뒤떨어지지 않으며 그 이상의 효용을 가지고 있다. 하지만 온천리조트마다 특성이 없고 획일적인 개발방식과 단순한 이용시설로 인해 건강·보양을 목적으로 하는 체류형보다는 단순한 경유형 숙박관광지로서의 역할밖에는 하지 못하고 있는 곳이 대부분이라 할 수 있다.

온천은 국민의 심신휴양 및 건강증진 등에 크게 기여하고 있는 귀중한 관광자원이다. 따라서 정부는 1981년에 일반 지하수와는 달리 온천자원에 대한 적절한보호와 효율적인 개발·이용 및 관리를 도모함으로써 공공의 복리증진에 이바지하기 위하여 1981년에 「온천법」을 제정하였던 것이다. 동 법령의 규정에 따라 관할 지방자치단체로 하여금 온천발견 신고·수리, 온천원 보호지구 또는 온천공보호구역 지정, 온천개발계획 수립·승인, 일일 적정 양수량에 의한 온천수이용

허가 절차를 이행하게 하는 등 온천 개발·이용 및 관리 업무를 수행하고 있다.

2022년 12월 말 기준으로 전국 시·도별 온천현황은 다음과 같다.

▶▶ 표 7-1 우리나라 시·도별 온천 현황

시·도	계	지정면적		보호지구 지정	보호구역 지정	연간이용자 (천 명)
		보호지구 (천 ㎡)	보호구역 (천 ㎡)			
서 울	10	149	94	1	9	406
부 산	48	3,592	294	4	42	7,059
대 구	16	1,731	79	2	13	1,652
인 천	10	4,322	45	3	4	219
광 주	3	949	2	2	1	159
대 전	4	938	18	1	3	1,379
울 산	15	3,818	106	4	11	1,124
세 종	3	–	13	–	3	2
경 기	48	15,767	410	13	28	2,636
강 원	54	17,066	394	16	24	2,709
충 북	22	18,786	30	10	8	2,355
충 남	26	10,673	66	11	5	7,077
전 북	14	10,713	39	8	5	475
전 남	15	4,908	1,579	7	4	852
경 북	97	42,064	514	28	57	7,654
경 남	43	11,594	291	10	28	5,265
제 주	13	1,867	126	2	8	1,036
합 계	441	148,945	4,498	122	253	41,207

자료: 한국온천협회(www.hotspring.or.kr)

제2절 **관광교통업의 개념**

1. 관광교통업의 이해

1) 관광과 교통

우리나라의 관광관련 법규(관광진흥법)에 따르면 교통업은 관광사업으로 규정되어 있지는 않다. 그러나 관광과 교통은 그동안 불가분의 관계를 형성하면서 발전해 왔다. 관광은 이동을 본질적 요소로 하는데, 이동을 담당하는 것이 교통시설이며, 교통시설을 이용하여 사람이나 물건(재화) 및 정보를 장소적으로 이동하는 교통서비스를 파는 것은 교통업이기 때문이다.

사람이 관광을 하기 위해서는 관광지까지의 교통로와 어떤 교통수단이 필요하다. 교통수단을 계획적이고 조직적으로 제공하는 교통기관의 발달은 이동을 편리하게 하고, 즐거움을 위한 여행이 성립하는 기반을 만들었다. 교통기관의 발달은 관광지에 이르는 시간을 단축시키고, 또한 이동에 필요한 비용을 상대적으로 싸게 들게 했던 것이다.

어떻든 교통업은 관광왕래를 촉진하고 그 효과를 기대하는 데서 이용되었으며, 관광에 매개를 강화하면서 발전돼 왔다. 따라서 관광과 교통과의 관계는 교통업이 매개되지 않았던 관광으로부터 교통업의 매개를 전제로 한 관광으로 구조상의 일대 변혁을 가져온 것이다.

그렇긴 하지만, 일상생활권으로부터의 탈출, 즉 이동이 관광을 성립시키고 또 그것을 가능하게 하는 것인데, 일상생활권은 행동범위의 확대와 도시권의 확대에 따라 점차 넓어져 가고 있고, 그곳으로부터의 탈출은 교통기관에 맡기지 않을 수 없게 되었다.

2) 관광교통의 개념

관광교통의 개념정의에 관하여는 학자들의 견해가 다양하지만, 이들을 종합해 보면 "관광교통이란 관광객이 일상생활권을 떠나 반복적이면서 체계 있고 관광적 가치가 있는 교통수단을 이용하여 관광자원을 찾아가면서 이루어지는 경제적·사회적·문화적 현상이 내포된 이동행위의 총체"라고 정의할 수 있다.

3) 관광교통업의 기본적 성격

(1) 즉시재

교통서비스는 흔히 즉시재(instantaneous goods) 또는 무형재(invisible goods)로 불린다. 일반적으로 유형재는 반드시 일정한 형상과 존속기간을 가지며, 그 생산과 소비는 각기 다른 장소에서 이루어지는 것이 보통이지만, 교통서비스는 생산되고 있는 순간에 소비되지 않으면 소용이 없으므로 저장이 불가능하다.

(2) 수요의 편재성

교통은 본원적으로 휴가기간, 주말, 출퇴근 시간 등 특정기간이나 특정시간에 수요가 집중되는 수요의 편재성이 나타난다. 특히 관광교통은 통근 등과 같이 직장에 가기 위하여 교통기관을 이용하는 파생수요(derived demand)와는 달라서 관광여행 그 자체가 목적으로 되어 있는 본원적 수요(elemental demand)이기 때문에 수요의 탄력성이 매우 크다.

(3) 자본의 유휴화

관광교통수요가 시간적·지역적으로 편재한다는 것은 성수기를 제외하면 적재력이 언제나 남아돌아 자본이 유휴화한다는 것을 의미한다. 도로, 운반구, 동력이라는 교통수단을 구성하는 3대 요소를 생각해본다면, 교통사업의 총비용 가운데서 차지하는 감가상각비, 지급이자, 고정인건비, 고정적 유지보수비 등의 이른바 고정비의 비율이 높고, 그 때문에 조업도의 증가에 수반하여 단위당 고정비의 감소가 강하게 작용하므로 조업률이 높은 만큼 평균비용이 감소된다.

(4) 독점성

관광객과 관광자원의 매개적 역할을 수행하고 있는 관광교통은 이동을 전제로 하는 관광의 특성상 독점형태의 성격을 띠고 있다. 그러므로 대체 교통수단이 없을 경우에 운임이 크게 인상되었다 하더라도 그 교통수단을 이용하지 않을수 없다. 교통업은 이와 같은 독점에 따른 폐단이 크기 때문에 교통사업에 대한통제는 사회문제로 논의돼 왔고, 정부의 통제 하에 운행되고 있는 경우가 많다.

2. 육상교통업

1) 철도

(1) 철도관광의 개요

우리나라의 철도는 1899년 9월 18일 제물포~노량진 간에 33.2㎞의 경인철도를개통한 이래 지속적으로 발전을 거듭하면서 국민의 안전하고 편리한 생활철도로서 널리 이용되었고, 건전한 국내 관광산업을 주도하는 중요한 교통수단으로자리잡았다. 최근에는 민간기업 경영기법을 도입하여 고객만족서비스 제공과업무 프로세스 개선을 통한 경영효율화를 추구하고 있다.

철도를 이용한 관광은 안정성·정시성 등으로 관광객들에게 인기가 높다. 최근에는 관광열차 프로그램이 만들어져 운행되고 있으며, 특히 안정성을 고려해야 하는 수학여행 등의 단체여행은 철도를 이용한 관광이 선호되고 있다. 또한철도의 운행은 각 경유지의 관광자원에 대한 접근성을 확보하여 관광객들에게편리성을 제공하고, 새로운 관광지를 만들어 내기도 하며, 다른 교통수단과의 연계를 통하여 관광의 범위확대에 기여하고 있다. 철도를 다른 교통수단과 비교하면, 신속성 측면에서는 항공기, 대량수송의 경제성 측면에서는 선박, 편리성측면에서는 자동차에 뒤지는 경향이 있으나, 교통기관의 가장 중요한 조건인안정성·정시성이라는 측면에서는 타 교통기관에 비하여 매우 우수한 교통수단이다.

(2) 고속철도 관광

21세기에 들어와 우리 국토는 고속철도시대의 개막이라는 전환점을 맞이하게 된다. 많은 국가적 관심과 더불어 추진돼온 경부고속철도 1단계 사업이 2004년 4월에 완료됨으로써 우리나라도 고속철도시대에 진입하게 되었다.

2004년 4월 1일 개통된 고속열차인 KTX는 1992년에 시작된 경부고속철도사업의 일환으로 서울과 부산 간 418.7㎞를 잇는 고속철도 건설 프로젝트 1단계에 해당하는 서울~대구 간의 사업구간에 개통이 이루어짐으로써 서울에서 부산까지의 소요시간을 2시간 40분대로 앞당겨 전국을 반나절 생활권으로 바꾸는 혁명적인 생활문화 변화를 이룩하게 되었다. 특히 2005년 1월 1일부터는 철도청이 한국철도공사로 전환되면서 기존의 틀에서 벗어나 경영개선과 각종 서비스의 제공 등 다양한 이벤트와 관광 활성화를 위하여 노력하고 있는데, 고속철도 개통 5년 8개월 만인 2009년 12월에는 이용객이 무려 2억 명을 돌파하는 교통혁명을 이룩하였다.

2010년 11월 1일에는 대구에서 경주, 울산을 거쳐 부산으로 향하는 경부고속철도 2단계 구간이 개통됨으로써 경부고속철도는 완전개통이 이루어지게 되었다. 이로써 기존 선을 이용하던 대구~부산 간의 노선에서도 더 빠른 속도로 달릴 수 있게 되었다. 그리고 2017년 강릉선 개통과 함께 명실상부한 전국 반나절 생활권을 완성하였다.

한편 KTX와 일반철도와의 상호보완적인 결합은 고객의 욕구에 맞는 열차의 운행으로 보다 편리하고 쉽게 철도에 접근할 수 있게 되었으며, 지방자치단체와 연계한 시티투어 상품개발은 물론 선박연계 및 해외상품, 계절요인을 반영한 상품, 문화예술축제와 연계한 상품 등을 개발하고 있다.

외국인 관광객의 수요창출과 문화관광진흥에 기여하고자 개발된 코레일패스는 외국인 전용으로 판매되고 있으며 외국인 관광객의 국내관광편의를 도모해 왔다. 코레일패스는 일정기간 동안 구간이나 횟수의 제한 없이 KTX, 새마을호의 특실과 수도권 전동열차 및 관광열차를 제외한 모든 열차의 이용이 가능한 상품으로 외국인 관광객의 이동편의를 증진시켜 수도권 중심의 인바운드 관광시장을 지역단위 관광으로 분산시켰다.

최근에는 계절별·지역별로 문화축제, 이벤트열차 등 열차의 멋과 낭만을 느낄 수 있는 관광상품을 출시하여 많은 고객으로부터 호응을 얻고 있다. 이와 같이 고속철도의 등장은 정치, 경제, 사회, 문화 모든 영역에 있어서 우리가 종전에 경험하지 못한 기회를 제공하고 있다. 직접적으로 나타나는 효과로는 여행시간이 단축됨에 따라 여행 및 통행패턴에 많은 변화를 가져왔으며, 고속철도가 통과하는 지역은 산업입지 및 거주여건이 향상되어 지역경제가 활성화되면서 인구의 흡인력이 커지게 될 것이다. 또한 고속철도로 인해 생활패턴의 변화, 지방도시로의 인구분산효과, 지역균형발전, 관광산업의 활성화, 화물수송능력 증가 등 국민생활경제에 크게 기여할 것으로 기대된다.

2) 전세버스운송사업

(1) 전세버스운송사업의 의의

전세버스운송사업이란 운행계통을 정하지 아니하고 전국을 사업구역으로 하여 1개의 운송계약에 따라 국토교통부령으로 정하는 자동차를 사용하여 여객을 운송하는 사업을 말한다. 이 경우 정부기관·지방자치단체와 그 출연·연구기관 등 공법인, 회사, 학교 또는 「영유아보육법」 제10조에 따른 보육시설의 장과의 1개의 운송계약(운임의 수령주체가 누구이든 상관없이 개별 탑승자로부터 현금이나 회수권 또는 카드결제 등의 방식으로 운임을 받는 경우는 제외한다)에 따라 그 소속원만의 통근·통학목적으로 자동차를 운행하는 경우에는 운행계통을 정하지 아니한 것으로 본다(여객자동차운수사업법 시행령 제3조).

(2) 전세버스 관광상품의 형태

가. 전세버스관광

전세버스관광은 학교, 회사, 협회 또는 계모임, 친목단체 등과 같은 자생단체에서 전세버스 운송업체의 운송서비스를 제공받아 스포츠행사, 박람회, 쇼핑센터, 관광지 등을 여행하는 것을 말한다. 이 상품은 단일목적지의 여행으로 관광안내원은 동반하지 않는다.

나. 단체관광

국내에서 가장 많이 이용하는 전세버스의 한 형태이다. 단체의 대표와 여행사(전세버스업자) 간의 상담을 통하여 여행일정 및 관광목적지를 결정하여 계획된 운송서비스를 제공하는 것이다. 모든 일정표에 숙박·식사·쇼핑·관광지 등이 포함되며, 전 여정기간 동안 전문 관광안내원이 동반하여 여행서비스를 제공한다.

다. 개별 패키지관광

전세버스회사에서 특별한 이벤트나 계절상품, 유명관광지를 목적지로 한 특별기획 여행상품을 개별 여행자들이 모여 이용하는 운송관광상품이다.

라. 도시 패키지관광

개별 패키지관광과 유사하나 일정한 도시 내의 주요 관광지, 호텔, 음식점, 쇼핑센터 등을 운행하며 운송서비스를 제공한다.

마. 연계 교통관광

타 교통수단인 항공, 크루즈, 여객선, 철도와 전세버스를 연결하여 운송서비스를 제공하는 관광형태이다. 우리나라의 경우 관광열차와 연계하는 형태와 제주도 여행 시 항공기와 버스, 여객선과 버스를 이용하는 연계교통 관광형태가 가장 전형적으로 이루어지고 있다.

(3) 전세버스 현황

우리나라는 1948년 서울~온양 간에 관광전세버스가 처음으로 운행되기 시작하였으나, 1950년 6·25전쟁의 발발로 사실상 중단되었다. 그 후 정부가 관광에 대한 관심이 높아지면서 1961년 8월 22일 우리나라 관광에 관한 최초의 법률인 「관광사업진흥법」을 법률 제689호로 제정·공포하였는데, 여기에 관광사업의 일종으로 전세버스업이 관광교통업으로 신설 규정되면서 많은 발전이 있었다.

그러나 1975년 12월 31일 「관광사업진흥법」이 폐지되고 「관광기본법」과 「관광사업법」으로 분리 제정되었는데, 새로운 「관광사업법」에서는 관광교통업이 관광사업의 종류에서 제외되었고, 1986년 12월 31일 「관광사업법」이 폐지됨과 동시에 동법의 내용을 거의 답습한 현행 「관광진흥법」에서도 관광교통업에 관한 규정은 없다. 전세버스운송사업은 현행 「여객자동차운수사업법 시행령」 제3조에서 규정하고 있는 여객자동차운송사업 중의 한 업종으로 발전하면서 오늘에 이르고 있다.

3) 자동차대여사업

(1) 자동차대여사업의 개념 및 특성

자동차대여사업이란 다른 사람의 수요에 응하여 유상으로 자동차를 대여하는 사업을 말한다(여객자동차운수사업법 제2조 제4호).

관광교통수단을 크게 분류하면 철도·버스·항공기 등의 공공교통기관과 자가용 자동차로 대표되는 사적 교통기관으로 분류할 수 있는데, 자동차대여사업은 이 중간에 틈새시장을 파고드는 '제3의 교통기관'의 위치에 있다고 볼 수 있다.

자동차대여사업이 제3의 교통기관으로 불리는 이유는 첫째, 철도·항공기·버스·택시 등의 공공수송기관의 보완적 교통수단과 도시주변, 근교, 관광지 등에서 공공수송기관의 대체교통기관으로서의 기능을 발휘하고 있다는 점, 둘째, 유통부문 및 기업활동에서 업무용 자동차의 경비절감과 휴가철 자동차 선호 이용자들의 렌터카 사용이 증가하고 있다는 것이다.

또한 자동차대여업의 매력은 필요할 때마다 자동차를 빌릴 수가 있어 자동차를 운전하여 드라이브를 즐기면서 비밀성을 보장받을 수 있다는 것이다.

(2) 자동차대여사업과 타 관광사업과의 연계

가. 철도·항공기와의 결합수송 서비스

사람들이 여행을 할 때 자가용만을 이용한다는 것은 합리적 현대사회에 있어서는 극히 불합리한 이야기로 볼 수밖에 없으며, 시간적으로나 경제적인 측면에서 철도나 항공기를 이용할 때가 많다. 따라서 철도의 고속성·안전성의 장점 및 항공기의 장거리 고속성의 장점 또는 아무래도 자동차가 아니면 안 된다고 하는 자동차가 갖는 기동성 등을 감안하여 스케줄을 세워서 여행을 하게 되는 것이다.

각각 특성 있는 교통수단 중에서 여행하는 사람이 각각의 필요에 알맞은 방법으로 터미널에서 연계승차가 되는 시스템을 요구한다. 이러한 렌터카는 장시간 차를 운전하여 드라이브를 즐긴다든지, 사업상 몇 군데의 방문지가 있다든지, 밀실성 있는 이동하는 방이라는 자가용적 특성을 요구하는 사람들에게 많이 이용된다.

나. 여행업자와의 제휴

여행 중 렌터카를 사용하는 경우, 렌터카의 예약과 더불어 당연히 철도와 항공기의 예약도 필요하게 되는데, 이는 목적지까지의 교통수단으로서 철도와 항공기를 연계하여 이용하기 때문이다. 특히 성수기인 경우에 렌터카 예약이 절대 필요하고, 더불어 렌터카를 장시간 사용하면 숙박이 수반되어야 하므로 호텔 등의 예약이 필요하게 된다. 따라서 여행업자에게서 하나의 패키지상품으로 구입하는 것이 유용할 수도 있다. 렌터카업자는 필연적으로 이러한 여행업자와 제휴하여 여행의 편리성 향상에 노력을 기울여야 한다.

다. 관광산업과의 제휴 등 부가가치 서비스

관광지의 렌터카 회사는 그 지역 내에 있는 관광명소 및 관광시설 등과도 제휴하거나, 책임 있는 토산품점 등을 추천하거나 한다. 렌터카를 이용한 관광활동은 단지 자연경관을 감상하는 것만이 아니고 지역의 신뢰성 있는 리조트ㆍ여가사업체와 제휴함으로써 관광객의 편리성에도 기여하게 된다.

라. 경쟁사업과의 역할분담

렌터카의 경쟁사업으로서 대표적인 것은 택시가 있다. 택시나 렌터카 모두에 각각 장ㆍ단점이 있고, 한편으로는 분명히 경쟁되는 점과 역할분담면도 있다.

택시는 직업전문운전자가 운전하기 때문에 안심하고 타게 되며, 친절하고, 지리에 밝고, 안내도 자세하게 받으며, 기념사진 등도 걱정 없이 해결해 준다. 반면에 요금은 약간 비싸며, 프라이버시면의 문제와 식사시간 맞추기 등이 불리한 점이 되고 있다.

렌터카는 완전 밀실성이 있고, 프라이버시가 지켜지며, 자기가 운전대를 잡고 운전 그 자체를 즐길 수 있다. 그리고 자신이 좋을 때 바라는 장소에 언제나 갈 수 있고, 어느 곳에나 정차할 수 있는 자유가 있다. 또한 장시간 이용하면 요금이 상대적으로 저렴하다.

이와 같이 택시와 렌터카 각각의 특성을 명확하게 살린 형태로 역할을 분명히 주장하고 여행자에게도 이해를 구하여 양 업계의 보다 나은 발전을 위하고, 나아가서 여행자의 편리성 향상에 도움이 되는 방향으로 협력을 해야 할 것이다.

3. 항공운송사업

1) 항공운송사업의 이해

(1) 항공운송사업의 개념

항공운송사업이란 타인의 수요에 맞추어 항공기를 사용하여 유상(有償)으로 여객이나 화물을 운송하는 사업을 말한다(항공법 제2조 제31호).

(2) 항공운송사업의 분류

항공운송사업은 국내항공운송사업, 국제항공운송사업 및 소형항공운송사업으로 분류하고 있다.

가. 국내항공운송사업

국내항공운송사업이란 국토교통부령으로 정하는 일정 규모 이상의 항공기를 이용하여 다음 각 목의 어느 하나에 해당하는 운항을 하는 항공운송사업을 말한다(항공법 제2조 제32호).

1. 국내 정기편 운항: 국내공항과 국내공항 사이에 일정한 노선을 정하고 정

기적인 운항계획에 따라 운항하는 항공기 운항

2. 국내 부정기편 운항: 국내에서 이루어지는 가목(국내 정기편 운항) 외의 항공기
   운항

나. 국제항공운송사업

국제항공운송사업이란 국토교통부령으로 정하는 일정 규모 이상의 항공기를
이용하여 다음 각 목의 어느 하나에 해당하는 운항을 하는 항공운송사업을 말한
다(항공법 제2조 제33호).

1. 국제 정기편 운항: 국내공항과 외국공항 사이 또는 외국공항과 외국공항
   사이에 일정한 노선을 정하고 정기적인 운항계획에 따라 운항하는 항공기
   운항

2. 국제 부정기편 운항: 국내공항과 외국공항 사이 또는 외국공항과 외국공항
   사이에 이루어지는 가목(국제 정기편 운항) 외의 항공기 운항

다. 소형항공운송사업

소형항공운송사업이란 국내항공운송사업 및 국제항공운송사업 외의 항공운
송사업을 말한다(항공법 제2조 제34호).

(3) 항공운송사업의 구성요소

항공운송사업을 구성하는 기본적 요소는 3가지로 구성되는데, 운송수단인 항
공기, 항공기의 이·착륙 장소와 여객출입국 서비스를 제공하는 공항 및 터미널,
항공기의 운항로이자 운송권을 확보해 주는 항공노선이다.

가. 항공기

항공운송서비스는 항공기의 운항에 의해 직접 생산되고 소비된다. 따라서 항공기
는 항공운송시스템 구성요소로서 절대적인 위치를 차지하므로 안전성, 항공기의 속
도, 적재력과 쾌적성, 항공기의 정비 및 부품의 조달용이성 등이 동시에 확보되어야
한다. 항공기의 선정 및 수명은 항공운송사업 발전의 중요한 요소라 할 수 있다.

나. 공항

공항은 운송시스템의 능률에 많은 영향을 미치고 있으면서도 소홀히 취급되는 경향이 있다. 공항의 중요성은 단순히 접근이 용이한 입지문제 뿐만 아니라 기상조건 및 출입국 여객의 원활한 처리 또는 흐름을 보장해 줄 수 있는 내부시설의 확보가 중요하다. 이와 더불어 공항으로 연결되는 대중교통망과 거리 그리고 다양한 교통수단 간을 서로 연결시킬 수 있는 수송체계를 확립하는 것이 중요하다.

다. 항공노선

항공운송사업에 있어 항공노선을 개설하고 확보한다는 것은 노선의 운항권, 곧 영업권을 확보한다는 의미이다. 따라서 항공사로서는 확보하고 있는 항공노선의 수 또는 그 광협의 정도에 따라 항공사의 지위, 항공사의 발전 및 수익확보 가능성 그리고 특정시장에서의 점유율을 평가하는 척도가 된다.

(4) 항공운송사업의 특성

가. 안전성

모든 교통기관이 안전성을 중요시하지만, 특히 항공운송사업은 안전성을 지상과제로 삼고 그 지속적인 유지에 노력하고 있다. 초기의 항공운송은 안전성이 우려되었으나, 과학기술의 발달과 더불어 첨단기술의 집합체인 항공기의 출현으로 고도의 안전성을 확보하였음에도 불구하고, 아직도 항공기의 안전성 문제가 논의되고 있음은 부인할 수 없는 현실이기도 하다. 그러나 항공운송사업은 항공기 제작 및 정비기술의 발전, 항공기의 운항 및 유도시스템의 진전, 공항 활주로의 개선 등으로 거의 완벽할 만큼 그 안전성이 보장되고 있어 다른 교통수단의 추종을 불허하고 있다.

나. 고속성

항공운송의 중요한 특성 중의 하나는 고속성이다. 이 고속성은 고객을 유인하는 흡인요소이자 장점이다. 이 고속성은 전 세계의 주요 도시를 서로 연결하는 항공노선망을 구축하여 시간적·거리적 장애를 극복함으로써 이용객의 증대를 가져와 국제교통체계를 항공 중심으로 이끌었다. 특히 항공운송의 고속성은 국내항공 운항보다는 일정한 고도에 올라서 운항하는 순항거리가 긴 국제노선에서 고속성의 진가가 발휘되고 있다.

다. 정시성 확보의 어려움

항공기 이용객들은 항공사의 정시성 확보 여부를 항공사 선택기준으로 삼는 경향이 있는데, 이는 운항정시성이 항공사의 신뢰성과 직결됨을 의미한다. 그러나 항공운송은 타 교통기관에 비하여 항공기의 정비 및 기상조건 등에 의하여 크게 제약을 받는 특성이 있기 때문에 정시성 확보에 많은 어려움이 있다.

라. 쾌적성 및 편리성

항공기 이용객들은 비싼 요금을 지급하고 폐쇄된 공간에서 장거리여행을 하게 됨으로, 기내 서비스 및 안전한 비행을 통한 쾌적함이 매우 중요하다. 최근 항공업계의 두드러진 동향은 항공사들이 항공기 자체만으로는 상품차별화가 어렵기 때문에 쾌적성과 안락감을 향상시킬 수 있는 각종 시설을 기내에 추가함으로써 서비스 경쟁에서 우위를 차지하려는 노력을 경주하고 있다.

마. 노선개설의 용이성

항공운송은 육상교통처럼 도로나 철도의 건설과 관계없이 공항이 있는 곳이면 항공노선의 개설이 용이하다는 것이다. 따라서 노선의 제약을 받지 않으면서도 수요에 부응하여 운항편수의 증감, 기종선정 등 공급을 탄력성 있게 조정해 나가면서 운항할 수 있다.

바. 경제성

항공운송의 경제성은 여객운임의 저렴성에 있다. 다른 교통수단과 비교하여 비싼 것은 사실이지만, 항공운송의 발전에 따라 타 교통기관에 비교하여 상대적으로 저렴해지고 있으며, 항공운송으로 절약되는 시간의 가치를 감안한다면 항공운송의 경제성은 매우 높다고 할 수 있다.

사. 공공성

정기항공운송사업은 특히 공공성을 중시하고 이를 지켜야 한다. 이러한 공공성의 유지 필요성 때문에 어느 업종보다 정부의 규제와 간섭이 많을 뿐만 아니라, 항공운송사업은 국제성을 띠고 있어 국익과도 밀접한 관계가 있다.

아. 자본집약성

항공운송사업은 규모의 경제가 발휘되는 사업으로서 막대한 자본을 투자하여 경쟁우위를 확보해야만 하는 자본집약적인 사업이다. 이에 따라 항공운송사업의 출자형태도 정부가 전액 출자하는 국영기업 형태가 많이 나타나게 된다.

2) 항공운송 현황

항공운송은 가장 중요한 장거리 교통수단으로서 5대양 6대주를 연결하고 있어 국제관광 발전에 크게 이바지하고 있다. 그간 항공운송시장 환경은 '규제와 보호'가 중요시되었으나, 세계화·자유화·민영화의 큰 축을 중심으로 '경쟁과 협력'에 의한 시장원리가 강조되는 추세이며, 최근 항공자유화 및 항공사 간의 전략적 제휴, 지역간 통합운송시장의 확산으로 다양한 형태의 경쟁구도가 형성됨에 따라, 당분간 이러한 시장원리가 강조되는 기조는 크게 변화하지 않을 것으로 전망된다.

우리나라의 항공산업은 1989년 해외여행 자유화 및 경제성장에 따른 생활수준 향상 등에 따라 항공운송수요 증가로 이어져 1993년 이후 10년간 여객 5.8%, 화물 7.0%의 높은 항공수요 증가율을 보이며 내실 있는 성장을 이룩해 왔다. 그러나 최근 고유가와 계속되는 세계경제 침체로 인해 항공운송수요의 성장 분위기 또한 다소 영향을 받을 것으로 예측되고 있다.

국내선의 경우 고속도로의 확충(서해안고속도로, 중앙고속도로, 대전~진주 간 고속도로, 서울춘천고속도로, 서울양양고속도로) 및 고속철도 개통 등의 대체 육상교통수단의 고속화에 따른 영향으로 인하여 제주도 연계노선을 제외한 내륙을 연결하는 항공수요는 크게 감소하거나 마이너스 성장을 나타내고 있다.

한편, 국제선의 경우는 1952년 3월 자유중국과 최초로 항공협정을 체결한 데 이어 2024년 12월 말 기준으로 유럽 27개국을 비롯하여 총 96개국과 항공협정을 체결하였으며, 이 중 51개국 154개 도시에 국제선 정기편이 운항되고 있다.

4. 해상운송사업

1) 해상운송의 개요

해상운송은 대외무역 증대에 따른 수출입 화물 운송수단뿐만 아니라 해상 관광자원 개발 및 해안도서 지방의 교통수요에 따라 여객 및 관광객 운송수단으로서도 그 수요가 날로 증가하고 있다.

최근 국민생활수준의 향상과 새로운 관광욕구, 삼면이 바다인 우리나라의 지리적 특성은 육지와 가까운 도서지역의 관광객 수요가 급증하고 있는 것은 물론, 멀리 백령도, 홍도, 거문도, 울릉도 등도 관광지화가 이루어지고 있어 경치가 수려한 도서지역에 대해서는 지역개발차원에서도 관광자원의 개발과 보존의 필요성이 강조되고 있다.

이에 따라 지금껏 도서주민의 교통수단으로 이용되어 왔던 여객선은 교육수준과 생활수준의 향상에 따른 여가선용의 방법으로서 미지의 바다에 대한 동경과 해양레포츠활동 등이 급속히 확산되면서 해안관광을 겸한 연안여객선 운항이 활성화되고 있다. 또한 해양관광산업이 본격적으로 개발되면서 해양관광을 목적으로 해상유람을 즐기고자 하는 관광객들을 대상으로 특급호텔 수준의 시설과 서비스를 제공하면서 주요 항구도시 및 해안관광자원을 운항하는 크루즈가 해양관광객의 교통수단으로서 그 가치가 날로 높아지고 있다.

2) 해상여객운송사업

(1) 해상여객운송사업의 개념

해상여객운송사업이란 해상이나 해상과 접하여 있는 내륙수로에서 여객선(여객 정원이 13명 이상인 선박을 말한다)으로 사람 또는 사람과 물건을 운송하거나 이에 따르는 업무를 처리하는 사업으로서 「항만운송사업법」 제2조 제4항에 따른 항만운송관련사업 외의 것을 말한다(해운법 제2조 제2호).

(2) 해상여객운송사업의 종류

가. 내항 정기 여객운송사업

이는 국내항과 국내항 사이를 일정한 항로와 일정표에 따라 운항하는 해상여객운송사업을 말한다.

나. 내항 부정기 여객운송사업

이는 국내항과 국내항 사이를 일정한 일정표에 따르지 아니하고 운항하는 해상여객운송사업을 말한다.

다. 외항 정기 여객운송사업

이는 국내항과 외국항 사이 또는 외국항과 외국항 사이를 일정한 항로와 일정표에 따라 운항하는 해상여객운송사업을 말한다.

라. 외항 부정기 여객운송사업

이는 국내항과 외국항 사이 또는 외국항과 외국항 사이를 일정한 항로와 일정표에 따르지 아니하고 운항하는 해상여객운송사업을 말한다.

마. 순항(巡航) 여객운송사업

이는 해당 선박 안에 숙박시설, 식음료시설, 위락시설 등 편의시설을 갖춘 대통령령으로 정하는 규모 이상의 여객선을 이용하여 관광을 목적으로 해상을 순

회하며 운항(국내외의 관광지에 기항하는 경우를 포함한다)하는 해상여객운송
사업을 말한다.

바. 복합 해상여객운송사업

이는 위의 (가)부터 (라)까지의 규정 중 어느 하나의 사업과 (마)의 사업을 함
께 수행하는 해상여객운송사업을 말한다.

3) 크루즈업

(1) 크루즈의 개념

해양관광산업이 본격적으로 개발되면서 해상유람을 즐기고자 하는 관광객들
을 대상으로 선내에 객실·식당·스포츠 및 레크리에이션 시설 등 관광객의 편
의를 위한 각종 서비스시설과 부대시설을 갖추고 순수한 관광활동을 목적으로
관광자원이 수려한 지역을 순회하며 안전하게 운항하는 선박을 크루즈(cruise)라
말한다.

일반적으로 크루즈여행이라고 할 때에는 크루즈 내에 숙박과 위락시설 등 관
광객을 위한 각종 시설을 갖추고 여행자의 요구에 적합한 선상활동 및 유흥·오
락프로그램 등의 행사와 최고의 서비스를 제공하는 것은 물론, 매력적인 지상
관광자원 및 관광지를 순회하면서 관광시키는 종합관광시스템을 말한다.

(2) 현행 「관광진흥법」상의 크루즈업

가. 개념

2008년에 개정된 「관광진흥법 시행령」은 관광객이용시설업의 일종인 '관광유
람선업'에 크루즈업을 추가 신설하고 이를 일반관광유람선업과 크루즈업으로 구
분하고 있다. 그리고 크루즈업의 정의에 관하여는 "크루즈업이란 「해운법」에 따
른 순항(巡航) 여객운송사업이나 복합 해상여객운송사업의 면허를 받은 자가 해
당 선박 안에 숙박시설, 위락시설 등 편의시설을 갖춘 선박을 이용하여 관광객
에게 관광을 할 수 있도록 하는 업"이라고 규정하고 있다(제2조 제1항 제3호).

나. 크루즈관광의 특성

크루즈와 타 해운교통과의 차이점은 첫째, 크루즈는 관광이 목적이고, 여객선은 수송이 목적이다. 둘째, 기간이 크루즈는 장기적이고, 카페리는 단기적이다. 셋째, 크루즈는 대규모이고, 쾌속선은 소규모의 고속성을 가진다.

크루즈관광의 특성은 첫째, 목적이 수송이 아닌 관광이다. 둘째, 기간이 장기적이다. 셋째, 수려한 지역(경승지)을 관광한다. 넷째, 선내에 다양한 시설이 설치되어 있다. 다섯째, 선내 서비스가 최고급이다. 여섯째, 규모가 일반적으로 대형으로 이루어진다.

CHAPTER

8

관광과 문화

PRINCIPLES of TOURISM

관광과 문화

관광은 타 지역이나 타국을 방문하는 관광객들이 관광시설을 이용하는 것뿐만 아니라 새로운 사실을 발견하고 경험하는 과정에서 서로 다른 문화가 교류된다는 점에서 현대인에게는 매우 중요한 생활양식이다. 특히 관광객은 타지역을 관광하면서 타문화에 대한 이해의 폭을 넓히는 행위일 뿐만 아니라 관광지의 지역주민에게도 새로운 문화를 접할 수 있는 기회를 제공하는 구실을 하기도 한다. 이처럼 관광은 관광객과 관광지 지역주민의 접촉을 통해서 문화적인 이질감을 해소하기 위한 하나의 방법이며 새로운 문화를 창출하는 과정이기도 하다. 이러한 이유에서 관광은 세계 각국의 문화를 상호 전파하는 수단이라고 볼 수 있다.

제1절 문화의 개요

1. 문화의 어원과 정의

문화(culture)의 어원은 라틴어의 'colere(영어: cultivate)에서 파생되었고 농작물 경작이나 재배를 의미하였다. 즉 자연에 노동을 가하여 수확한다는 의미였다. 이 의미는 시대의 흐름에 따라 수확은 '가치의 상승', 그리고 '가치의 창조'로 변화되었고, 결국 예술을 창조하거나 교양이 있는 의미로 발전하였다. 이러한 문화의 의미를 동양에서는 사람을 교화시켜 풍속을 좋게 변화시킨다는 의미로, 서양에서는 문명의 지적인 면과 심미적인 측면을 의미하게 되었다.

18세기 유럽에서는 문화의 개념이 '야만(barbarism)'의 반대적인 의미로 사용되었으며, 19세기 독일에서는 관습, 종교, 예술 등이 문화로, 법과 제도 등이 문명으로 불리었다. 따라서 오늘날 문화인 하면, 교양이 있는 사람 또는 지적이고 세련된 사람을 뜻하게 되었다. 협의의 문화는 문학·음악·미술·무용·조각·건축·연극·영화와 같은 예술적 요소를 의미하며, 이때 예술은 가장 가치가 큰 문화, 가장 문화다운 문화를 의미한다.

문화의 개념과 정의에 대한 논쟁은 17세기 사무엘 폰 프루펜도르프(Samuel von Prufendorf)가 인간을 동물과 구분하는 차원에서 문화를 "인간생활을 형성하는 행위의 총체"라고 언급하면서 본격화되었다. 그러나 이 개념에는 인간활동 중에 본능적 요소가 포함되어 문화로 보기 어려운 요소들이 내포되었기 때문에 18세기 독일 철학자 헤르더(J. G. Herder)는 문화를 "역사적 단계에서 형성된 집단 전체의 특수한 삶의 모습," 즉 생활양식이라고 규정하였다. 그런데 문화를 인간의 생활양식이라고 하기에는 또한 너무 광범위하여 1871년 영국의 인류학자 타일러(E. B. Tyler)에 의해, 문화란 "사회구성원에 의해 습득된 지식, 신앙, 예술, 법, 도덕, 관습 및 인간이 사회구성원으로서 획득한 어떤 다른 능력이나 습관 등을 포함한 복합적인 총체"라고 보다 구체적으로 정의하였다.

그러므로 넓은 의미에서 문화는 인간이 자연에 의해 이루어낸 일체의 것, 즉 인간의 총체적 삶의 방식이며 개인이 인간의 집단생활 속에서 습득하는 복합적인 사회적 유산을 가리킨다. 이와 같은 광의의 문화개념은 인류학이나 역사학, 사회학, 그리고 일상적인 언어생활 속에서 광범위하게 통용되고 있다. 반면 협의로서의 문화란 풍속, 관습, 언어, 도덕, 종교, 오락, 교육, 스포츠, 예술, 과학, 철학 등 인간의 정신적 창조물 및 생활양식을 한정적으로 의미한다.

2. 문화의 속성

문화와 유사한 용어로 문명이 있다. 문명이란 용어는 18세기 유럽이 식민지를 개척과정에서 유럽과 비유럽의 차별성 혹은 '문명'과 '야만'을 구분하기 위한 이분법적 사고에서 등장하였다. 이러한 사고는 유럽 문명의 우월주의에서 기인하였다고 볼 수 있다. 문명과 문화의 개념적 구분에 대하여 칸트(I. Kant)를 비롯한 독일 철학자와 사회학에서는 문화는 내재적인 요소이고, 문명이란 외재적 형식이라고 하였다. 즉 문화는 정신적이고 지적인 측면을, 문명은 물질적이고 기술적인 측면으로 구분하여 지금까지 널리 통용되어 왔으며, 문명(Civilization)의 사전적 의미도 인류가 이룩한 물질적·기술적·사회 구조적인 발전으로 되어 있다.

문명을 문화의 일부분으로 보는 견해는 제2차 세계대전 후 문화인류학의 보급에 따라 일반화되었다. 즉 물질적·기술적·사회 구조적인 발전 등 문명적 요소는 문화의 일부분이라는 것이다. 문명은 과거 과학기술이 발달되지 않은 시대에 유럽과 같은 일부 지역의 전유물이었으나, 현대에 와서 과학기술에 의한 새로운 물질적·기술적 발전이 있어도 그것을 문명이라고 하지 않는다. 왜냐하면 그러한 물질적·기술적 발전은 상용화되어 급속도로 전 세계에 보급되어 보편화되기 때문이다. 따라서 문명이라고 하는 물질적·기술적 발전은 단지 문화의 한 부분으로서 존재하는 것이다.

문명은 지식과 기술의 발전 수준·단계를 뜻하고, 문화는 지식과 기술의 발전과는 상관없이 사회구성원들의 생활양식 자체라고 할 수 있으며, 이는 곧 문화가 문명을 포괄한다고 할 수 있다. 즉 문명은 기술과 지식이 발달한 사회에서만 존재하지만, 문화는 문명이 깃들지 않은 사회가 있는 곳, 예를 들면 미개의 사회나 부족에서도 존재하는 것이다.

문화는 그 사회 내에 있는 사람들 욕구를 충족시키기 위해 존재하나 이러한 문화 특성들은 그 사회나 시대의 사상과 분위기에 따라 변화된다. 이와 같이 문화는 다음과 같은 다양한 속성을 지니고 있다.

1) 공유성

한 지역의 사회구성원들은 공통적인 행동 및 사고방식을 가지는 속성을 지니고 있으며, 그것을 공유하고 있다. 예를 들면, 우리나라 사람은 대부분 김치를 좋아하는 식문화를 가지고 있고, 겨울이며 김장을 하는 습관을 가지고 있다. 이와 같이 한국문화·동양문화·서양문화처럼 그 지역 사람들의 행동과 사고는 공통점을 지니고 있으며 이러한 공통점이 공유될 때 문화로 형성되는 것이다.

2) 다양성

유네스코에 의하면 지구상에는 6,000여 종의 문화가 존재하는 것으로 추산하고 있는데, 하나의 문화가 존재하려면 타문화와 이질성을 지니고 있어야 한다. 한 지역 내에서도 성별·연령별·소득별·인종별로 다양하게 나타나는 것이 문화이다. 예를 들어 미국문화를 인종별로 크게 백인·흑인·히스패닉계 등으로 나눌 수 있는 것은 지역 내에서도 문화가 다르기 때문이다. 또한 미국내 같은 청소년집단 간에도 히피족과 여피족으로 구분할 수 있다. 이와 같이 한 지역 내에서도 세분화될 수 있는 공통적인 가치관을 지닌 집단의 문화를 하위문화라고 한다.

3) 상대성

문화 간에는 옳고 그름이 없고 우열도 없는 단지 틀림(culture diversity)만이 존재한다. 예를 들어 우리나라의 경우 지하철이나 버스 안에서 서 있는 사람의 물건이나 가방을 받아 주는 것은 미덕이라고 생각하지만, 서양에서는 가방에 욕심을 내는 도둑으로 인식하고 있다. 또한 유럽인들은 일본사람들이 위스키나 코냑 등 증류주를 미즈와리(みずわり)라고 해서 물 또는 얼음을 섞어서 마시는 것을 술에 대한 모독 행위로 보지만, 일본인들에게는 술문화의 일종이다. 이와 같은 문화는 나라별로 상이하지만 그것에 대하여 옳고 그름을 판단할 수 없는 상대성의 속성을 가지고 있다.

4) 학습성

문화는 예로부터 생활 속의 경험과 지식 등이 언어와 문자를 통하여 축적되어지고, 그것은 전통적으로 학습되어 다음 세대에 전수되어진다. 예를 들어 과거의 공예와 도자기 기술이 현재가지 축적되어 전승되고 있는 것은 그 문화가 학습되었기 때문이다. 이와 같이 인간은 처음부터 한 문화를 익혀서 태어나는 것이 아니라 가족관계에서, 친구들과의 놀이에서, 학교와 사회에서 학습을 통하여 얻어진다.

5) 가변성

문화는 그 원형이 한번 고착화되어 지속적으로 전승되는 것이 아니라 시대의 환경에 맞게 변모하는 속성을 지니고 있다. 예를 들어 우리의 장례문화는 과거 매장문화였으나 지금은 거의 화장문화로 바뀌고 있으며, 제사문화도 시대에 따라 변하고 있다. 또한 과거에는 남존여비 사상의 문화가 있었다면 오늘날에는 오히려 여성을 존중하고 배려하는 문화로 바뀌고 있다.

● 제2절 문화관광의 이해

1. 문화관광의 개요

1) 문화관광의 정의

관광은 본질적으로 문화행동과 문화접촉이며, 관광산업 또한 궁극적으로 문화교류의 촉진이라 할 수 있으며, 관광이 그 깊이를 가지려면 문화적이어야 한다.

문화는 관광의 본질로서, 그리고 관광활동 그 자체가 문화의 중요한 한 부분으로서 우리에게 주는 의미는 매우 크다고 할 수 있다. 오늘날 관광의 한 유형으로 분류되는 문화관광은 그 뜻이 매우 다양한데, 사전적인 의미로서 문화관광은

"유적, 유물, 전통공예, 예술 등이 보존되거나 스며있는 지역 또는 사람의 풍요로 웠던 과거에 초점을 두고 관광하는 행위이다"라고 정의되고 있다.

문화관광은 문화자원을 대상으로 관광을 하는 형태를 말한다. 문화는 관광자 원의 한 부분으로서 관광객은 문화관광을 통하여 문화적 욕구 충족, 즉 문화를 소비하는 것이다. 결국 문화관광객은 그러한 경험을 통하여 타 문화의 이해 및 지식을 습득하고 정신적 풍요로움을 얻고자 하는 것이다.

지금까지 문화관광에 대한 학자들의 정의를 요약하면 다음과 같다.

▶▶ 표 8-1 **문화관광에 대한 정의**

연구자	정 의
세계관광기구(1985)	• 좁은 의미에서는 연구관광, 무대예술, 문화여행, 축제와 그 외의 문화적 행사, 역사적인 장소 및 유적, 자연과 민속, 예술을 배우는 여행, 순례 등의 문화적인 동기에 의한 인간행위가 포함 • 광의로 볼 때 문화관광에는 인간의 움직임 모두가 포함
한국관광공사(1995)	• 문화적 공기를 가지고 전통과 현대의 다양한 문화를 적극적으로 체험하는 SIT의 일종
김상무(1995)	• 다른 지방의 문화에 대한 지식을 습득하고 동시에 그 고장의 문물에 참뜻을 음미하는데 목적을 두고 여행하는 것
이선희(1996)	• 인간의 정신과 물질세계 전반을 포함하는 총체적 개념으로 이해
Howard(1996)	• 역사적 건물과 장소, 박물관, 아트갤러리 등의 방문을 포함하며, 동시대의 그림이나 조각을 보거나 공연예술 등에 참관하는 것
Richards(1996)	• 개념적 정의: 문화적 욕구를 충족시키기 위해 일상생활권을 떠나 문화적 자원으로 이동하는 것 • 기술적 정의: 일상권을 떠나 사적지, 문화 및 예술적 표현물과 드라마 등과 같은 특정 문화적 자원으로 이동하는 것
Karpodini & Dimitiadi(1999)	• 교육관광·예술활동, 문화축제 및 기타 문화적 행사에 참가하기 위한 여행으로 유적과 기념 건조물 방문, 자연, 민족, 예술, 학습여행, 순례여행과 같은 문화적 동기에 의한 이동
서태양(1999)	• 관광객이 여가시간 중에 일상의 생활권을 떠나 다시 돌아올 예정으로 타국이나 타 지역을 유·무형의 문화적 관광자원을 대상으로 하여 문화적 관광욕구 충족을 목적으로 하는 관광활동

2) 문화관광의 발전배경

21세기는 문화전쟁의 시대로 문화나 정보와 환경에 대한 관심이 더욱 커질 것 으로 예상되며, 관광산업에서도 이 세 가지 분야를 공동으로 함축시킬 수 있는 관광상품의 개발이 중요한 관심사가 되고 있다. 이런 관점에서 문화관광이 발전하게 된 배경은 다음과 같다.

① 정신적 풍요를 중시하는 가치관의 변화

② 교육수준 및 생활수준 상승에 따른 문화욕구 증대 및 다양화

③ 독특한 지역문화에 대한 재평가와 지역주민의 긍지와 자부심이 증대되며 발굴, 복원, 전승 노력이 활발해짐

④ 획일화, 몰개성화 되어 가는 세계적 생활양식에 대한 반작용으로 독특한 지역문화에 대한 관심 증대

⑤ 질적인 면이 강조되는 관광을 선택하는 추세

⑥ 정보·통신체계의 발달에 힘입어 타 문화권에 대한 인식과 관심 증대

⑦ 운송수단의 급격한 발전으로 인한 타 문화권으로의 접근용이

⑧ 여행경험 증대에 따라 만족수준이 높아짐

⑨ 단순히 보고 즐기는 여행이 아닌 직접적 체험을 통해 정신적 성숙을 기할 수 있는 여행의 선호

2. 문화관광의 유형

문화관광은 현대사회의 관광현상에 있어서 문화적 자원을 대상으로 하는 관광객의 욕구와 동기에 나타나는 관광의 한 형태라고 할 수 있다. 결국 문화관광을 구성하는 자원은 사회·문화적 요인으로서 지역과 국가에 따라서 서로 다른 특성을 지니고 있는 세시풍속, 민속, 음악, 무용, 종교, 언어, 생활양식들의 무형적 제반 현상으로 구성된 인적 요인과 인간의 비영리적 활동의 결과물로 나타난 각종의 물체 또는 시설물 등을 통해서 그 특성이 감지될 수 있는 유형적 제반 현상인 물적 요인, 예를 들어 각종 건축물, 유적, 사적 및 사적지, 각종 지정관광지, 유원지, 공원, 박물관, 영화관, 미술관과 같은 구조물이나 시설물에서부터 음식물, 의상들에 이르기까지 매우 다양하게 구성되어 있는 것이라 할 수 있다.

관광활동을 대상을 중심으로 문화관광은 예술관광(art tourism), 문화유산관광(heritage tourism), 엔터테인먼트관광(entertainment tourism), 종교관광(religious tourism), 음식관광(food tourism), 축제관광(festival tourism), 종족생활체험관광

(ethnic tourism) 등으로 구분할 수 있으며, 각 분야 모두 향후 관심이 증가할 것으로 예상되는 분야라고 할 수 있다(이경모, 2005).

▶▶ 표 8-2 문화관광의 유형

유 형	특 징	사 례
예술관광 (art tourism)	미술, 조각, 연극, 기타 인간 표현과 노력의 창조적 형태를 경험하는 여행	• 파리 화랑 순례 • 반 고흐 서거 100주년 기념행사
문화유산관광 (heritage tourism)	과거에 대한 향수와 다양한 문화적 환경을 경험하려는 욕구에 기반을 둔 유형과 무형의 유적을 소재로 한 관광	• 이집트 피라미드 탐방 • 유럽의 박물관 순례
엔터테인먼트관광 (entertainment tourism)	교육목적보다는 즐기기 위한 여행으로 대중문화나 세계 각국의 문화를 축소시켜 놓은 테마파크 등을 방문하는 여행	• 영화 촬영지 탐방 • 대중가수 콘서트 참가 • 미니어처 테마파크 방문
종교관광 (religious tourism)	종교적으로 중요한 성지순례, 사원방문, 종교행사 참가를 위한 여행	• 예루살렘, 메카, 룸비니 등 성지순례 • 부활절, 석가탄신일, 하지 등 참가
음식관광 (food tourism)	다른 나라나 다른 지역의 민족음식, 향토음식을 맛보거나 체험하는 여행	• 식도락 여행 • 홍콩요리 축제
축제관광 (festival tourism)	다른 나라나 다른 지역의 축제에 참여하기 위한 여행	• 외국 전통축제 참여여행 • 지역 전통축제 참여
종족생활체험관광 (ethnic tourism)	살아있는 문화인 인간과의 실제적 접촉을 통해 이민족의 생활문화를 생생하게 체험하는 여행	• 태국 고산족 탐방여행 • 보르네오 통나무집 거주민 탐방여행 • 자바 인형극마을 탐방여행

자료: 한국관광공사(1996) 내용을 바탕으로 저자 재작성.

3. 문화관광의 효과

1) 지역경제 활성화

오늘날 문화관광은 전 세계관광의 30% 이상을 차지하고, 연간 성장률도 15%에 달하고 있다(김사헌, 2005). 문화관광은 지역의 고유문화를 재평가할 기회를 제공하고 지역주민의 주체성과 유대감을 강화시키며 지역의 전통을 보전하고 문화교류를 통한 지역문화의 홍보 및 새로운 관광매력의 창출로 인하여 지역경제 활성화에 기여하는 바가 크다고 할 수 있다(최승담, 1996). 즉 문화관광객의 유입은 숙박업·음식업·교통업 등 관광산업뿐만 아니라 쇼핑, 유적지 입장권 수입, 기념품 판매 등을 통하여 지역의 경제활성화에 영향을 미친다.

2) 문화의 관광자원화

문화의 관광자원화는 문화경제활동의 하나로 볼 수 있으며, 문화경제의 관점에서 문화의 상품화는 지역에 소재하고 있는 문화적 요소를 자원화하는 것을 말한다(Kneafsey, 2001). 즉 문화는 그 나라 또는 지역의 전통과 독특한 삶의 방식이 표출된 현상이므로 관광객에게는 훌륭한 관광자원이며, 많은 관광객의 관광동기는 타 문화의 체험과 이해하고 할 수 있다.

이러한 문화가 관광자원이 되려면 고유성과 진정성을 바탕으로 관광객의 관광욕구를 충족시켜 주거나 관광행동을 유발하게 하는 매력성(attraction)과 신기성(novelty)을 갖추어야 한다. 그리고 문화를 소재로 다양한 문화생산과 소비활동이 뒷받침되어야 비로소 생명력이 있는 관광자원이라고 할 수 있을 것이다. 문화의 진정성(authenticity)이란 그 지역만이 가지고 있는 고유한 문화의 표출을 말한다. 문화의 진정성을 체험하기 위해서는 인위적으로 만든 공간에서는 체험할 수 없고, 지역주민이 사는 곳에서만 가능하다. 그러나 지역민의 사생활이 침해될 수 있다는 점에서 조심스럽게 접근해야 하는데, 결국 지역주민의 생활보호와 관광객의 만족이라는 균형을 유지하는 것이 과제이다.

3) 문화재 복원 및 보존

지역사회의 거주민은 자신들의 고유문화가 관광객을 유인하는 원동력이 되고 타 관광지와 구별되는 주요 요소라는 것을 인식하게 되면 자신들의 고유문화를 존재시키기 위해 노력을 경주할 것이다. 또한 관광객에게 관광자원을 보여주기 위해서는 훼손되거나 사라진 유·무형의 문화재를 복원하고 보존하는 노력이 뒤따르게 되며, 과거에 소멸된 전통문화가 재현되기도 한다. 예를 들어 조선 전기(15세기) 때부터 광화문 수문장교대의식은 실시되었으나 어느 순간 사라져 버렸다. 그러나 현대에 와서 『경국대전』 등 조선시대 역사기록·궁중기록화·관련 유물 등을 근거로 당시의 양식에 의거하여 복식과 의장물 및 의식을 재현하였다. 이러한 광화문 수문장교대의식은 2002년 개막 이후 국내외 관광객들로부터 큰 호응을 얻고 있는 대표적인 문화관광상품이 되었다. 이와 같이 관광산업의 발전창원이 문화 재복원 및 보존을 장려하고 그 중요성을 인식하는 계기를 형성해 준다.

4. 문화관광의 부정적 영향

문화관광은 문화에 대한 경제적 지원과 이익을 가져다주는 동시에, 부정적 영향을 초래하는 양면성을 지니고 있다. 문화산업의 한 영역에 위치하고 있는 관광이 부정적으로 평가를 받는 것은 관광이 지니고 있는 상업적 속성에 의해 문화의 고유성을 상실하거나 왜곡시키는 원인이 되기 때문이다(김규호, 2010). 문화관광의 부정적 영향을 정리하면 다음과 같다.

1) 문화재의 훼손

문화재 복원 및 보존과는 상반된 개념으로, 수용력을 초과하는 관광객의 방문은 지역의 문화재나 유적지들의 훼손과 파괴를 불러일으킨다. 뿐만 아니라 관광객들에 의한 문화재의 밀반출로 인해 귀중한 문화재가 해외로 유출되는 경우도 발생하게 된다.

2) 문화의 상업화

한 지역의 고유한 전통문화를 관광객에게 보여주기 위해서는 그 문화가 변질되거나 상업화가 될 우려가 있다. 즉 문화는 상업적 속성을 지닌 관광에 의해 상업화되고, 상업화에 의하여 고유성을 상실하거나 왜곡될 수도 있다. 이와 같이 지역의 고유문화를 외래 관광객의 취향에 맞게 변모하여 관광객에게 상업적으로 보여주기 위한 것을 '문화의 상업화'라고 한다.

3) 문화의 화석화 및 모형화

관광지에서는 지역주민의 과거 일상생활용품들이 관광객들에게 골동품으로 판매되거나 민속품으로 둔갑되어 박물관에 보관되어 현재는 사용되지 않는 경우가 있는데, 이를 '문화의 화석화'라고 한다. 또한 지역의 관광기념품으로 생산된 공예품의 경우 지역경제의 활성화 측면에서 긍정적인 측면이 있으나 원래의 크기와 재료가 달라지거나 만드는 기법이 변형되는 등 전통적인 가치를 떨어뜨려 모형품으로 전락하는 경우가 있는데, 이를 '문화의 모형화'라고 한다.

4) 문화적 충돌의 발생

관광객과 수용지역 주민 간에는 서로 이질문화의 차이에서 오는 문화적 충돌이 발생하여 정신적 충격이 발생할 수 있는데, 이를 '문화적 충격(cultural shock)'이라고 한다. 예를 들어 보수적인 성향을 가진 관광지의 지역주민이 자유분방한 관광객의 행동을 보면 충격을 받을 수 있다.

5) 문화의 종속화

외부자본이 투자되었거나 외부자본에 의하여 운영되는 관광지 또는 관광업체의 경우 투자국가의 문화에 따라갈 수밖에 없다. 즉 A라는 국가의 관광지 또는 관광업체가 B라는 국가의 투자에 의하여 운영된다면 A국가는 B국가의 언어의 학습은 물론, 다양한 문화에 흡수될 수밖에 없는데, 이를 '문화의 종속화'라고 한다. 종속이론은 경제적 종속이 가장 먼저 이루어지고, 다음으로 정치적 종속관계가 형성되며, 마지막으로 문화적 종속관계가 형성되는데, 문화적 종속은 주체성까지 상실한다는 점에서 가장 우려가 되는 점이다. 이와 같은 종속관계를 '신식민주의'라고 부른다.

CHAPTER

9

관광마케팅

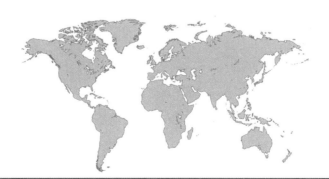

PRINCIPLES of TOURISM

CHAPTER 9 관광마케팅

관광마케팅이란 간단히 말하면 관광객 중심으로 관광활동에 관련되는 상품이나 서비스를 만들어 판매하는 것을 말한다.

관광사업을 발전시키기 위해서는 무엇보다도 관광객을 증대시키는 일이 필요하다. 그렇게 하기 위해서는 관광대상을 매력있는 것으로 만들지 않으면 안 되며, 그 존재를 널리 알려주는 것이 필요하다. 또 그 전제로서 그 시대의 관광객이 관광에서 무엇을 구하고자 하는가를 잘 파악할 필요가 있다.

이와 같이 관광의 수요를 확대하기 위해서 공급자 측이 관광객에 관한 모든 것을 조사하고 분석함으로써 상품화를 계획하고 판매를 촉진하는 여러 가지 활동을 관광마케팅이라고 한다.

이 장에서는 먼저 관광마케팅이란 무엇인가를 설명하고, 다음으로 관광마케팅이론의 발달, 관광마케팅의 특징, 현대마케팅이념의 구성요소를 살펴보고, 끝으로 관광마케팅의 현대적 과제를 설명하고자 한다.

제1절 **관광마케팅의 개요**

1. 관광마케팅의 개념

관광마케팅은 관광시장의 여러 활동에 마케팅수단을 도입함으로써 관광활동에 관련되는 상품이나 서비스를 공급자인 관광사업자로부터 수요자에게 원활하게 유통되도록 조정하는 활동을 말한다. 그러므로 관광마케팅이란 무엇인가를 말하기에 앞서, 먼저 마케팅(Marketing)이란 무엇인가를 말해두고자 한다.

마케팅의 정의에 관해서는 여러 가지 설명이 있으나, 그 가운데 미국마케팅협회(AMA: American Marketing Association)가 내린 것을 보면, "마케팅이란 생산자로부터 소비자 내지 이용자에게 상품이나 서비스의 유통을 인도하는 여러 가지 실무활동을 수행하는 것"이라고 설명하고 있다.

마케팅이란 판매활동의 총칭이지만, 단순히 상품을 파는 것을 뜻하는 것이 아니고, 팔 수 있는 상품을 만들어 그것을 살 사람을 찾아내어 적극적으로 작용하는 것과 같은 폭넓은 활동을 포함하고 있다. 이와 같은 설명에서 이해할 수 있듯이, 상품의 생산이나 서비스의 제공능력이 높아지고, 많은 수량의 상품을 소비자에게 제공할 수 있는 시대가 되어 만들어진 새로운 개념이다. 그렇기 때문에 독일이나 프랑스 그리고 우리나라에서도 번역어를 사용하지 아니하고 '마케팅'이란 말을 그대로 사용하고 있다.

마케팅이란 말은 1920년대에 미국에서 제일 먼저 사용하였고 제2차 세계대전 후에는 유럽의 각 나라에서도 사용하게 된 것으로, 우리나라에는 1950년대에 들어와서야 처음으로 소개되었다.

미국에서 이 말을 처음 사용하게 된 것은 '대중소비사회'로의 이행이 빨랐기 때문이며, 당초에는 "생산자로부터 소비자에게 상품을 배급하는 경우의 복잡한 서비스를 포함한 개념"이라고 설명되고 있다. 즉 생산자가 상품을 만들어 그것을 도매상과 소매상을 거쳐 소비자에게 전달되기까지의 과정에 존재하는 활동이며, 유통에 관한 여러 문제나 광고·선전 등을 포함하고 있다.

그 후 1929년 가을에 시작된 대공황 등의 영향을 받아서 소비수요가 활발하지 못하게 됨으로써 소비자에게 받아들여질 수 있는 판매를 생각하게 되었다. 이 단계에서 오늘날 사용되고 있는 것과 같은 의미의 마케팅이 등장하기 시작하였던 것이다.

마케팅론은 1950년대 후반부터 이론화와 체계화가 진척되고, 그 활동의 목표는 소비자를 만족시키는 것, 소비자를 창조하는 것 등이라는 점이 명확해지고 있다. 그리고 기업활동의 관점에서 목표달성에 관한 여러 가지 기술을 조정·통합하는 관리적 활동이라고도 규정되고 있다. 이것을 경영관리론적 마케팅론(managerial marketing)이라고 한다. 이러한 개념 아래 마케팅은 경영원리의 한 적용수단으로서 과거 20여 년 동안 기업의 목적을 성공적으로 달성하기 위해 그 중요성은 더욱 절실하게 인식되어 왔다.

따라서 관광마케팅(marketing in tourism)은 목표소비자가 관광객이라고 하는 점과, 거래되는 상품이 관광서비스라고 하는 무형의 상품이라는 점에서 차이가 있을 뿐, 소비자인 관광객의 욕망을 충족시키기 위한 수단으로서 마케팅원리의 적용방법은 조금도 다를 바가 없다. 그러므로 관광마케팅은 "관광서비스의 수급관계가 지역 간 또는 국제간에 원활히 교환될 수 있도록 직간접적으로 작용하는 여러 활동으로서, 관광객의 관광의욕을 유발시키고, 그것을 충족시키기 위한 수단과 방법을 파악하고 조사·분석함으로써 계획 및 통제하는 일련의 관광시장 활동"이라고 정의할 수 있다.

이와 같은 관광마케팅이 한 나라의 국내관광시장을 목표로 지향할 때에는 국내관광마케팅(marketing for domestic tourism)이라고 하며, 이에 대하여 외국관광시장을 목표로 하고 지향할 때에는 해외관광마케팅(marketing for foreign tourism), 관광수출마케팅(marketing for export tourism) 그리고 국제관광마케팅(marketing for international tourism)이라고 일컫는다.

위에서 구분한 국내관광마케팅과 국제관광마케팅은 그 기본개념과 원리는 다를 바가 없다. 즉 양자는 '특정한 시장의 개척을 목적으로 한 사업활동'이며, 이러한 의미에서 양자는 균질성을 갖는다.

그러나 국제관광마케팅은 국내관광마케팅과는 그 목표로 하는 시장구조, 시장환경, 시장조건 등을 달리하므로 국내관광마케팅과는 다른 특색을 가지며, 양자 사이에는 독자성과 이질성이 있다.

이상에서 말한 바와 같이 관광마케팅은 관광객에 대하여 관광객의 욕구를 만족시키는 것을 목적으로 하는 관광사업활동의 원리가 되는 이념이다. 따라서 단순한 정보수집활동, 상품화계획, 정보전달활동 등만이 아니고, 관광상품이나 관광서비스의 요금결정, 유통경로, 입지선정, 접대체계, 판매촉진 등을 결정하는 모든 요소를 포함한 훨씬 광범위한 것이다. 각종 관광마케팅 수단의 종합을 뜻하는 이른바 '마케팅믹스(marketing mix)'의 개념에 의해서 표현되는 것이다.

2. 관광마케팅의 기본요소

마케팅은 사회적·관리적 과정으로서 개인과 집단은 다른 사람과의 상품과 가치의 교환과정을 통해서 그들의 필요와 욕구를 인식하게 된다.

이러한 정의를 이해하기 위해서는 욕구(needs), 욕망(wants), 수요(demand), 상품(products), 편익(benefit)·비용(cost)·만족(satisfaction), 교환(exchange)·거래(transaction)·관계(relations), 그리고 시장(market)과 같은 기본적인 용어를 먼저 이해해야 된다고 본다.

1) 욕구

욕구(needs)는 마케팅에 내재된 가장 기본적인 개념으로, 인간의 욕구란 인간이 무엇인가 결핍을 느끼는 상태를 말한다. 인간은 매우 복잡하고 다양한 기본적인 욕구를 갖고 있는데, 이에는 의·식·주, 안전·편안 등과 같은 생리적 욕구, 소속감·애정과 같은 사회적 욕구, 자존과 자기표현 등과 같은 개인적 욕구가 있다. 이러한 인간의 기본적 욕구는 외부의 자극에 의해 창조되는 것이 아니라 인간 내부에서 자연히 발생하는 인간형성의 기본적인 부분이다.

욕구가 만족되지 못하면 인간은 불행을 느낀다고 한다. 중요하고 열망하는 욕구일수록 불행의 정도는 강하다. 불행을 느끼는 사람은 욕구를 충족할 수 있는 물건을 획득하기 위한 노력을 기울이거나 욕망을 소멸시키는 행위를 선택한다.

2) 욕망

욕망(wants)이란 문화와 개성에 의해서 형성되는 욕구를 충족시키기 위한 형태이다. 예를 들어 발리섬 사람들은 배가 고플 때에는 망고, 새끼 돼지 또는 콩을 원하지만, 한국사람이 배가 고플 때에는 밥, 된장국, 김치찌개, 매운탕, 숭늉 등을 원하게 된다. 욕망은 욕구를 충족시킬 수 있는 대상과 관련된 개념으로서, 사회가 진보됨에 따라 그 구성원들의 욕망은 증가하게 된다. 사람들은 그들의 호기심과 욕망을 자극하는 수많은 대상들에 노출되므로 마케터는 이러한 인간의 욕망을 충족시킬 수 있는 제품과 서비스를 제공하여야 한다.

3) 수요

수요(demand)는 욕구가 구매력에 의해서 뒷받침되었을 경우를 말한다. 즉 '여름휴가에 무엇인가를 해야겠다'고 하는 것은 필요이고, 그것을 해결하기 위해서 '여행을 하고 싶다'고 하는 것은 욕구이고, 여행을 하고 싶은 의사도 있고 또 구매할 돈도 있을 경우에 관광기업에게는 '수요'가 된다. 즉 '뽐내고 싶은 필요'를 충족시키기 위해서 '최고급 해외여행을 하고 싶은 욕구'를 가지는 사람은 많으나, 그것을 살 의사가 있고 또 구매할 정도의 돈이 있는 사람(수요)은 많지 않을 것이다. 따라서 여행사는 자기회사의 여행상품을 원하는 사람이 얼마나 되는가를 측정하는 것도 중요하지만, 더 중요한 것은 그중에 몇 사람 정도가 자기회사 여행상품을 살 수 있는가를 아는 것이다.

- 욕구(needs) ➡ 기본적인 무엇이 부족한 상태
- 욕망(wants) ➡ 필요가 구체적인 형태 또는 해결방법으로 표시된 것
- 수요(demand) ➡ 욕구 + 구매의사 + 구매력

이렇게 용어의 뜻을 정리하고 보면 여행사 또는 호텔기업이 수요를 부추긴다 등의 사회적 비판은 재고해야 할 것이 분명하다. 관광기업이 필요를 창조할 수는 없다. 왜냐하면, 필요는 기업이 마케팅활동을 하기 이전에 이미 인간에게 존재하는 것이기 때문이다. 관광기업은 욕구에 영향을 미치는데 그것은 기업뿐만 아니라 여러 가지 사회적 환경이 모두 다 욕구에 영향을 미친다. 다만, 관광기업은 여가의 필요성을 느끼는 사람에게 "그것을 위해서는 해외여행이 적합합니다"라고 욕구에 영향을 미칠 뿐이다. 그리고 한 걸음 더 나아가 수요에 영향을 주기 위해서 패키지상품을 더 세련되게 하고, 가격도 적절하게 책정한다. 즉 관광기업은 인간의 필요를 창조할 수 없지만, 필요에 의해서 생긴 욕구와 수요에 영향을 미친다.

4) 관광상품

필요와 욕구를 충족시키기 위하여 주어지는 것을 제품이라고 한다. 즉 여가가 필요하다는 필요를 위해서 해외여행을 하고 싶다는 욕망이 생기는데 이것을 충족시키기 위하여 6박 7일짜리 하와이 여행이라는 구체적인 제품을 기업이 제공한다.

일반적인 제품은 유형적인 형태를 취하지만 관광제품은 서비스제품으로서 물리적인 형태를 갖지는 않는다. 하지만 일반제품과 마찬가지로 사람의 필요와 욕구를 충족시킨다. 심심하면 음악회에 가고, 건강을 위하여 친구와 테니스시합을 하고, 친목도모를 위하여 등산그룹에 가입하며, 자기만의 인생관을 위한 새로운 '행복론'을 주장하는 것 등은 모두 서비스를 통해서 사람의 필요와 욕구를 충족시키는 경우이다.

관광객의 욕구는 관광서비스를 경험해야만 충족된다. 따라서 관광서비스란 넓은 의미에서 보면 관광객의 욕구를 만족시키기 위해 제공되는 다소의 유형적인 것과 서비스의 모든 것이 포함된다.

여기서 유형적인 것이란 관광객이 호텔객실과 전세버스, 항공좌석, 박물관의 전시물과 같은 시설과 준비물을 이용하거나 관람함으로써 편익과 즐거움을 느끼게 해주는 포괄적인 대상물을 의미하며, 관광시에 제공되는 식음료도 포함된다.

5) 편익 · 비용 · 만족

효용이란 소비자가 제품을 통해서 얻고자 하는 편익(benefit)을 말한다. 즉 다른 사람과 구별되는 여름휴가를 보내고 싶다는 필요를 위해서 해외여행에 대한 욕망이 발생하는데, 그것을 위해서 알래스카 9박 10일 여행 정도의 최고급 여행 상품을 바라는 효용을 가지고 있다고 하겠다.

그러나 효용은 무상으로 주어지는 것이 아니고 비용(cost)이 든다. 이러한 효용에 값을 부여한 것이 가치(value)이다. 알래스카 9박 10일 여행을 구매하기 위해서는 약 5백만 원 이상의 돈이 필요한데, 소비자는 자신이 원하는 이상적인 편익을 위해서 이만한 비용을 지급해야 한다. 이것은 소비자에게 주어지는 가치이다.

만족(satisfaction)이란 그 제품에서 바라는 가치와 또 그 제품에 대해 지급해야 하는 비용을 함께 고려하며 자기에게 가장 적절하다고 느껴지는 제품을 선택했을 때를 말한다. 해외여행의 경우, 가치와 비용을 함께 생각할 때 '사이판 여행' 정도가 적합하다고 생각하면 이 제품이 그 소비자의 만족을 극대화시키게 된다. 따라서 소비자가 바라는 효용과, 그것을 위해서 지급해야 할 비용을 고려한 가치 및 그 두 가지를 통해서 얻을 만족도의 극대화, 이 세 가지는 마케팅의 중요한 개념이다.

6) 교환 · 거래 · 관계

교환(exchange)이란 상대방이 필요로 하는 대가를 주고 그로부터 원하는 것을 얻는 행위를 말하는데 이것은 마케팅의 중심적인 개념이다. 교환이 이루어지려면 다음 조건을 갖추어야 한다.

첫째, 둘 또는 그 이상의 교환상대자가 있어야 한다.

둘째, 각자는 상대방이 원하는 것을 가지고 있어야 한다.

셋째, 각자는 자유롭게 의사교환을 할 수 있어야 한다.

넷째, 각자는 자유롭게 의사결정을 할 수 있어야 한다.

이러한 조건이 구비되면 교환이 이루어질 가능성이 있는데, 실제로 교환이 이루어지느냐 하는 것은 '교환조건'에 달려 있다. 교환조건의 기준은 교환함으로써 각자가 교환 전보다 만족을 더 높일 수 있다고 생각하는 정도를 말하는 것으로, 교환은 가치를 증가시키는 창조적 행위라고 볼 수 있다.

이러한 교환은 거래를 통해서 이루어지는데, 거래(transactions)란 두 당사자 사이에서 일어나는 가치의 교환행위를 말한다. 거래가 성립되려면 상대방이 교환할 가치가 있는 것을 가지고 있어야 하고, 교환수량·거래시간·거래조건 등에 합의해야 한다.

그런데 올바른 마케팅을 위해서는 거래가 한번에 끝나서는 안 되고, 비슷한 거래가 계속 반복되도록 거래상대방과의 관계가 유지되어야 하는데 이것을 관계유지(relations)마케팅이라고 한다. 관계유지를 위해서는 장기적으로 기업과 고객이 서로 이익이 되도록 관계를 맺어야 하는데, 그러기 위해서는 언제나 상대방이 원하는 품질을 적절한 가격으로 제공해 주고 사후 서비스를 안심할 수 있도록 잘 해주는 장기적인 안목이 필요하다.

7) 시장

교환과 거래가 이루어지려면 시장이 있어야 한다. 시장(market)이란 어떤 상품에 대한 실제적 또는 잠재적 구매자의 집합을 말한다. 시장은 유사한 욕구나 욕망 및 화폐를 갖고 있는 일련의 사람들로 구성되어 있다.

시장은 제품, 서비스, 기타 가치 있는 모든 것들에 둘러싸여서 성장한다. 예를 들면 노동시장은 노동력을 제공하고 그 대가로 임금 또는 제품을 받으려는 사람들로 구성된다. 사실상 노동시장이 그 기능을 원활히 할 수 있도록 도와주는 고용안내소나 직업상담소와 같은 기관들은 노동시장 주변에 생겨나 성장해 가고 있는 것이다. 금융시장은 돈을 빌리고 빌려주며, 저축 또는 보관하고자 하는 사람들의 욕구를 충족시키기 위해서 존재하게 된다. 그리고 기부금시장은 비영리조직의 재정적 욕구를 충족시키기 위해 생긴 시장이다.

관광상품에 대한 전체적 시장은 상용여행객과 위락여행객으로 구성되어 있다. 가끔 어떠한 그룹은 연령, 성(性), 지리적 위치, 소득, 생활양식(Life style) 및 태도 등과 같은 특성에 의해 전체적 시장에서 구별된다. 관광마케팅 전문가들은 이러한 요소를 개별적 또는 연합적으로 배합하여 전체시장의 특정부분을 표적으로 삼아 마케팅노력을 집중시키기도 한다. 예를 들어 콩코드 초음속 여객기의 탑승시장은 부유하고 세련된 장년층 여행객으로 구성된다. 그 반면에 할인좌석 탑승시장은 예산에 민감한 젊은 대학생들이 그 대상이 된다.

제2절 관광마케팅의 특성

1. 관광상품의 특성

하나의 산업은 사업체 또는 법인 그리고 그들을 위해 일하는 사람들의 집단이다. 자동차산업, 보험산업 그리고 컴퓨터산업은 이미 잘 알려진 산업의 본보기이다. 산업은 제품 및 서비스 또는 그것을 혼합한 것을 생산하고 있다. 여기서 제품이란 개발·제조·성장되어 만들어진 물건이다. 그것은 구매자에 의해서 소비 또는 사용되며, 자동차·트럭·철광석 등을 예로 들 수 있다. 반면에 서비스는 누군가에게 혜택을 주는 행위 또는 실행이다. 채권의 회수를 위해 변호사에게 민사소송업무를 의뢰한다거나 의사에게 건강진단을 받는다면 서비스를 구매하는 것이 된다. 대부분의 산업은 제품이나 서비스를 생산한다.

그러나 관광산업은 보기 드물게 제품과 서비스가 동시에 생산되는 산업이다. 관광상품은 관광에 관련된 제품과 서비스가 결합된 상품을 말한다. 우리가 관광상품을 구매한다면 거기에서 우리는 많은 서비스를 구매하고 있는 것이다.

관광상품은 대부분의 다른 산업제품과는 다른 몇 가지의 특성, 즉 무형성, 이질성, 생산과 소비의 동시성, 소멸성, 계절성, 동질성, 독특성, 보완성 등을 지니고 있다. 이런 각각의 특성은 관광상품이 시장에서 어떻게 매매되는가에 영향을 미친다. 아래와 같이 관광상품의 특성을 살펴보기로 한다.

1) 무형성

재화와 서비스의 차이 중 가장 기본적이고 널리 언급되는 것이 바로 무형성 (intangibility)이다. 왜냐하면 관광서비스는 객체라기보다는 행위이고 성과이기 때문에 우리가 유형적 제품에서와 같이 보거나, 느끼거나, 맛보거나 만질 수 없다.

이러한 무형성은 마케팅에의 몇 가지 시사점을 제공해 준다.

우선 서비스는 저장될 수 없다는 것이다. 그러므로 수요의 변동을 관리하기가 어렵다. 예를 들어 2월에 동계 아시안게임으로 인해 용평리조트에 있는 리조트 숙박시설에 대한 엄청난 수요가 있다고 하자. 7월에는 이러한 수요가 거의 없다. 그러나 리조트 소유주들은 1년 내내 동일한 수의 방을 가지고 있다.

또한 서비스는 합법적으로 특허권을 인정받을 수 없다. 따라서 새로운 개념의 서비스는 경쟁자에 의해 쉽게 모방된다. 서비스는 지속적으로 전시되거나 고객에게 쉽게 커뮤니케이션할 수 없기 때문에 소비자가 품질을 평가하기가 어려울 수도 있다. 가격책정에서와 같이 광고나 판촉물에 무엇을 포함시킬 것인가에 대한 의사결정도 쉽지가 않다. 서비스단위당 실제 원가를 산정하기가 어렵고 '가격·품질관계'도 복잡하다.

2) 이질성

관광서비스는 대부분 인간의 행위에 의해 생산되는 성과이기 때문에 정확히 똑같은 서비스란 존재하기 어렵다. 관광서비스를 제공하는 종업원들의 행위는 오늘과 내일이 다르고 심지어는 시간마다 달라질 수 있다. 이러한 이질성 (heterogeneity)은 고객도 똑같지 않기 때문에 생기는 결과이기도 하다. 각 고객은 독특한 요구사항을 가지고 독특한 방식의 서비스경험을 원한다. 이와 같이 관광서비스와 관련된 이질성은 종업원과 고객 사이의 상호작용의 결과이며, 그 때 발생할 수 있는 모든 가변성을 말한다.

관광서비스는 이렇게 이질성이란 특징이 있기 때문에 일관성 있는 서비스 품질을 보증하기가 쉽지 않다. 다른 말로 표현하면 규격화가 어렵다는 것이다. 실제로 서비스품질은 서비스 제공자가 통제할 수 없는 많은 요인들로 인해 달라지게 된다. 예를 들면 관광소비자가 자신의 욕구를 종업원에게 얼마나 잘 설명해 줄 수 있는가 하는 능력이라든지, 관광소비자의 욕구를 만족시킬 종업원의 능력 또는 의지, 다른 고객이 기다리고 있는지의 여부, 서비스에 대한 기대수준 등을 들 수 있다. 이러한 복잡한 요인들 때문에 서비스관리자는 항상 서비스가 원래 계획된 방식대로 제공될 것이라고 확신할 수 없다.

3) 생산과 소비의 동시성

대부분의 재화가 먼저 생산되고 그 다음 팔리고 소비되는 순서를 거치는 반면, 관광서비스는 생산과 소비가 동시에 일어난다. 이러한 '생산과 소비의 동시성'으로 인해 서비스가 생산되는 현장에 소비자가 존재하며 생산되는 모습을 바라볼 수도 있고 심지어는 생산과정에 참여할 수도 있다. 또한 서비스 제공 중에 고객이 다른 고객과 상호작용할 수 있으며, 이를 통해 다른 사람의 서비스경험에도 영향을 미칠 수 있음을 암시한다. 예를 들어 비행기 안에서 모르는 사람끼리 서로 옆자리에 앉았을 때 그들은 상호 서비스경험에 영향을 미칠 수 있다.

관광서비스는 대개 생산과 소비가 동시에 이루어지기 때문에 대량생산을 하기가 어렵다. 서비스의 품질과 고객만족은 종업원의 행동과 종업원 대 고객 간의 상호작용을 포함한 '실시간(real time)'에 매우 의존적이다. 그래서 관광서비스를 집중화하여 규모의 경제(economy of scale)를 달성하기가 불가능할 때가 많다. 즉 관광서비스를 소비자가 편리한 현장에서 직접 제공하기 위해서는 상대적으로 분권화해서 운영할 필요가 있다. 또한 생산과 소비의 동시성으로 인해, 고객은 생산과정을 지켜보고 관여하기도 하기 때문에 서비스거래의 결과에 영향을 미칠 수 있다. 이와 관련된 개념으로 서비스 제공과정을 방해하는 '문제고객'이 있을 수 있다. 이들은 자신에 관련된 문제를 스스로 야기하거나 다른 사람의 서비스환경에 영향을 미쳐 결과적으로 낮은 고객만족을 일으킨다.

4) 소멸성

소멸성(perishability)은 관광서비스를 저장하거나 판매하거나, 돌려받을 수 없다는 사실을 말하는 것이다. 사용하지 않은 비행기나 식당 안의 좌석, 호텔객실 등은 이후에 재활용하거나 다시 판매할 수 없다. 대조적으로 재화는 재고로 저장할 수 있고 훗날 재판매할 수 있으며, 심지어 소비자가 불만을 느낄 때에는 회수할 수도 있는 것이다. 그러나 소비자가 방금 구매한 비행기 좌석은 맘에 안 든다고 해서 반환하거나 다른 소비자에게 다시 팔아버릴 수 있는가? 그렇기 때문에 소멸성은 서비스에 바람직하지 않은 결과를 가져올 가능성을 내포하고 있다.

관광서비스의 소멸성과 관련해서 마케터(marketer)가 직면한 근본적인 과제는 재고를 보유할 수 없다는 점이다. 따라서 수요예측과 제공능력을 충분히 활용할 수 있는 창조적인 계획능력이 중요한 의사결정 분야가 된다. 관광서비스를 회수하거나 재판매할 수 없다는 사실은 서비스가 잘못되었을 때 강력한 보상책이 강구돼야 함을 암시한다.

5) 계절성

대부분의 관광상품은 계절의 영향을 받는다. 계절성(seasonality)은 매년 다른 시간대에서 관광수요의 변동을 말한다. 겨울에 북쪽지방 사람들은 추운 날씨를 피하여 남쪽의 애리조나, 멕시코 지역, 카리브해 등 온화한 지역으로 대량 이동한다. 호텔이나 리조트의 객실과 같은 관광상품의 수요는 그러한 지역에서 증가한다. 그러나 북쪽지방 사람들이 자기들의 따뜻한 기후를 즐기기 위해 집에 머무르게 되는 여름에는 수요가 감소한다.

계절성은 일반적으로 관광상품이 기상조건에 의해 영향을 받는 것을 말하지만, 그 주의 요일 또는 그날의 시간대로부터 발생되는 수요의 변동에까지 적용되기도 한다. 이러한 것은 항공사에서 명백하게 나타난다. 대부분의 사람들, 특히 상용여행객은 주말을 집에서 보내기를 원하기 때문에 월요일이나 금요일의 항공수요는 목요일이나 화요일에 항공기를 이용하는 것보다 높게 나타난다. 또 주간의 항공수요는 대부분의 여행객이 낮 동안에 목적지에 도착하기 때문에 오히려 야간의 항공기 이용보다 높게 나타난다. 휴일은 또한 여행상품 수요에 영향을 미친다. 예를 들어 스키리조트 지역은 크리스마스 휴가 때 더욱 많은 사람들로 붐비는 경향이 있다.

계절성에 영향을 받는 상품에 대한 마케팅 대책은 비수기 동안에 수입을 올려야 한다는 것이다. 관광공급자는 그들 상품의 사용을 평준화하든가, 판매가 부진한 기간 동안에 상품의 수요를 창조해야 한다. 이렇게 하는 데 가장 두드러진 방법은 비수기 동안에 가격을 인하하는 것이다.

계절성을 극복하는 또 하나의 방법은 비수기 때 이용할 수 있는 특별한 시설을 만드는 것이다. 추운 날씨를 비관하는 것보다 여러 북쪽도시에서 실시하고 있는 것처럼 겨울축제를 만들어 추운 날씨를 관광매력물로 바꿀 수 있어야 한다. 일부 관광기업은 비수기 동안 그들의 초점을 바꾸기도 한다. 즉 여름시즌 동안에 폐업하는 대신 스키장에서는 컨벤션이나 문화센터로서 스키장시설을 제공하는 것이다.

관광공급자는 또한 이익의 주기적인 상승과 하락을 염두에 두면서 그에 따라 생산능력을 조절한다. 또 관광사업자는 비수기 동안 발생한 손실을 보전하기 위하여 성수기 동안에 가격인상을 한다거나 각 고객의 숙박일수 단축을 요구하기도 한다.

6) 동질성

일부의 관광상품 특히 운송회사의 상품은 본질적으로 그 비교가 가능하다. 즉 그들 상품은 동질성을 지니고 있다. 동질성(parity)의 의미는 경쟁기업이 동일한 기초상품을 제공한다는 것이다. 한 항공사의 비행기는 다른 항공사의 비행기와 거의 비슷하다. 모든 항공사는 유사한 장비를 사용하며 사실상 항공사는 미국의 보잉사와 같은 동일한 기업에서 제조한 비행기로 비행을 하고 있다. 정부는 모든 조종사들을 동일한 훈련규범에 합치하도록 규율하고 있다. 항공사에서 제공되는 음식조차도 같은 공항의 주방에서 조리되고 있다. 만약 승객이 눈을 감고 있었다면 그들이 어떠한 비행기로 날아왔는지조차 알지 못할 수도 있다.

그렇게 많은 상품이 동질적이라는 사실은 동일 업종 간에 경쟁상태를 더욱 심각하게 만들고 있다. 호텔이나 항공사는 동일 업종 간에서 타사와 어떻게 차별화하여 소비자들이 자사의 상품을 선택하도록 만들 것인가? 시장에서 성공하기 위해서는 기업이 동질성의 문제를 해결해야만 한다. 이렇게 하는 데 한 가지 방법은 비록 중요한 차이점은 없다 할지라도 경쟁자의 상품과 자사 상품을 다르게 보이도록 만드는 것이다.

동질성의 문제를 해결하는 또 하나의 기술은 빈번한 여행프로그램의 설정이다. 기업은 여러 가지 할증요금을 고객에게 제공함으로써 그 상품을 계속 사용하도록 유혹할 것이다.

7) 독특성

물론 동질성은 관광상품이 독특한 경우에는 문제가 되지 않는다. 예를 들어 관광지나 관광오락물들은 서로 다르고 독특한 면이 있기 때문에 판에 박은 듯한 소구를 한다. 하와이, 워싱턴, 옐로스톤 국립공원, 버킹엄궁전, 자유여신상 같은 관광매력물은 비교적 프로모션활동을 거의 하지 않지만, 서로 유사하지 않아서 수많은 고객들을 매혹한다. 이와 같이 표준화된 특성은 많은 여행객을 끌어들일 수가 있다. 반면에 많은 사람들이 비표준화된 상품의 독특성(uniqueness)에 이끌리는 경우도 있다. 시설이 균일한 체인호텔보다 별난 침실과 아침식사가 제공되는 인(inn)에서 머무르는 것을 더욱 좋아하는 사람들도 있다.

관광상품을 위하여 수행된 마케팅노력에 의해서 관광상품의 독특한 측면은 뚜렷하게 부각된다. 마케팅노력은 잠재고객에게 그 상품의 특징을 명백하게 소구하고 유사상품으로부터 자사상품을 차별화하는 데 많은 도움을 준다.

8) 보완성

하나의 관광상품 구매는 관광구매의 연쇄반응(a chain reaction)을 구성한다. 그 결과로 하나의 상품이 다른 상품에 더욱 좋은 또는 더욱 나쁜 영향을 주게 된다. 만일 리조트로 스키어들을 이동하는 항공사가 노선을 변경한다거나 곤경에 처한다면 스키리조트사업은 고전을 면치 못할 것이다. 만일 스키리조트에 오는 스키어가 줄어든다면 근처의 레스토랑과 상점에는 손님이 줄어들 것이다. 이런 모든 사업은 비록 별도로 소유되어 있을지라도 서로 밀접하게 연관되어 있다. 이와 같이 관광상품들의 밀접한 관계를 보완성(complementarity)이라고 부를 수 있으며, 이것은 모든 관광상품의 하나의 특징이기도 하다.

관광공급자는 그들 상품의 보완성을 더욱 인식하게 되었다. 그 결과로 많은 기업들이 공동적 마케팅사업에 참가하고 있다. 항공사와 유람선회사가 관광패키지의 디자인에 협력하는 것과 같이, 유람선·항공 패키지는 공동적 마케팅의 한 예라고 할 수 있다.

공동적 마케팅사업 및 기타 상호적 노력은 개인의 자유재량적 소득을 획득하려는 관광업체의 경쟁으로 인하여 더욱 필요하게 되었다. 개인의 자유재량적인 소득은 이제까지 습관적으로 생활필수품인 의·식·주에 할당하고 남은 돈을 의미한다. 휴가나 위락여행에 소비하는 돈은 자유재량소득을 사용하는 하나의 방법에 불과하다. 새 집, VTR, PC, 그리고 다른 많은 유형상품은 소비자를 유혹한다.

대부분의 사람들은 관광공급자들이 서로 경쟁하고 있다고 생각하는데, 오히려 비관광상품(nontravel product)으로부터의 경쟁이 더욱 위협적으로 느껴지기도 한다. 이를테면 텔레비전, 오페라, 영화, 야구경기, 등산, 독서 등은 관광산업과 경쟁하는 비관광상품이라고 할 수 있다. 관광산업의 여러 가지 구성요소들은 자유재량소득에 대한 가장 바람직한 활동으로서 관광상품을 촉진하기 위하여 함께 협력해야 할 것이다.

2. 현대 마케팅이념의 구성요소

현대 마케팅이념을 단적으로 표현하면 소비자 또는 소비자지향을 통한 기업이윤의 확보와 기업의 상품을 시장에 판매하기 위한 전사적 활동의 통합 및 조정이라고 할 수 있으며, 마케팅이념은 기업을 지배하는 하나의 철학적 차원에서 존재하는 것이다. 마케팅이념을 성립시키는 3대 요소로는 소비자지향성, 기업이익지향성, 전사적·통합적 마케팅 등이 있다.

1) 소비자지향성

소비자지향이란 기업의 관점이 소비자의 욕구나 욕망을 충족시켜 주거나 그들이 지닌 문제를 해결하는 데 도움을 주는 방향으로 향하고 기업이 이를 실천하는 것을 의미한다. 다시 말하면 소비자 또는 고객을 의식한 기업태도라고 할 수 있다. 기업이 존속하기 위해서는 일정한 이익을 얻지 않으면 안되고 그것을 위해서는 일정량 이상의 상품이 소비자에 의해 구매되지 않으면 안되는 까닭에 기업은 애초부터 소비자 또는 고객의 존재를 의식하지 않을 수 없는 것이다.

과거에는 소비자의 존재란 기업의 영업부문에서 이미 만들어진 상품의 매상 증대를 위한 판매대상에 불과하다는 인상이 짙었으나, 이제는 소비자가 바로 기업의 존립 자체를 규제하는 존재로서 인식되기에 이르렀다. 현대의 마케팅에 있어서 소비자는 모든 시스템의 접점이며 목적이다. 따라서 마케팅 발상에서 현대의 기업은 소비자 내지 고객을 과거처럼 하나의 판매대상으로 보지 않고 바로 목적으로 인식하여야 하며, 기업의 생존과 성장을 위해서는 소비자의 역할에 대해 최고경영자를 비롯한 전체 관리자 및 전체 종업원들이 다시 한번 그 중요성을 인식하지 않으면 안 되게 되었다.

종래에는 주로 소매상들만이 접촉하여 왔던 소비자가 이제는 제조업이나 서비스업의 최대의 연구대상이 되고, 어떻게 하면 소비자를 만족시킬 수 있을까 하는 것이 기업의 중추적 과업이 되었으며, 이를 수행하기 위한 활동의 과학화·체계화가 요망되게 되었다.

마케팅이념을 이루는 3대 요소 중 하나인 소비지향성이라는 것은 기업의 모든 관심과 노력이 소비자를 만족시키는 일에 집중되는 것을 말한다. 그러나 이것은 기업이 소비자를 위해 베풀어주는 일방적인 자선이라고 생각하면 큰 오해이다. 오늘날의 기업이 격심한 경쟁 속에서 이윤을 얻으면서 지속적으로 번창하기 위해서는 소비자지향이 가장 확실한 방도인 것이다. 분명히 소비자지향은 소비자의 이익 또는 만족에 앞서 기업 스스로의 이익 또는 만족을 위한 것임을 경영자 스스로가 인식해야 할 것이다.

소비자지향은 사회가 기업에 대해서 하나의 규칙이라기보다는 기업이 스스로의 생존·발전을 위해서 채택해야 할 수단이요, 전략이라고 보는 것이 타당한 해석일 것이다. 그러나 이 말을 내심으로 부정하는 경영자들도 상당수 있을 것이다. 왜냐하면 소비지향에 관심이 없으면서도 그동안 발전해 왔고 지금도 번영을 누리는 기업이 현실적으로는 얼마든지 있기 때문이다.

소비자지향 없이 이룩되는 기업의 번영이란 물거품처럼 시한부 생명을 가졌다고 보면 틀림없다. 사실상 이러한 기업은 소비자의 무지와 무력과 칭찬할 수 없는 그릇된 관용과 제도상의 미비, 신의에 뿌리박지 못한 사회의 혼탁이라는 환경적 여건 속에 피어난 화사한 독버섯이나 곰팡이와 같은 것이며, 언젠가는 사라질, 또한 사라져야 할 운명에 처한 기업이라고 하지 않을 수 없다. 우리나라에서 신혼여행객 사기모집으로 무리를 일으켰던 일부 여행사들은 앞으로 신용있는 외국기업체의 등장과 고객이 경험을 통하여 비판력을 갖추게 되면 그 존재가치가 없어져 시장에서 사라질 운명에 있다는 것을 명심하지 않으면 안 될 것이다. 성수기에 유명관광지에서 행해지는 관광업자의 횡포도 이와 마찬가지일 것이다.

소비지향적인 사고나 경영에서의 적용범위는 실로 광범위한 것이라고 할 수 있다. 제조기업을 비롯하여 모든 도소매업은 물론 항공업·여행업·은행·커피숍·숙박업·병원 등 서비스업체, 나아가서는 상공회의소, 행정관청 등 비영리기관의 경영에 있어서도 이것은 필수적이다. 이 모든 조직체들이 저마다 소비자존중정신에 바탕을 둔 소비자지향 경영을 성실히 실천한다면 기업의 발전은 물론 사회나 유통환경, 그리고 국민생활 측면에서 그 편리함은 이루 말할 수 없을 것이다. 여태까지의 예로 미루어보아 소비자지향이라는 것은 다만 조직체의 대상인 고객에 대한 인간적인 접촉 또는 외면적으로 드러나는 서비스에 의해서만 발휘될 수 있는 것이며, 이렇게 생각하는 사람은 적지 않을 것이다.

그러나 소비자지향은 비단 서비스 측면이나 인적 관계에서뿐만 아니라 더 원천적으로 상품계획과 제품·가격·판매촉진·시설 등 여러 국면 및 여러 단계에 걸쳐서 요구되며 기업조직에까지 반영되는 것이다.

2) 기업이익지향성

고객의 만족 또는 소비자지향 정신을 너무 강조하다 보면 혹시 어떤 사람은 기업의 이익이나 이윤획득에 관해서 회의를 느끼거나 결코 앞세워서는 안 되는 일인 것처럼 착각하게 될지도 모른다. 그러나 소비자지향이라는 것이 기업의 사회성·윤리성·규범성에 입각한 소비자 봉사에 관련된 것으로만 인식하여 기업 측의 이익관념이 희박해진다면 이는 오히려 마케팅 사고에 위배되는 것이다.

전술한 바와 같이 소비자지향은 고객에 대한 일방적이고 단순한 자선을 의미하는 것은 아니다. 이익관념 없이는 마케팅을 생각할 수 없다. 왜냐하면 기업이 이윤을 획득하지 않고서는 고객만족 또는 고객에 대한 봉사 자체가 계속될 수 없기 때문이다. 다만, 이 이윤추구가 바로 기업의 궁극적인 목적이 될 수 있느냐의 여부와 이윤의 크기가 어느 정도여야 될 것이냐의 두 가지가 문제시될 뿐이다.

경영학의 대가로 일컬어지는 피터 드러커(Peter F. Drucker) 교수는 우리에게 그것에 대하여 명확한 해답을 주고 있다. 그는 기업의 사회적 사명에 관하여 "기업체는 항상 사회의 유한한 생산자원의 관리자이며 그들이 사회에 대하여 짊어진 최소한의 책임이란 이들 자원이 기업체에 위탁되었을 때의 동일한 생산력 상태로 이들을 보존하는 일이며, 이에 실패할 경우 국민적 세습재산의 일부는 소비되고 사회 전체는 빈곤해지는 것이므로 적자경영은 기업의 사회적 책임에 대한 태만이 된다"고 하였다. 그는 "기업은 이러한 사회적 사명감에 바탕을 두어야 하고, 기업의 목적은 오직 고객의 창조에 있다"고 갈파하였다.

3) 전사적·통합적 마케팅

기업의 소비자지향과 그것을 통한 기업이익 확보라는 두 가지 개념은 마케팅 이념의 핵심이 되고 있으나, 또 한 가지 배제할 수 없는 요소가 있다. 그것은 전사적·통합적인 마케팅관리 체제이다. 아무리 고객만족을 실현함으로써 기업이익을 확보하려고 해도 그것이 최고경영자의 이상이나 관념차원에서 맴돌고 있다면 실천적인 효과를 기대하기는 힘들 것이다. 그러므로 마케팅이념을 효율적으로 전개하고 추구하는 두 가지 성과를 동시에 획득하려면 이를 뒷받침할 수 있는 기업구성원의 정신적인 통합과 적절한 조직이 불가결하다.

　우선 기업구성원의 정신적 통합에 대해서 알아보자. 현대 기업에 있어서 마케팅은 통합적 성격을 띠고 있는데, 그것은 모든 구성원이 고객만족을 통해 기업이익을 극대화시킨다는 마케팅정신이 투철해야 하며, 이러한 바탕 위에서 각자가 맡은 직무를 수행하는 체제를 이루어야 한다는 것을 강조하고 있다. 위로는 사장으로부터 아래로는 운전사, 경비원, 교환원에 이르기까지 이들은 모두 자기가 근무하고 있는 회사와 그 상표와 상품의 이미지전달자로서 책임을 지니고 있는 것이다. 뿐만 아니라 이들은 보다 적극적인 자세로 상품개발이나 판매생산성 제고 혹은 고객편의에 관한 소중한 아이디어를 제공할 수도 있고, 또한 영업부문에서 전개하는 새로운 판매촉진 캠페인에 총체적으로 협조 또는 참여할 수도 있는 것이다.

　다음으로 조직구조상의 측면에서 알아보기로 하자. 마케팅은 단지 모든 기업구성원들의 관념상의 유대만 갖고서는 효율적으로 전개될 수 없다. 여기서 마케팅의 통합적 관리문제가 등장하게 된다. 마케팅의 계획과 실천을 위해서는 첫째로 주관부서인 마케팅 및 영업부문에서 독자적인 활동들이 통합적으로 계획·조직·집행·통제되어야 하고, 둘째로는 영업부문의 마케팅계획과 실천이 기업 내 타 기능부문, 이를테면 기술적 연구개발·생산·재무·인사부문 등과 유기적 관련성을 지니고 있지 않으면 안 된다.

　또한 마케팅계획은 기업 내 타 부문의 기능과 분리되어 존재할 수 없다. 왜냐하면 기업 자체의 사회적 존재이유가 근본적으로는 고객의 욕구 및 욕망을 충족시키기 위한 제품 또는 서비스의 개발과 제공에 있는 이상, 회사의 모든 의사결정의 주축은 마케팅에 두어야 하는 것이 당연하다. 그러나 기업 내부는 실제로 여러 부문으로 분화되어 분업의 원리에 의해 활동이 전개되고 있다. 그리하여 각 부문은 나름대로 독자적인 목표를 갖고 그것을 달성하기 위해 노력을 계속하고 있다.

　이상으로 현대의 마케팅이념을 요약하면 그것은 고객만족을 통한 기업이익의 최대화이념이고 그것을 위한 전사적·통합적 관리체제라고 말할 수 있다. 따라서 마케팅의 기본교육은 단지 영업부문의 직원뿐만이 아니라 최고경영자를 위시한 전 종업원에 걸쳐서 이루어져야 할 것이다.

제3절 관광마케팅믹스의 개요

1. 관광마케팅믹스의 개념

관광마케팅을 위한 또 하나의 중요한 요소는 마케팅믹스이다. 마케팅믹스 (marketing mix: 4P's)는 마케팅전략을 계획하고 실시하고 마케팅목표를 이행하는 데 있어 기업이 통제가능한 모든 변수를 말한다. 처방전에서의 재료와 같이 마케팅변수는 성공하기 위해서 적정량을 사용해야 한다. 소비재 마케팅에서 전통적인 4개의 변수(4P's)는 제품, 유통, 가격, 판매촉진이다. 최근 들어 일부 관광마케팅 전문가들은 4개의 마케팅믹스를 추가하였다. 즉 물리적 환경, 구매과정, 패키징, 참가 등이 그것이다. 그들은 이러한 부가적인 믹스요소가 관광서비스 마케팅에 포함되는 과정을 표현하는 데 필요하다는 것을 느끼고 있다. 이러한 변수들을 합쳐서 8P's라고 부른다(〈표 9-1〉 참조).

▶▶ 표 9-1 관광마케팅믹스(8P's)

마케팅믹스	믹스요소의 정의	사례
① 상품 ② 유통 ③ 가격	• 기업이 고객에게 제공하는 것 • 유통의 채널 • 판매자가 어떤 요소를 기준으로 상품에 지급하는 돈의 양	• 유람선 • 여행사 • 99만원 왕복여행
④ 촉진 ⑤ 물리적 환경	• 상품에 흥미를 자극하는 활동 • 판매가 발생하는 환경 또는 상품이 생산되고 소비되는 환경	• 광고, PR 등 • 여행사 또는 호텔객실 등
⑥ 구매과정 ⑦ 패키징 ⑧ 참가	• 마케팅 & 정보탐색 • 관광상품의 보완적 기능 추가 거래 또는 경험	• 상품 및 정보선택 • 구매자와 판매자

2. 마케팅믹스 요소

마케팅믹스는 엑셀러레이터, 브레이크, 기어변속기, 핸들 등 자동차의 변속장치에 비유된다. 자동차의 통제장치와 같이 마케팅믹스는 목적지나 목표에 도달하기 위해서 끊임없이 조정되어야 한다.

1) 상품

상품(product)은 고객의 욕구를 만족시키기 위해 기업이 판매하고 제공하는 모든 것을 말한다. 상품특성에 대한 의사결정은 유형적·무형적 측면의 확인과 잠재고객에의 소구를 기초로 하여 결정된다. 여기에는 서비스가 제품에 동반될 것이다. 물론 많은 사례에서와 같이 관광산업이 판매하는 것은 서비스이다. 예를 들면 어떠한 목적지에서 타 목적지까지 승객을 운송하는 것에 의해 운송회사는 본질적으로 서비스를 판매하는 것이다. 제품 또는 서비스에 대한 이미지를 개발하고 상품명을 선택하는 것은 대중에게 상품을 제시하는 데 있어 매우 중요한 일이다.

이 상품의 또 하나의 역할은 제품과 서비스의 정확한 수와 범위를 선택하고 개발하는 데 있다. 대부분의 기업에서는 하나 이상의 제품을 제공한다. 여행사에서는 폭넓은 범위의 제품을 제공할 것인가, 또는 휴가여행과 같은 여행의 어떤 유형을 위한 전문화한 상품을 제공할 것인가를 결정해야 한다.

운송회사에서는 이용가능한 노선 및 서비스의 수준(일등석, 이등석 사용)을 결정해야 하며, 투어 오퍼레이터는 유용한 투어의 수와 각 투어의 일정표를 결정해야 한다.

2) 유통

유통(Place: 입지 또는 전달과정＝process of delivery)은 고객에게로 서비스 또는 제품을 전달하는 과정에 수반되는 모든 활동을 말한다. 여기에는 유통장소와 유통채널 모두가 포함된다. 판매자는 제품이나 서비스를 판매할 방법과 장소를 결정해야 한다. 예를 들면 거대한 체인에 속해 있는 리조트는 몇 가지 방법으로 고객에게 접근할 수 있다. 리조트의 마케팅부서가 설립한 유통채널을 통하여 여행객은 여러 방법으로 예약을 할 수 있다. 그 방법으로는 여행사나 투어 오퍼레이터를 이용하는 것, 리조트의 예약데스크나 그룹 내의 다른 리조트에 전화예약을 하는 것, 항공예약시스템을 이용하는 것 등이 있다.

판매자는 고객을 유인할 가능성이 가장 큰 곳에 유통지점을 설치하려고 한다. 예를 들면 휴가관광을 전문적으로 담당하는 여행사는 도심의 상용지역보다는 교외의 쇼핑센터에 지점을 위치시키면 좋다는 것을 깨달을 것이다. 물론 관광기업이 직접 운영 가능한 유통지점의 수는 제한될 수도 있다. 예를 들면 항공사에서 자사의 항공권판매소를 통하는 것보다 여행대리점을 통해서 제품을 유통시키는 것이 비용이 더욱 절감된다고 판단한다면 자사대리점을 줄이는 대신에 거래여행사의 수를 증가시킬 것으로 본다.

3) 가격

가격(price)은 제품인 서비스를 받기 위해 고객이 지급해야 하는 돈의 총액이다. 가격을 설정하는 데 있어 기업은 많은 요인을 고려해야 한다. 제품이나 서비스의 생산과 유통을 위한 실제적 비용, 기업의 이익률, 제품에 대한 현재의 수요, 경쟁자가 제공하는 유사제품 및 서비스의 가격 등을 고려해야 한다. 그와 동시에 가격전략은 제품 또는 서비스가 의도하는 각각의 세분시장에 소구해야 될 것이다. 이는 관광객이 지급할 금액에 상당하는 가치를 제공하는 제품이라고 인지해야만 하기 때문이다.

타 산업의 제품처럼 관광상품은 통상적으로 표준적인 가격범위가 있다. 그러나 필요할 때 판매를 자극시키기 위해서 할인가격을 제시하는 때가 있다. 할인가격은 위락여행을 위하여 비수기 계절에 빈번히 제시된다.

4) 촉진

고객에게 촉진(promotion)은 아마도 마케팅믹스에서 가장 가시적인 요소일 것이다. 촉진활동은 제품과 서비스에 대한 관심을 자극하고 사람들에게 정보를 제공하며 구매에 대한 인센티브를 제공하여 제품 및 서비스를 구매하도록 소비자를 설득하기도 한다.

기업이 제품 및 자사를 촉진하는 방법은 무수히 많다. 촉진에는 잡지, 신문, TV, 라디오, 광고판 등이 주로 사용된다. 또한 신문에서의 시사평, 고객인터뷰, 독자의 평, 신문발표를 통한 자유로운 홍보 등도 있다. 판매원이 고객을 다루는 데 사용하는 몇 가지 테크닉은 판매촉진의 한 유형이다. 즉 특별한 선물과 기념품, 모형비행기, 브로슈어, 할인, 쿠폰지, 인쇄문구(편지), 사업카드, 회보, 다이렉트 메일, 기타의 판매촉진상품은 관광제품과 서비스를 소비자에게 인식시키는 데 커다란 도움을 준다.

관광산업의 역사상 흥미있는 선전용 프로그램은 1981년 아메리칸항공사에서 고안해낸 다빈도(단골 이용) 탑승객 프로그램(frequent-flier program)이다. 그 이후 다른 항공사, 호텔, 렌터카 대리점 등에서는 다빈도 사용고객의 유치를 위한 프로그램을 개발하였고, 상표충성심(brand loyalty)을 인식시켜 나갔다. 그리고 관광기업은 명확한 기업이미지를 심어줄 수 있도록 광고슬로건을 사용하고 있다.

5) 물리적 환경

물리적 환경(physical environment)은 관광산업에 있어 매우 중요하다. 물리적 환경믹스는 특히 두 가지 측면에서 중요하다. 첫째는 판매가 발생하는 환경으로서 중요하고, 둘째는 제품이 생산되고 소비되는 환경으로서 중요하다.

고객들은 즐겁고 안락한 환경 아래에서 구매할 가능성이 더욱 크기 때문에 마케팅전략은 제품과 서비스를 판매하는 물리적 환경을 고려하는 데 주안점을 두어야 한다. TV나 안락의자와 같은 제품을 구입하는 데는 제품이 어떻게 보이고, 어떻게 느껴지고, 어떻게 작동하는가에 사람들은 많은 관심을 갖는다. 그들의 주의력은 주위환경보다 제품에 더 비중을 두게 된다. 그러나 관광상품을 구매할 때 고객들은 여행이 끝날 때까지 결과가 좋으리라고 확신할 수는 없다. 한편, 고객의 기대와 감정은 객실의 구조, 가구, 방음상태, 기온 그리고 심지어 냄새와 같은 요인에 의해서도 영향을 받는다.

관광산업에 있어 물리적 환경은 사업의 반복적 안전성을 위해서 특히 중요하다. 한 예로써 별로 매력 없고 안락하지 못한 디자인과 장식으로 꾸며진 객실에서 지낸 고객은 다시는 그곳에 숙박예약을 하지 않을 것이다. 리조트의 너저분한 해안이나 풀장, 형편없는 어질러진 스키 자국, 호텔 발코니로부터의 형편없는 전망은 물리적 환경이 여행을 망치는 또 하나의 예이다. 결론적으로 관광기업은 모든 가능한 방법을 동원하여 그들 제품의 물리적 환경을 향상시키는 데 심혈을 기울어야 한다.

6) 구매과정

구매과정(purchasing process)에는 관광상품 구매에 대한 사람들의 심리적 동기와 의사결정방법이 고려되어야 한다. 사람들이 보트, 별장, 가구 대신에 왜 관광상품에 그들의 돈을 소비하려고 하는가, 또 수백 가지나 되는 관광상품 중에서 특정 상품을 왜 선택하는가, 그리고 상용여행, 위락여행, 특별목적여행 등에서 언급되는 것과 같이 사람들은 위신을 높이기 위해서, 모험을 하기 위해서, 다른 지역의 문화를 배우기 위해서 여행을 한다. 일부 사람들은 자신의 건강을 증진시키기 위해서, 조상의 뿌리를 찾기 위해서, 단순히 가족과 친구와 즐기기 위해 여행을 한다. 고객들의 욕구와 욕망, 개인적 특성, 사회적 · 경제적 지위는 그들의 동기를 형성하는 데 도움을 준다. 그러므로 구매자의 동기를 파악할 수 있는 기업은 그 동기에 알맞은 제품과 판매촉진을 조직화할 수가 있다.

잠재고객에게 적절한 정보를 제공하는 것은 구매과정에 있어 결정적으로 중요하다. 고객은 구매하기 전에 관광상품에 대한 정보의 근원, 그 정보에 접근할 수 있는 방법, 구매를 실행하는 방법 등을 알려고 한다. 관광마케터는 구매과정을 촉진하는 방법으로서 이러한 정보를 고객에게 공급하도록 노력해야 한다.

구매과정에서 제품에 대한 정보는 기업이 의도한 대로 항상 지각되고 해석되는 것이 아니다. 그러므로 때때로 제품에 대한 오보라든가 부정적인 관념을 극복하는 것이 필요하다. 예를 들어 1980년대에 유람선산업은 유람선이 돈 많은 백만장자나 졸부를 위한 것이 아니라는 것을 대중에게 확신시켜 줌으로써 그 이후에 유람선 판매가 급격히 증가하였다.

결국 마케터는 구매과정을 고려하는 데 있어서 고객은 구매하는 각각의 관광상품에 대해서 동일하게 생각하지 않는다는 것을 인식하였다. 렌터카나 호텔과 같은 관광상품은 편의점에서 물건을 구입하는 것처럼 그다지 깊이 생각하지 않고 쉽사리 선택되기도 한다. 그러나 휴가목적지나 유람선과 같은 관광상품을 선택하는 데는 많은 생각이 필요할 것이다. 이 구매과정 요소는 제품을 어떻게 시장에 내놓는가에 따라 영향을 미친다.

7) 패키징

상용여행이나 위락여행을 막론하고 대부분의 여행상품은 각기 다른 공급자의 통제하에 있는 많은 상품으로 구성된다. 그리하여 보완성이라는 관광상품의 특성으로부터 패키징에 대한 필요성이 일찍이 논의되어왔다. 관광마케팅에서 패키징(packaging) 변수는 하나하나의 제품을 다발로 묶어 '여행패키지'의 형태로 사용되고 있다.

패키징은 여행객의 욕구를 직접적으로 부응하도록 보완적 상품을 한데 묶음으로써 그들의 어떤 공통적 욕구에 대처할 수 있는 하나의 메커니즘을 여행사에 제공한다. 그러한 과정에서 개별 관광상품의 장점이 더욱 잘 소구되기도 한다.

올 인클루시브 패키지투어(all-inclusive package tour)는 아마도 이러한 개념을 가장 잘 나타내는 예일 것이다. 이러한 투어는 수많은 개별적 관광상품을 하나의 포괄적이고 보완적인 패키지로 묶어준다. 적절하게 함께 묶었을 때 그 패키지는 편리성과 가치가 증가되고, 혼란과 경악의 가능성을 줄이면서 안전감과 안정감을 높이고 일련의 사람들에게 관광의 사회적인 혜택을 제공할 수 있게 된다. 이러한 혜택은 결국 패키징이 보완적인 상품을 단일상품으로 묶음으로써 각 여행상품의 소구점을 높여 고객의 만족도를 제고할 수 있도록 조정되어온 방법의 결과이다.

8) 참가

참가(participation)는 판매거래에 수반되는 모든 사람들이 관여하는 것을 말한다. 참가에는 판매자, 구매자, 기타 고객들이 관여한다. 판매자와 구매자의 밀접한 상호작용과 구매자의 참가가 관광경험의 형성에 도움을 주기 때문에 이 '참가'요소는 관광산업에 있어서 매우 중요하다. 관광경험의 질(quality)은 여행하는 동안 구매자의 행동과 행위에 따라 달라진다. 또한 판매거래에 대한 구매자의 인식은 때때로 제품과 서비스를 다시 구매할 것인가의 여부를 결정한다. 특히 관광사업에서는 반복적 구매가 이루어지기 때문에 참가는 마케팅믹스에 지극히 중요한 부분이라 할 수 있다.

판매거래에 있어서 참가자의 태도와 행동은 고객의 경험을 향상시킬 수도 있고 파괴할 수도 있다. 승무원에게 무례한 대우를 받거나 냉담한 서비스를 받는 승객은 탑승이 즐겁지 못할 것이고, 아마도 그 항공사에 두 번 다시 예약하지 않을 것이다. 한편, 병이 나거나 낙심한 상태의 승객은 아무리 서비스가 우수하다 하더라도 그 여행은 즐겁지 못할 것이다.

참가는 비록 통제하기 어려운 변수이지만, 기업은 종업원의 행동을 잘 관리하도록 노력해야 한다. 훈련프로그램을 완전히 수료하게 하는 것과 종업원에게 제복을 착용하도록 하는 것은 종업원을 관리하는 두 가지의 방법이다. 많은 기업에서는 그들의 업무를 잘 수행한 대가로 자유여행이나 상여금 등을 종업원에게 제공한다. 이러한 것은 내부마케팅(internal marketing)의 실제이다. 인센티브를 제공하는 목적은 종업원이 그 기업에 대하여 좋은 감정을 갖고 업무를 더욱 잘 수행하게 하려는 목적이 있다.

관광에서는 매우 강렬하게 관광객의 선호, 기대, 행동 등이 그들의 관광경험을 형성한다. 관광객 여행경험의 질에 영향을 미치는 요인 가운데는 여행객이 어디에 가기를 원하는가, 그들이 무엇을 하고 싶어 하는가, 어떠한 관광지를 좋아하는가? 등이 있다. 따라서 구매자가 추구하려는 관광지 프로젝트의 이미지와 혜택이 이러한 과정에서 중요한 역할을 한다.

관광산업에서 마케팅 및 판매에 종사하는 사람은 특히 고객과 제품 사이의 이러한 상호작용을 인식하고 그것을 조화시킬 필요가 있다. 고객이 여행을 계획하고 여러 대안들 사이에서 선택하는 것을 도와야 하는 여행업자는 고객의 기대감을 충족시키기 위해 전문화된 기술을 개발해야 한다.

관광과 경제

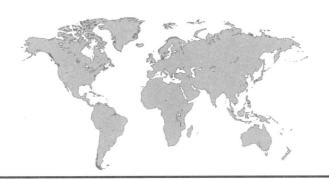

PRINCIPLES of TOURISM

CHAPTER 10 관광과 경제

경제성장과 정보산업의 발달로 인한 사회·문화적 변화와 발전은 관광활동의 증가뿐만 아니라 이와 관련하여 다양한 관광현상을 나타나게 하였다.

관광을 경제적 관점에서 조망해 보면, 관광은 인간의 소비활동 중에서 발생하는 한 부분이라 할 수 있다. 이러한 관광의 경제적 현상은 관광연구상 한계점을 지니고 있기 때문에 경제학자에게 연구의 가치대상으로는 타 분야에 비해 비교적 인식이 늦은 편이다.

그러나 최근 경제성장에 따른 관광수요 증가, 관광산업 성장에 따른 소득증대, 고용창출의 경제적 효과는 지역뿐만 아니라 국가경제성장을 도모할 수 있으므로 연구의 필요성이 날로 높아지게 되었다.

● 제1절 관광경제의 개요

1. 관광경제의 연구

관광현상에 대한 경제적 사고는 서양에서 비롯되었다. 서양은 지리적 여건상 이동을 생계수단으로 삼는 유목형 경제·문화구조를 갖고 있었으며, 밀농사 또한 동양의 벼농사만큼 자본과 노동력이 소요되는 정착형 농업이 아니다. 지정학적 여건으로도 유럽 대륙 국가들은 상호 접근성이 양호할 뿐만 아니라 언어나 민족도 서로 동일하거나 유사성이 크므로 상호 왕래가 쉽게 이루어질 수 있는 여건이 일찍부터 성숙되어 있었다(김사헌, 2001). 이러한 까닭으로 관광현상에 대한 경제적 이해가 유럽을 위시한 서양에서 먼저 발전한 것은 우연이 아니다.

관광의 경제적 사고에 본격적으로 관심을 갖게 된 것은 유럽의 여러 나라들이 제1차 세계대전 이후 전쟁의 폐허와 부존자원의 결핍에도 불구하고 국가경제 재건과 부흥을 위하여 필사적으로 노력하고 있을 즈음이다. 당시 유럽 국가들은 다양한 경제적 교류를 위하여 이동하는 자국 외의 유럽인들과 북미인들이 이동하면서 소비하는 외화획득에 대하여 중요한 인식을 갖게 되면서부터이다.

그중에서도 특히 이탈리아나 독일에서 이러한 관광객 이동현상과 이로 인한 외화 증가에 대하여 부분적으로 연구가 시작되었다. 이들 연구들은 주로 관광객 수, 관광소비액, 관광객 체재기간의 통계와 변화에 초점을 맞추었다.

관광경제적 측면의 최초 연구는 이탈리아 '보디오(Bodio, 1899)'의 논문 "이탈리아의 외래객 이동과 소비액에 대해서"와 '니체훼로(Nicefero, 1923)'의 논문 "이탈리아의 외국인 이동", 그리고 '마리오티(Mariotti, 1928)'의 저서 『관광경제학강의』이다. 이 책은 당시까지의 단편적 연구를 총정리하여 집약한 것으로서 이후 관광경제연구의 토대적 역할을 하였다.

한편, 초기의 관광경제서로서는 이탈리아의 마리오티를 시작으로 독일에서는 '보르만(Bormann, 1931)'의 『관광학개론』, '글뤽스만(Glücksmann, 1935)'의 『일반관광론』, ‘볼만(Bormann, 1937)’의 『관광론』이 있다. 이 외에도 영국의 ‘오길비(Ogilvie, 1933)’ 등을 손꼽을 수 있다.

2. 관광경제 연구대상

인간의 욕망은 무한한데 그것을 충족시켜 줄 수 있는 수단은 제한되어 있다. 이는 인간의 욕망에 비해 수단이 상대적으로 적다는 것을 의미하므로 인간은 부족한 수단을 가지고 가장 바람직한 상태를 달성하기 위해서 주어진 자본과 자원을 최적으로 활용하고 축적하여 분배해야 하는가 하는 과제를 남기게 된다. 그러므로 경제학 연구는 인간의 욕망 충족에 제한된 자원을 적정하게 배분하는 데 중점을 두고 있다.

경제학 이론연구는 연구상 시각적 범위에 따라 미시적 측면의 경제학(micro-economics)과 전체 경제현상을 조명하는 거시적 측면의 경제학(macro-economics)으로 구분된다(조순 · 정운찬, 2003).

미시경제학은 소비와 생산활동에서 수요와 공급 간의 적정배분과 같은 미시적(micro-oriented)인 문제들에 접근하는 방법을 제시해 주는 것으로, 시장이 어떻게 가격과 상품량을 결정하는가를 설명하는 소비자 측면의 수요이론과 생산자 측면의 공급이론, 그리고 수요공급의 균형이 되는 가격이론을 중심으로 하고 있다. 즉 개인이나 기업의 경제행위의 내용과 효과에 초점을 두고 각 개인이나 기업이 어떤 동기로, 그리고 어떤 법칙에 의하여 행동을 전개하며, 그 활동의 결과로 여러 가지 재화나 용역 및 생산요소의 가격과 수급량이 어떻게 결정되는가의 문제를 연구대상으로 하는 분야라 할 수 있다.

거시이론은 국민소득이론이라고도 불리는 것으로, 다양한 거시적(macro-oriented) 문제들인 재화와 용역 총량의 전체적 흐름에 초점을 두는 연구분야이다. 즉 국민경제 전체의 견지로 볼 때 국민소득이나 고용수준, 그리고 물가수준이 어떻게 결정되며, 국민소득 중에서 얼마만큼의 부분이 소비되고 저축되는가 또한 투자는 무엇에 의하여 결정되는가 등의 문제를 연구대상으로 한다.

미시경제적 연구방법론과 거시경제적 연구방법론 모두 경제행위자들이 ‘최적의 의사결정(optimal decision making)'을 하도록 하기 위해 비용·편익개념을 많이 이용한다.

한편, 현대 경제학의 연구대상이 경제학의 전통적 영역인 화폐, 화폐와 관련된 생산·소비·저축·물가·소득분배 등의 연구분야뿐 아니라 복지·환경·교통 등의 영역으로 연구분야를 확대하고 있다.

관광경제는 개별 과학적 학문의 성격으로 인해 화폐뿐만 아니라 비화폐 현상을 연구대상으로 하고 있으며, 구체적인 연구대상은 다음과 같다(김사헌, 2001).

① 미시적 연구대상
- 관광객: 효용과 수요, 이용편익과 비용
- 생산자: 자원공급과 관리, 자원가치
- 관광시장: 수급분석, 균형가격결정

② 거시적 연구대상
- 지역경제: 지역발전, 지역격차 해소, 자연과 인문환경 파괴
- 국가경제: 소비, 소득, 투자, 국제수지, 경기변동, 경제구조
- 국제경제: 국제수지, 남북격차, 저발전과 개발도상국 등

제2절 관광수요와 공급

1. 관광수요

1) 관광수요의 개념과 유형

일반적으로 수요(demand)란 소비자가 주어진 가격으로 일정기간 재화나 서비스를 구매하고자 하는 욕망과 의향이며, 수요량(demand quantity)은 소비자 구매의도가 구체화되는 유량(flow) 개념이다(조순·정운찬, 2005).

관광수요(tourism demand)란 경제적인 관점에서 볼 때 특정시기와 특정지역에 있어서 관광경험을 얻기 위해 소요된 비용과 그곳을 방문하는 관광참여자 수와의 상관관계를 나타내는 개념으로, 관광활동을 하고자 하는 관광객의 욕구이며 구체적인 관광수요는 관광에 참여하기를 희망하거나 실제 참여하는 관광객 수또는 관광지 방문횟수나 관광활동 참여횟수로 나타내기도 한다.

관광수요의 척도는 주로 관광지역에서 관광 참여횟수나 관광 참여일수로 추정되며, 이러한 관광수요의 추정결과는 현시수요이다. 관광수요 유형은 4가지로서, 유효수요, 현시수요, 잠재수요, 유도수요이다. 유효수요(effective demand)는 사람들이 마음속에 지니고 있는 주관적 욕망이 아니라 관광활동을 할 수 있는 여행경비, 시간 등이 주어져 실제 관광활동에 참가할 수 있는 수요를 말하며, 현시수요(expressed demand)는 유효수요와 같이 현재 관광지에서 관광활동을 하고 있는 수요이지만 이 수요는 관광여건이 양호하여 관광활동에 참가하고 있는 수요와 관광여건이 좋지 않지만 다른 대안이 없기 때문에 참가하고 있는 수요로 나누어진다. 또한 잠재수요(latent demand)는 개인적 능력 및 관광지와 관련된 여건(관광시설, 교통조건, 관광정보체계 등)이 주어진다면 여행에 참가할 수 있는 수요이며, 마지막으로 유도수요(induced demand)는 광고·선전·교육 등으로서 이용을 유도하여 실제로 나타나게 할 수 있는 수요이다.

2) 관광수요의 영향요인

관광재화나 서비스를 구매하는 욕구나 욕망인 관광수요의 변화에 미치는 영향요인들은 재화나 서비스의 가격, 다른 재화나 서비스의 가격, 수요자의 가처분소득, 사회의 기호나 선호 등으로 매우 다양하다.

관광수요는 인구규모, 생활수준, 정부의 관광정책 및 관광행정, 그리고 잠재적인 관광시장의 다른 요소들인 추진요인(push factor)들에 의해서 결정된다. 동시에 관광수요는 공급요인이 되는 교통편의도 및 비용, 숙박시설, 목적지의 관광조직과 관광진흥정책, 그리고 다른 매력요인들, 즉 유인요인(pull factor)에 의해서도 영향을 받는다.

여러 학자들이 연구한 주요 관광수요 영향요인을 중점적으로 정리하면 다음과 같다(김사헌, 2001).

① 소득수준과 소득분포
② 자유시간(여가시간)
③ 여행비용
④ 타 관광재화의 상대가격
⑤ 선택대상 관광자원의 다양성 여부
⑥ 잠재수요자의 교육수준
⑦ 직업구조
⑧ 연령과 생애주기
⑨ 사회문화적 요인: 제도와 가치관
⑩ 인구학적 요인

2. 관광공급

1) 관광공급의 개념

공급(supply)이란 개별 생산자 또는 기업이 일정기간 동안 주어진 가격수준에서 상품을 생산하여 판매하고자 하는 상품의 총량을 의미한다. 따라서 관광공급(tourism supply)이란 관광객의 관광대상인 관광자원이나 관광과 관련된 이용시설을 개발하여 관광객으로 하여금 매력을 증진시킴으로서 관광자의 욕구 또는 욕망의 대상이 되는 모든 것을 제공하는 행위를 말한다. 다시 말해, 관광객체가되는 관광대상인 관광자원이나 관광 관련 이용시설을 계획·개발하여 관광물 자체의 매력증진을 도모하여 관광객에게 제공하는 총체적 행위이다.

2) 관광공급의 구성요소

관광개발 목적은 국가나 지역에 따라 차이가 있으며 전반적으로 관광수요와 이에 대처하는 관광공급에도 차이가 발생된다.

관광공급의 주체는 공공부문과 민간부문의 두 가지로 구분된다. 공공부문의 주체로는 대부분이 국가의 중앙 또는 연방정부, 지방정부이며 서로 협력관계를 가지고 주체적 역할을 담당하고 있다. 이와 같은 정부 차원의 관광개발은 사업의 성격과 규모에 따라 다르며 어떤 일정한 기준이 있는 것은 더욱 아니다. 각종 사업은 상호 협력하에 수행되는 것이 일반적이다.

민간부분에서는 여러 분야에서 민간 기업들이 관광개발사업과 관련하여 국가 전역에서 그 역할을 담당하고 있다. 어떤 기업은 특정 지역개발에만 제한적으로 참여하거나 소규모회사는 지방의 소규모 관광개발사업에 참여하는 예도 있다. 민간부문의 관광개발에 대한 기본적 책임은 주주들의 투자에 대한 자본 회수의 극대화에 있기 때문에 주된 관심사는 최대의 이윤을 내는 데 있다.

관광공급을 구성하는 요소는 크게 관광매력물 요소, 교통시설 요소, 숙박시설 요소, 관광지원·부대시설 요소, 기반시설 요소의 5가지로 구분할 수 있다.

관광매력물 요소는 관광객에게 관광욕구를 불러일으켜 목적지로 유인하는 요소이며, 교통시설 요소는 관광객을 실제로 수송하고 서비스를 제공하는 관광의 공간적인 매체의 역할을 하는 요소이다. 숙박과 지원·부대시설 요소는 관광객이 체재할 때 숙식과 기타 편의를 제공해 주는 시간적인 매체의 요소이다. 또한 이러한 요소들의 모든 기능을 원활하게 해주는 인프라적 구조가 기반시설 요소이다.

(1) 매력물

자연적·인문적 매력물들은 사람들이 관광하고자 하는 동기를 제공한다(McIntosh, 1996). 관광매력물이란 관광객을 목적지까지 유인시키는 대상으로, 인간과 문화의 개재 여부에 따라 크게 자연매력물과 인문매력물, 그리고 인공매력물로 구분된다. 먼저 자연매력물이란 기후, 산이나 바다, 호수의 경관과 각종 동·식물들이고, 인문매력물은 인간과 관련된 문화, 즉 언어, 음악, 미술, 종교, 무용, 생활양식, 역사유물유적, 전통축제와 지역민의 성향 등을 들 수 있다. 그리고 인공매력물은 현대의 오락시설들로서 주로 놀이주제공원이나 기타 오락시설들을 말한다.

(2) 교통시설

역사적으로 볼 때 관광은 교통시설의 발달과 밀접한 관계를 가지고 이루어져 왔다. 마차에서 시작하여 기차, 자동차, 그리고 최근 항공기의 고속화, 대형화는 관광지까지 도달하는 데 편리성, 경제성으로 접근성을 높임으로써 관광의 양적 증가뿐만 아니라 질적 향상을 도모하여 관광행태의 다양화를 가져오고 있다.

교통수단과 시설공급은 관광공급의 중요요소 중 하나이다. 따라서 수요시장의 위치적 특성을 고려한 교통수단과 시설 측면의 관광개발이 실시되어야 할 필요가 있다.

(3) 숙박시설

최근 현대인들에게 있어 여가시간과 휴가기간의 증대는 관광형태를 변화시키는 중요한 원인이 되었다. 관광의 형태가 당일관광에서 체재형 관광으로 변화되면서 여러 형태의 숙박시설이 증가하게 되었고 관광사업에서 관광숙박업이 차지하는 비중이 높아지고 있다는 것이 일반적인 현상이다. 이러한 현상들은 경제적 편익효과를 제공함으로써 개인이나 기업, 나아가 지역이나 국가의 경제성장에 기여하는 중요한 관광산업의 하나로 자리잡고 있다.

관광숙박시설은 영리부문과 준영리 · 비영리부문으로 구분된다(Holloway, 1985). 먼저 영리부문은 서비스 제공 여부에 따라 호텔, 모텔, 민박과 셀프 케이터링의 카라반, 콘도, 별장, 산장, 기타 임대숙소로 구분하며, 다음으로 준영리 · 비영리 부문은 서비스를 제공하는 유스호스텔, 기타 공공단체, 관련 임대숙소와 비영리의 공공이나 정부측의 숙소유형으로 구분할 수 있다.

(4) 관광지원 · 부대시설

관광공급은 필수적 요소라고 볼 수 있는 매력물, 교통, 숙박시설 외에도 광범위한 지원 및 부대서비스와 시설을 필요로 한다. 지역주민이나 관광객들이 필요로 하는 일상품 판매점에서 관광지 특성이 있는 관광기념품이나 토산품 판매점, 그리고 레스토랑, 은행, 의료센터, 오락 · 유흥시설에 이르기까지 관광 관련 이용시설 개발은 필수적이다.

(5) 기반시설

사회간접자본(SOC)으로 이루어지는 전기, 도로, 상·하수도, 철도, 항만, 폐수정화처리시설 등의 하부시설은 관광지 내에서 지역민이나 관광자 모두가 필요로 하는 기반시설들이며, 이 시설주체는 국가나 지방자치단체이다. 이러한 기반시설인 하부시설은 숙박시설, 관광 관련 이용시설과 같은 상위시설 개발 전에 이루어져야 하며, 관광개발 형태나 관광수요 증가에 의한 확장여부에 따라 그 내용이 달라지기도 한다.

또한 이러한 기반시설은 기본적 공급요소로서 필수적이지만 개발에 소요되는 비용이 막대하고 개발 후 경제적 이익이 가시적으로 단시간에 발생하지 않기 때문에 민간부문에서 이러한 기반시설을 담당하기에는 무리이다.

● 제3절 관광의 경제효과

1. 개념과 구분

관광산업이 지역과 국가에 미치는 경제효과는 긍정적 측면과 부정적 측면의 양면성이 있다. 긍정적 측면으로는 혜택이 주어지는 편익(benefit) 개념이고, 부정적 측면으로는 비용(cost) 지출 개념의 의미를 함축하고 있다. 그러나 일반적으로 경제효과(또는 경제적 영향)의 경우는 긍정적 측면의 편익을 지칭하고 있다.

경제효과는 직접효과(direct effect), 간접효과(indirect effect), 유발효과(induced effect)로 구분할 수 있다. 직접효과란 관광객이 관광지 내의 관광산업에 최초로 지출한 경비로 인해 발생되는 1차 경제효과를 말한다. 간접효과는 1차 지출이 지역이나 국가경제에 재투입됨으로써 발생되는 간접효과이다. 유발효과는 관광지출로 인한 직접효과 그리고 직접효과에 의해 부수적으로 발생되는 간접효과로 인하여 지역과 국가경제성장이 이루어지고 이로 인한 지역민의 지역 내 소비지출이 증대하면서 유발되는 효과를 말한다.

2. 경제편익

경제성장에 따른 산업화, 도시화 등에 의해 강하게 자극된 인간의 관광욕구를 충족시켜 주기 위한 관광개발은 지역 내 고용기회 창출이나 소득증대 등의 효과를 발생시킴으로써 지역과 국가경제성장의 주요 수단으로 인식되고 있다.

경제성장을 국가의 최대과제로 삼는 개발도상국에서는 이러한 긍정적인 면이 많기 때문에 관광의 직접효과와 간접효과 또는 유발효과로 나타나는 국제수지의 개선, 고용 및 소득창출, 경제발전, 경제구조 개선효과 등 여러 가지 관광의 경제적 편익에 대한 관심이 매우 높아서 정부 차원의 지원이 크게 이루어진다.

관광의 경제효과 중 편익의 경우는 고용효과, 소득효과, 재정수입 증대효과 그리고 경제구조 다변화가 대표적이다.

1) 고용효과

관광산업은 인적자원에 대한 의존도가 타 산업에 비해 월등히 높기 때문에 고용효과가 매우 크다는 것은 이미 기술하였다. 고용효과란 관광고용 승수효과로서 관광객의 최소 한 단위 소비지출 증가가 지역 내 얼마만큼의 고용기회를 증대시켰는지를 말하며, 구체적으로 관광소비 증가를 통해 창출되는 직·간접, 그리고 유발고용효과를 의미한다.

▶▶ 표 10-1 **고용효과의 구분**

구 분	내 용
직접고용효과	관광객이 직접적으로 비용을 지출함에 따라 그들로부터 수입을 올리는 관광산업체(호텔, 여행사 등)의 고용인 1차 고용효과
간접고용효과	간접적으로 관광산업과 관련이 있는 업종(원재료, 시설설치 등)의 고용을 촉진시키는 2차 고용효과
유발고용효과	직·간접 고용증가로 인하여 주민들이 얻은 소득을 재소비함으로써 유발되는 3차 고용효과

2) 소득효과

관광산업은 노동집약적인 산업이 일반적이기 때문에 다양한 노동력을 필요로

하게 된다. 관광객의 증가로 관광소비가 증가하게 되고 이는 다시 관광산업을 직·간접으로 자극하게 되면서 그 분야의 고용효과를 일으키게 된다. 관광수입에 의한 고용효과는 소득효과와 더불어 승수효과를 일으킨다.

일반적으로 소득효과는 승수효과로 논의되는데, 1960년 이후 경제 각 분야에 걸쳐 관심있게 연구되어 왔다. 관광분야에서는 1970년대부터 아처(Archer)를 중심으로 이론적 체계화를 이루는 단계까지 진전시켜 오늘날 관광 또는 관광산업의 경제효과분석에 유용한 틀로서 자리하기에 이르렀다.

승수효과는 화폐회전효과라고도 하며, 관광소득승수는 '관광객들이 관광지에서 소비하고 지출하는 금액이 해당 지역에서 각 산업으로 회전을 거듭하며 추가로 발생하는 소득의 증가분을 나타내는 계수'라고 정의할 수 있다. 즉 관광객의 소비지출이 관광 대상국가 또는 지역에 소득 또는 고용을 누진적으로 창출시키는 유발효과를 의미한다.

3) 재정수입효과

관광개발로 인한 경제적 편익 중 직접적으로 기여도가 높은 부문 중 하나가 세수입이다. 조세수입은 일반적으로 국가나 공공단체가 공공재의 공급과 지출을 위한 재원의 확보수단을 말한다. 정부는 관광산업체를 통해 조세수입을 확보할 뿐만 아니라 관광객이 구입한 상품이나 관세 등으로부터 나오는 세금은 국가재정상의 혜택이 될 수 있다.

정부가 올리는 세수입은 관광종사자, 관광운수업체, 공항, 숙박업체 등에 부과하는 수수료 등을 통한 직접세와 관세, 그리고 관광객이 소비한 상품과 서비스에 부과되는 세금과 함께 이들 상품과 서비스의 공급자가 받는 이윤 등에 부과하는 세금을 포함한 간접세가 있다.

4) 경제구조 다변화

관광개발은 총체적으로 지역과 국가경제구조를 다변화시킨다. 경제구조 변화로 산업구조 변화와 고용구조 변화를 들 수 있다. 먼저 산업구조 변화란 지역이나 국가경제성장의 주도산업의 변화이다. 이를테면 개도국이나 후진국의 경제를 지배해 오던 1, 2차 산업들이 관광지로 개발되면서 지역이나 국가경제의 주도산업이 관광과 관련 서비스산업인 3차 산업으로 전환하는 산업구조 측면의 변화이다. 다음으로 고용구조 변화란 기존의 1, 2차 산업에서 3차 산업으로의 산업구조 변화는 산업 간 비중도 변화할 뿐만 아니라 고용구조 자체의 변화를 가져오고, 이러한 변화는 새로운 국면의 지배(전문, 경영관리직)와 피지배(단순노동직) 간의 2원화 계층구조 형성을 의미하기도 한다.

대체적으로 경제구조 다변화에 기여하는 부분은 민간경제 부문인데, 경우에 따라 지역과 국가경제 측면에서 경제성장을 도모하고자 할 경우에는 공공 또는 정부차원에서 직접 경제구조 다변화를 도모하기도 한다. 특히 산업 간 경제적 파급효과가 클 것으로 예상되는 대상지역의 경우에는 지방정부가 적극적으로 직접 관광산업을 통제·관리하여 관광시장을 다변화시키기도 한다.

▶▶ 표 10-2 **관광이 경제에 미치는 영향**

긍정적 영향	부정적 영향
• 고용창출 • 외화획득 • 국제수지 개선 • 조세수입 증가 • 지역개발 • 소득증대 • 소득의 재분배 • 타 산업에 대한 촉진	• 외부불경제 • 인플레이션 야기 • 외화유출 • 계절적 실업 • 개발의 불균형 • 경제활동의 취약성 • 경제적 대외 종속성 증대

자료: 김광근 외(2007), 최신 관광학, 백산출판사, pp.334-346.

3. 경제비용

관광객 이동으로 발생되는 경제비용은 지방이나 국가정부의 직접 경제비용 발생부문과 간접비용 발생부문으로 구분된다.

1) 직접비용 발생부문

직접적으로 경제비용이 요구되는 부정적 효과부문은 관광객의 수요증대로 인한 과다이용으로 자연환경 파괴와 훼손, 생활환경의 질 저하, 관광 관련 이용시설의 유지 및 보수비, 그리고 공공시설과 서비스부문의 증가 등이 있다(최승이·이미혜, 2005).

첫째, 외부불경제(external diseconomy)의 발생과 관련되어 있다. 외부효과란 어떤 경제활동과 관련하여 다른 사람에게 의도되지 않은 혜택이나 손실을 발생시키는 것인데, 혜택을 주는 경우는 외부경제(external economy)이고, 손실발생시 이에 대한 대가를 지급받지 못하는 경우를 말한다. 즉 한 지역에 관광객의 수요가 증가하고 관광개발이 진행되면서 자연환경 파괴, 관광관련 시설의 유지·보수를 해야 하는데, 이렇게 하기 위해서는 많은 경제적 비용이 필요하다. 이러한 비용은 지역주민의 경제적 부담으로 돌아가게 될 것이며, 관광이 활성화될수록 지역주민의 환경은 나빠지고 경제적 부담은 더욱 증가하게 된다.

둘째, 일반적으로 경제의 부정적 효과는 사회비용을 증가시키는 경우이다. 따라서 관광객 증가에 따른 부정적 효과는 결국 정부에게 공공재 생산증가로 인한 경제적 비용을 발생시키게 한다.

셋째, 삶의 질과 관련되어 있다. 관광객 수요증가는 지역 내 수질, 대기 등의 환경오염으로 주거환경을 악화시키고 자동차 수 증대로 지역 내 교통체증을 심화시키는 등 관광지 내 주민생활의 질적 문제를 야기한다. 따라서 관광지역 내 주민생활의 질을 유지하거나 향상시키기 위해서도 또한 경제적 비용이 필요하다.

2) 간접비용 발생부문

관광수요의 상대적으로 높은 소비성향과 그 지급능력은 지역민의 소득 증가를 가져오기도 하지만, 반대로 물가상승을 야기하기도 하며 관광개발 이후 지역 내의 지가상승, 그리고 대부분의 관광재화수입에 따른 수입성향이 증가되어 경제활동의 대외의존도 증가와 대외종속의 가속화, 그리고 관광의 성수기와 비수기의 계절성으로 발생되는 생산과 고용의 계절성, 전문경영관리직보다는 계절성과 단순노동직에 종사하는 종사원들의 고용의 질 저하 등이 발생하게 된다.

CHAPTER

11

관광과 정보

제1절 관광정보의 이해
제2절 관광정보업의 이해와 전망

PRINCIPLES of TOURISM

CHAPTER 11 관광과 정보

현대사회는 다양해지고 빠르게 변화하면서 소비자의 관광형태도 많은 변화를 보이게 되었다. 특히 교통수단과 매스미디어의 발달은 관광객들에게 방문하고자 하는 지역에 관한 정보를 용이하게 얻을 수 있게 해 주었으며, 관광에 대한 정보의 보급은 사람들의 관광에 대한 의욕을 높이도록 해주고 있다. 지적 욕구가 강하고 관광경험이 풍부한 현대의 관광객들은 여행하고자 하는 관광지에 대해 상세하고 정확한 관광정보를 알고자 하는 욕구 때문에 현대 관광에 있어 관광정보는 더욱 중요해지고 있다.

제1절 관광정보의 이해

세계의 경제여건은 경쟁의 가속화, 정보통신기술의 발달, 과학기술의 가속화, 수요의 고급화 및 다양화 등의 변화로 경제의 패러다임은 기업 및 국가의 경쟁력이 기술, 지식 등에 의해 결정되는 지식정보사회로 급속히 전환되고 있다. 국가 및 기업의 산업경쟁력 확보에 있어 생존의 차원에서 정보화 도입 및 활용의 중요성을 더하고 있으며, 관광정보화의 환경변화는 호텔, 항공사, 여행사 등의 민간사업체에서 관광정보의 제공과 실시간 예약시스템을 통해 e-business 사업을 활성화시켜 나가고 있다.

관광부문의 정보화는 지금까지 민간 주도의 전자상거래 활성화에 중점을 두어 진행되어 왔으나 호주, 영국, 싱가포르, 핀란드 등의 국가에서는 안내정보제공 및 전자상거래의 범위를 넘어 통합적인 관광정보제공과 관광부문의 전자상거래 기반조성을 위한 산업을 추진 중에 있으며, 미국, 일본, 유럽 등 선진국에서도 지식(knowledge)을 국가경쟁력 제고를 위한 요소로 인식하고 정보공동 활용과 지식유통체계 확립을 위한 정책수립을 적극 추진하고 있다.

1. 관광정보의 개념

정보란 무엇을 안다는 것의 실체로 정의되고, 어떤 사상에 관한 메시지로서 개인이나 조직의 의사결정 또는 행동을 위하여 사용될 수 있는 의미 있는 내용이라고 정의할 수 있다. 아울러 넓은 의미에서 정보는 정보의 내용(의미), 표현양식, 전달매체, 사용자, 가치, 처리 및 가공 등의 구성요소를 지니며, 이것은 정보개념이 갖추어야 할 기본요소이기도 하다.

여러 형태의 관광이 존재하고 있는 오늘날에 관광행위의 주체는 다양한 관광욕구를 느끼고 있으며 그에 부합하는 전문적이고 다양한 관광정보의 입수를 원하고 있다. 이러한 측면에서 볼 때 관광정보란 이용자의 관광욕구를 충족시키기 위하여 가치 있는 형태로 수집, 가공, 제공되는 일체의 정보라고 정의할 수 있다. 관광현상에 있어서 정보란 교통수단과 함께 관광의 주체인 관광객과 관광의 객체인 관광대상을 연결시켜 주는 관광매체를 이루는 것이다. 교통수단과 매스미디어의 발달은 여행자들에게 외지나 외국에 관한 정보를 용이하게 얻을 수 있도록 해주며, 여행에 관한 정보의 보급은 사람들의 관광에 대한 욕구를 높이도록 해주고 있다.

2. 관광정보의 기능과 특성

1) 관광정보의 기능

관광정보는 인간이 관광이라는 행위를 취하기 전에 관광을 하고자하는 관광객, 즉 관광의 주체 및 관광의 객체를 연결하여 주는 매체가 있듯이 주체와 객체를 연결하여 주는 중간 역할을 한다고 하겠다.

이처럼 관광정보는 주로 관광객의 의사결정을 지원하는 기능으로 인식되어 왔지만 관광환경이 복잡해지고 관광욕구가 다양해짐에 따라 관광정보의 기능은 확장되고 있다. 관광정보기능은 관광객의 의사결정 측면에서 볼 때 중대한 영향을 미치는 직접적 기능과 의사결정 외에 다른 분야에도 영향을 미치는 간접적 기능으로 분류될 수 있다.

(1) 직접적 기능

관광정보는 관광행동 선택시 판단이나 예상의 자료가 됨으로써 의사결정에 따른 불확실성을 감소시켜 주고, 합리성과 신속성을 제공한다. 더불어 관광객에게 관광욕구나 동기를 자극하여 잠재관광수요를 창출한다.

(2) 간접적 기능

관광기업이나 관련기관들이 제공하는 관광정보의 효용은 관광객의 의사결정에 절대적인 영향을 미치는 것 이외에도 다양하다.

첫째, 관광정보는 관련조직을 활성화시킨다. 관광정보제공은 수요를 창출하여 이윤을 증대시킬 수 있으므로 관광관련 조직구성원의 업무에 대한 욕구와 직무만족을 증진시킴으로써 조직의 활성화에 기여한다.

둘째, 관광정보는 관광산업의 경영합리화와 관광지 및 지역경제 활성화를 도모할 수 있다. 관광정보는 잠재관광객들의 수요를 자극하여 관광을 창출하므로 지역경제의 활성화를 가져온다.

셋째, 관광정보는 관광자원의 훼손을 방지하며, 관광지 주민들과의 갈등을 감소시킬 수 있다. 정확하고 상세한 관광정보는 관광객의 관광시에 대한 인식을 제고시킬 수 있으며, 만족스러운 관광활동에 기여한다.

2) 관광정보의 특성

관광정보는 일반생산재나 구매재처럼 일정한 형태를 지녔다고 할 수 없으며, 범위가 다양하다는 등 여러 가지 특징을 가지고 있다. 따라서 기존 정보의 기본 특성을 바탕으로 관광정보의 특성을 제시할 수 있다.

(1) 무형성

관광정보는 관광지의 상황과 정세에 대한 자세한 소식이나 자료로서 일반소비재와는 달리 손에 잡힐 수 있는 일정한 형태를 취하고 있지 않다.

(2) 가치특정설

관광정보는 행위를 수반하는 의사결정에 있어 그것을 필요로 하는 사람에게만 가치를 갖는 지식이므로 관계없는 사람에게는 단순한 일반지식에 불과하고 큰 변화를 초래하지 않는 가치특정설을 지니고 있다.

(3) 비체계성

관광정보는 주변의 제반 상황들과 관련이 있다. 정보의 가치는 주어진 정보를 어떻게 분석하고 해석하며 이해하는데 달려 있다. 따라서 관광정보를 효과적으로 이해하기 위해서는 해당 관광정보의 배경 또는 상황의 이해가 중요하다.

(4) 가치체감성

관광정보는 사회·경제적 변화에 매우 민감하며, 관광객의 욕구가 수시로 변화하기 때문에 적재적시에 알맞은 관광정보를 제공하지 못하면 그 가치는 당연히 감소하게 될 것이다. 따라서 이러한 모든 상황에 부응하는 효율적인 관광정보의 체계적인 관리가 필요하다.

(5) 매체의존성

관광정보는 각종 관련 서적이나 TV광고 및 선전 등과 더불어 관광안내소, 관광안내판, 관광안내원, 관광안내자료, 컴퓨터통신망 등을 통하여 전달·제공되고 있어 매체에 대한 의존성이 높다.

(6) 변화성

관광정보업은 다른 업종과는 달리 상당한 변화를 요구하고 있다. 이는 다양한 주위 상황의 변화와 정보의 다양화로 인해 수시로 정보가 변화하기 때문이다. 그러므로 관광정보업체는 다양한 정보를 탐색하여 이에 대해 분석해야 한다.

3. 관광정보의 분류

관광정보의 이용은 날로 증가하고 있으며, 이러한 현상은 관광산업의 발전과 진흥에 크게 기여하고 있다. 관광객에게 관광정보를 제공하는 것은 매우 중요한 일이기 때문이다

정보의 범위는 상당히 광범위하기 때문에 명확하고 체계적인 분류가 어렵기는 하지만 정보의 주기, 제공방식, 이용주체, 정보소재지, 정보원천 등을 기준으로 하여 대략적인 분류가 가능하다. 〈표 11-1〉은 이러한 방식으로 관광정보를 분류하였다.

▶▶ 표 11-1 **관광정보의 분류**

분류기준	구 분	내 용
정보 갱신 유무	동태정보	갱신주기가 일, 월, 연간 등의 주기적으로 제공되거나 비주기적이라도 변동이 자주되어 제공되는 정보
	정태정보	관광지 소재지, 관광시설 종류 등과 같이 거의 변동이 없거나 변화되지 않은 것들에 대한 정보
제공 방식	직접정보	관광기업, 관광기관에서 관광객을 유치하기 위해 혹은 관광행동의 변화를 위해 직접적으로 제공
	간접정보	안내책자, 광고나 홍보물, 구전, 일반적인 문헌
이용 주체	관광관련공공기간	관광객출입국통계, 1인당 도시공원 비율 등
	관광학계	관광관련교통비, 접근소요시간, 연간휴가일수
	관광업계	객실판매율, 평균체재일, 시설이용자수 등
	일반인용	관광지 안내, 숙박시설, 편의시설 소개 등

공간적 분류	국내관광정보	국내 관광객 이동, 국내관광참여율 등
	국제관광정보	해외관광동향, 국제행사안내, 각국별 관광통계, 외래객입국 및 관광수입현황, 해외관광객수, 내국인해외여행 경비
관광객 정보 활용 여부	관광객 지향정보	관광객을 위한 소개, 안내 등 관광객 지향자료
	관광객 비지향정보	관광객에게 영향을 미치는 문헌이나 구전

자료: 한국관광연구원(1999) 토대로 재작성.

제2절 관광정보업의 이해와 전망

1. 관광정보업의 이해

1) 관광정보시스템의 정의 및 기능

현대적 의미에서의 정보시스템은 컴퓨터, 정보기기 및 정보통신기술을 활용하여 데이터를 입력·처리·저장하고, 필요시 이용자가 본인의 목적에 적합하게 검색·출력하여 업무를 수행할 수 있도록 고안된 컴퓨터를 바탕으로 한 정보시스템이라고 정의할 수 있다.

이러한 맥락에서 관광정보시스템(TIS: Tourism Information System)은 관광객이 관광이라는 육체적 행위를 실시하기 전에 이에 대한 심리적 의문에서부터 관광의 목적지 소개 및 일정작성에 이르기까지 서비스를 특정 통신망을 통하여 제공받고, 일련의 여행상품과의 사전 비교를 통하여 보다 효과적인 관광이 되도록 유도하는 시스템이다(박종찬, 1999). 이러한 관광정보시스템은 관광수요의 고도화·다양화에 능동적으로 대처하기 위하여 여행자나 이용자에게 관광환경과 관련된 관광현상에 대한 적응력을 향상시키고 새로운 관광수요을 유도하여 관광지의 지역경제 활성화를 도모하는데 그 목적을 두고 있다.

이러한 관광정보시스템의 구성요소는 [그림 11-1]과 같이 투입자료와 분석시스템, 생산정보 등의 과정적 요소와 정보공급자, 정보생산자, 정보활용자 등의 주체적 요소와 이외의 관광정보시스템의 하부구조로서 각 구성요소 간의 관광정보를 흐르게 하는 정보통신 네트워크가 있다(교통개발연구원, 1991).

자료: 교통개발연구원, 외국의 관광관련 제도 및 관광산업에 관한 연구, 1990. p.10.

▶▶ 그림 11-1 관광정보시스템의 구성요소

관광정보시스템의 구성요소는 각기 다음과 같은 기능을 수행하여야 한다(박종찬, 1999).

첫째, 정보공급자는 정치·경제적 요소, 사회·문화적 요소, 생산적 요소, 과학기술적 요소인 국내외 환경적 요소와 가치관 또는 생활양식 등의 내적 측면을 정확히 파악하여 제공하여야 한다.

둘째, 정보생산자는 수립된 각종 정보를 축적, 가공, 처리를 담당하여야 하며, 시스템 운영자로서 전문적인 컴퓨터 프로그래머와 관광정보를 처리할 수 있는 전문가가 요구된다.

셋째, 정보이용자는 관광객의 관광기업, 지역사회, 공공단체, 국가의 관광정책 결정자, 관광학계 등을 말할 수 있다.

2) 관광정보시스템의 종류

관광정보시스템의 종류로는 컴퓨터예약시스템, 호텔정보시스템 및 목적지정보시스템이 있는데, 다음은 그것들을 각각 설명하고 있다.

(1) 컴퓨터예약시스템

1960년대 초 미국 아메리칸항공의 사브레(SABRE)를 필두로 개발되기 시작한 컴퓨터예약시스템(CRS: Computer Reservation System)는 컴퓨터를 통한 전산예약시스템으로 전산단말기를 통해 항공좌석의 예약과 발권, 운임, 호텔, 그리고 렌터카 등 기타 여행에 관한 종합 서비스를 제공하는 고부가가치 통신시스템을 말한다.

CRS의 주요기능은 다음과 같다.

첫째, 예약기능을 들 수 있다. 이는 시스템의 컴퓨터 단말기를 이용하여 항공좌석 및 호텔, 렌터카 등의 공석을 관리하는 기능으로 항공사의 업무능력을 극대화하는데 도움이 된다.

둘째, 할인요금과 빈 좌석과의 최적의 결합을 통한 수입의 극대화기능을 들 수 있다. 이 기능은 과거의 질적 자료를 검토하고 미래의 예약추세를 예측하여 항공편 및 특별구간 간의 예약유통경로를 통제하여 초과예약을 효과적으로 관리할 수 있으며, 할인요금승객과 정상요금을 최적으로 조합하여 수입극대화를 도모할 수 있다.

셋째, 마케팅기능을 들 수 있는데, 이는 여행사의 지원업무기능으로 고객관리, 손익계산, 청구서 발행 등 여행대리점의 각종 업무를 예약관리용 단말기를 통해 처리할 수 있도록 지원하는 기능이다.

넷째, 관광지의 기상관련정보, 여행지의 외환시세와 전화, 그리고 세관관련정보 등 제반 관광정보는 물론 생활정보까지도 제공하여 이용자에게 다양한 정보를 제공하는 기능이다.

▶▶ 표 11-2 세계의 CRS 현황

CRS명	주요 지분사	Market Share	주요 시장
Galileo & Worldspan	Travelport	3%	전세계
Amadeus	유럽계 사모펀드, AF, IB, LH	28%	전세계
Sabre	미국계 사모펀드	27%	전세계
Abacus	CX, SQ, CI, Sabre	5%	아시아
Axess	JL, Sabre	3%	일본
Infini	NH, Abacus	2%	일본
Topas	KE, Amadeus	1%	한국
Travelsky	CA, CZ, MU	1%	중국

자료: 이선미, 항공 CRS 기능에 관한 연구, 한국항공경영학회 추계학술대회, 2009.

(2) 호텔정보시스템

호텔은 본능적으로 고객에게 항상 신속하고 정확한 서비스를 제공하는데 업무의 중점을 두고 있기 때문에 업무자료의 기록과 처리를 중요하게 여기고 있다. 따라서 호텔정보시스템 개념은 호텔 내의 정보자원의 흐름을 원활히 하고, 보다 나은 관리를 함으로써 경영의 효율성을 증진시키는 영업체계의 확립과정이라 할 수 있다.

호텔정보시스템(Hotel Information System)은 초기 내부시스템으로 개발되었는데, 호텔의 발전과 함께 필요에 따라 입장관리시스템, 전화요금 산출관리시스템, 전자잠금관리시스템, 에너지관리시스템, 고객서비스시스템, 고객운영시스템 등이 개발되었다.

점차 시스템통합의 필요성이 증가하게 됨에 따라 근래에는 객실관리시스템(property management system)이 개발되고, 이것은 내부시스템을 통합하는 수단이 되었다. 한편, 호텔의 경영이 체인화되어 가는 추세에 따라 호텔간 예약시스템의 연결이 이루어지게 되었는데, 이것이 중앙예약시스템(central reservation system)과 중앙예약사무소(central reservation office)를 탄생시켰다.

한편, 입장관리시스템(point of sales system)은 판매시점시스템으로서 호텔에서 개발되어 주로 레스토랑, 바, 라운지, 룸서비스, 선물가게, 연회장 등에서 활용되고 있다. 대부분 독립시스템으로 설치되지만 다수의 금전등록기(electronic cash resister)에 연결되는 것이 일반적이다.

(3) 목적지정보시스템

목적지정보시스템(Destination Information system)이란 관광목적지에 대한 정보를 제공하기 위하여 개발된 정보시스템을 말한다. 관광목적지에 대한 정보제공 및 예약을 목적으로 하는 것이므로 특정 관광목적지가 자체적으로 개발할 수도 있고, 개인이 제공하는 시스템도 있다. 그러나 내용이나 구성면에서 국가나 지방자치단체 등의 관광관련 부서 또는 관광전담기구에서 구축한 시스템이 비교적 포괄적이고 정확하며, 운영면에서 지속적인 관리가 되고 있는 경우가 많다.

초기에는 독자적인 시스템을 구축하여 운영하는 경우가 많았으며, 관광목적지 내에 포함된 도로, 숙박시설, 식당 등에 대한 단순한 정보의 제공의 그쳤다.

그러나 현재는 관광지 내에서 사업을 운영하는 관광사업자들이 독자적으로 구축한 시스템들을 종합적으로 연계하거나 경우에 따라서는 NTO(National Tourism Office)나 RTO(Regional Tourism Office) 등이 구축한 시스템 내에 사이트를 개설하여 정보제공뿐만 아니라 예약기능까지 수행하는 경우도 있다.

목적지정보시스템의 구조는 중앙집중형과 지역집중형, 그리고 지역 간 네트워크형이 있다. 중앙집중형은 관광정보시스템에 공급자와 이용자가 직접 연결되어 정보를 제공하고 이용하는 구조로서, 국가적인 차원에서 조정되고 자금도 국가에서 지원된다. 이러한 시스템에서는 중앙데이터들은 지역 관광정보사무소의 지속적인 자료갱신에 의해 항상 최신의 자료를 유지한다. 중앙집중형 구조를 가지고 있는 대표적인 것으로는 덴마크 관광청이 설계한 Dandata 시스템이 있다.

지역집중형은 한 지역의 목적지 시설물만을 커버하는 시스템으로서 국가적 차원에서 지원이 되지 않고 지역수준에서의 중앙화가 발생하는 경우인데, 수요지향적 시스템과 공급목적시스템이 있다. 오스트리아를 방문하는 관광객의 대부분이 방문하는 지역에서 관광객 요구에 부응하기 위하여 개발된 Tirol Information System이 대표적 수요지향적 시스템으로, 현재는 다른 지역으로까지 확장하고 있다. 공급목적에 따른 시스템으로는 스위스의 Appenzellerland 시스템을 들 수 있는데, 이 시스템의 방문객 수를 늘리기 원했던 스위스 관광공급자에 의해 개발되었다. 이러한 종류의 시스템은 주도력, 개발과 재정이 지역 차원에서 이루어질 뿐만 아니라 지역관광국이 NTO에 의해 일일이 조정되지 않고 자치권이 있는 지역차원에서 이루어진다.

2. 관광정보업의 전망

관광정보업은 기술의 발달과 시장에 진입하는 다양한 주체들이 증가함에 따라 경쟁이 격화될 것으로 예상된다. 이러한 점들을 고려하면 다음과 같은 관광정보업의 전망이 가능하다(김상무 등, 2001).

1) 인터넷을 활용한 정보제공 서비스

1990년대 중반 이후 각국의 정보제공시스템은 독자적인 지역정보시스템을 구축하는 방법에서 인터넷을 활용한 정보제공시스템으로 바뀌고 있다. 이러한 인터넷을 활용한 정보제공시스템은 제공장소의 구애를 받지 않을 뿐만 아니라 이용자의 측면에서도 전 세계 어디에서나 이용 가능하다는 측면과 별도의 하드웨어시스템을 구축하지 않아도 된다는 측면에서 더욱 활용이 많아질 것으로 예상되고 있다.

2) 관광안내정보 제공부문의 경쟁심화 예상

외구의 관광청은 물론 도시의 행정부처들은 자국의, 그리고 자기지역의 홍보와 관광객 유치를 위하여 인터넷에 웹사이트를 개설하여 활용하고 있다. 특히 관광안내정보의 효율적 제공을 통하여 관광객 유치를 꾀하고 있는데, 관광안내정보의 양적·질적 수준이 매우 중요한 역할을 하고 있다. 뿐만 아니라 인터넷을 통한 전자상거래에 있어서 여행부문의 비중이 점차 높아지고 있다. 특히 예약정보시장에서 세계 유수의 CRS기업들이 초대형 정보망을 구축하여 온라인 통신망으로 여행관광업체를 연결시켜 주는 GDS(Global Distribution System)로 탈바꿈하여 시장을 확대해 나가고 있다. 우리나라의 경우도 이러한 인터넷을 활용한 예약시장에서 외국의 GDS와 국내 대기업들의 경쟁이 치열해질 것으로 예상되고 있다.

3) 실시간 예약시스템으로의 변화

숙박·교통·여행상품 등을 한 자리에서 바로 예약이 가능한 편리한 사이트들이 계속 많아짐에 따라 대부분은 회원등록(무료)을 한 후에 예약이 가능하도록 하고 있으며, 결제수단으로는 신용카드가 가장 많이 사용되고 있다.

현재 업체에서 제공하는 정보들은 대부분 간접예약시스템을 채택하고 있으나 예약시스템의 발달로 점차 실시간 예약시스템으로 변화될 것이다.

관광자원과 개발

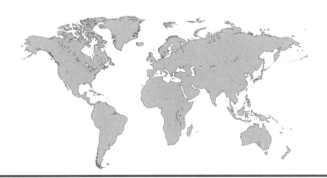

PRINCIPLES of TOURISM

CHAPTER 12 관광자원과 개발

제1절 관광자원의 개요

1. 관광자원의 정의

1) 관광자원의 의의

관광자원이란 관광의 주체인 관광객으로 하여금 관광동기를 유발시켜 관광행동으로 나아가게 하는 목적물로서의 관광대상을 말한다. 따라서 관광자원이 되기 위해서는 관광객을 매료시킬 수 있는 독자적인 관광매력을 스스로 지니고 있는 것이어야 한다.

무릇 자원이란 자연에서 채취할 수 있는 자연적인 자원으로서만 인식되어 왔으나, 오늘날에 와서는 자연뿐만 아니라 무형적인 재화에 이르기까지의 포괄적인 의미를 갖는 총체가 되었다. 즉 자원이란 자연적인 기본배경 아래 경제성 및 인간에게 도움을 줄 수 있는 욕구충족의 대상이며 끊임없는 변화에 대응할 수 있는 것이어야 한다. 이러한 맥락에서 볼 때 관광자원은 자원 그 자체가 모두 해당될 수 있을 정도로 한정되어 있지 않다는 점과 관광활동의 다양성으로 인해 그 범위는 더욱 확대되고 있다.

일반적으로 광의의 자원의 의미는 관광자원과는 근본적으로 다르며, 타 산업 부문의 자원은 원재료로 가용될 수 있는 자연 자체로 본다. 관광자원의 가치는 관광욕구를 충족시키는 주된 요인이 되며, 관광행동의 대상이 되는 것이다.

관광자원의 의의를 규정짓기 위한 내용을 항목별로 망라하면,

첫째, 관광객의 관광욕구와 동기를 충족시켜 줄 수 있는 관광행동의 목적물이 어야 할 것,

둘째, 자연적·인문적, 유·무형의 모든 자원일 것,

셋째, 교훈적·위락적·문화적 가치가 있으며 매력성과 자력성을 지닌 소재적 자원일 것,

넷째, 관광의 객체로서 보존·보호의 바탕 아래 개발할 수 있을 것 등이다.

결국 관광자원이란 함축적으로 관광객의 관광욕구를 충족시켜 줄 수 있는 유·무형의 모든 자원이라 할 수 있다. 이러한 여러 가지 관광자원의 의의에 대해 그동안의 연구의 결과물이 관광자원학의 발전에 이바지해온 점도 있으나, 혼란을 야기해 불이익을 가져다 주는 요인도 있었음이 사실이다.

▶▶ 그림 12-1 **관광자원의 분류(한국관광공사)**

관광자원은 객체로서 관광의 성립요소 중 제2요소로서 상당한 비중을 차지하고 있다. 그러나 이의 출발점이라 할 수 있는 기본개념의 보편타당한 규정은 그 이후 전개되는 세부 각론의 방향을 정확히 결정짓는 사안이 되므로 이에 대한

개념정의는 매우 중요하다고 할 수 있다.

관광자원과 관광대상이란 용어가 혼용되어 사용되고 있는데, 그러나 이 경우에도 두 가지의 뚜렷한 차이가 있을 수 있다. 하나는 관광대상을 관광자원부분과 관광시설부분의 두 개 부분이 합해진 것으로 봄으로써 관광대상은 광의의 해석으로, 관광자원은 협의의 해석으로 보는 견해이고, 다른 하나는 관광대상이 관광자원과 동일시되어 관광자원 자체는 관광시설까지도 포함하여 광의의 개념으로 보는 견해이다.

이러한 두 가지의 상반된 견해에 대하여 단정적인 결론을 내리기는 대단히 모호한 형편이며, 더욱이 그 나라의 역사, 풍토, 독특한 환경, 민족성 등이 천차만별이므로 더욱 그러하다.

국내 관광학자들의 견해를 살펴보면, 관광자원은 그 본질을 중심으로 인간의 관광동기를 불러일으킬 수 있는 생태계 내 유·무형의 모든 자원으로서 보존·보호하지 않으면 그 가치를 상실·훼손당하기 쉬운 자원이다. 또는 보존·보호도 중요시되지만 관광자원은 관광대상이 될 수 있는 소재로서 이를 개발할 때에만 비로소 관광자원으로 그 가치를 발휘할 수 있으므로 시설부문도 포함하는 광의의 개념으로 보는 견해도 있다.

생각건대 관광자원이란 관광객 욕구의 충족성, 관광행동의 유인성, 유·무형성 형태를 제시하며 관광객에 대하여 관광자원이 지니는 매력성과 유인성이 강조된다. 관광행정단위 기구에서의 관광자원의 개념에 대한 규정 또한 뚜렷한 결론적 단정을 짓지 못하는 실정이다. 그렇지만 가장 공통적인 내용을 추출해 보면 유·무형적 자원, 소재적 자원, 매력성·자력성을 가진 자원으로 보호·보존으로 가치가 증가되는 자원 또는 보호·보존의 전제하에 개발이 이루어질 때 비로소 그 가치를 발하는 자원 등을 국내 관광학자들의 요약적 견해로 파악할 수 있겠다.

결론적으로 관광자원은 관광객의 욕구 및 동기를 충족시켜 줄 수 있는 것으로서 관광객의 목적물로서의 대상이며 관광업체의 관광상품으로서의 기본적 소재로서는 상품의 재료이며 이는 매력적·자력적·교육적·문화적·위락적 등의 가치를 갖는 대상이다. 또한 유·무형의 다양한 효용성을 갖고 있는 자원이며 보존·보호가 대단히 중요한 자원이다.

즉 관광자원은 관광객의 관광욕구를 충족시켜 줄 수 있는 유·무형의 모든 자원을 말한다고 하겠다.

2. 관광자원의 분류

앞에서 관광대상을 관광자원과 인적 요소를 포함한 관광시설로 분류하였는데, 개개의 관광자원이나 관광시설은 실제로는 복합된 형태로 관광대상을 이루고 있다는 점에 유념하지 않으면 안 된다. 이러한 사실을 전제로 하여 관광자원을 자연관광자원과 인문관광자원으로 대별하고, 다음에 관광시설을 설명하기로 한다.

1) 자연관광자원

자연관광자원은 자연이 인류에게 가져다준 위대한 선물이다. 자연관광자원은 인간의 노동력과 자본이 투하되지 아니한 상태하에서 존재할 수 있지만, 국토개발과 자원보전의 입장에서 인간의 노동력과 자본이 투하되더라도 자연경관지로서 원형을 보존하고 있다면 자연관광자원이 된다.

지구상에는 여러 모양의 다른 자연환경이 존재하고 있는데, 기후적으로는 열대부터 건조대, 온대, 냉대, 한대로 나뉘고, 지형적으로는 산악부터 고원, 평지가 있으며, 그 위에 하천이 흐르고 있다. 또한 그 하천에는 많은 폭포가 있다. 그것들은 지질 구조적으로 침식의 연대에 따라 어떤 경우에는 빙하가 있고, 화산지형도 존재한다. 해양에는 많은 섬이 있고, 지상에는 여러 종류의 삼림이나 동식물이 있으며, 해양이나 하천에는 어류가 생식하고 있다. 이와 같은 자연환경은 같은 모양으로 분포되어 있는 것이 아니라, 기후적·지형적인 요인을 중심으로 복잡하게 결합되어 각 지역마다 독자적인 경관을 구성함으로써 자연관광자원을 이루어 관광의 대상물이 되고 있다.

이용상의 기능으로 분류한다면, 자연관광자원은 그 자신 단독으로 자연경관을 형성하고 있거나 자연경관을 형성하는 요소가 되는 지형, 지질, 기상, 천상 등 관상관광의 자원이 되는 것과, 체재나 보양의 목적이 되거나 자연환경을 형성하는 데 요소가 되는 기후, 온천, 지형 등 체재관광의 자원이 되는 것으로 나눌 수 있다.

전자는 자연의 아름다움, 웅대함, 그리고 진기함 등에 의해 관광재로서의 가치를 지녀 대부분 경관지를 형성함으로써 많은 관광객을 유인하고 있다. 한편, 후자는 스포츠, 심신의 휴식, 체재의 쾌적이나 즐거움을 가져다주는 기능을 갖추어 보양리조트, 스포츠리조트 등을 형성하고 있다. 물론 실제로는 이 양자가 모두 자연적으로 갖추어져 복합적으로 활용되어 가치있는 관광지를 형성하고 있는 곳도 있다.

2) 인문관광자원

관광여행은 자연관광자원에 의해서만 유인되는 것은 아니며, 인문관광자원도 커다란 유인력을 지니고 있어 많은 관광객을 유인한다. 인문관광자원이라 함은 자연관광자원과의 상대적인 대응관계에 놓여 있는 인간이 만들어낸 관광자원을 말한다. 자연관광자원이 자연상태의 소산인 천연적 자원이라면, 인문관광자원은 인간창조의 소산인 인위적 자원이다.

인문관광자원은 그 종류가 매우 다양하여 기능적으로 분류하기는 어려우나, 그것이 가지는 성격상의 내용으로 문화적 관광자원, 사회적 관광자원, 산업적 관광자원으로 세분하여 볼 수 있다.

(1) 문화적 관광자원

문화적 관광자원은 민족문화의 유산으로서 문화적 가치가 있는 유형·무형의 문화재, 민속자료, 기념물 등과 같은 문화유산인데, 관광자원으로서 관광객에게 커다란 유인력을 가지고 있다.

그 가운데서도 중핵을 이루고 있는 것은 사적, 사찰, 성지 등이며, 국가의 지정을 받은 국보, 중요문화재 등이 관광자원성을 높이고 있다. 역사상·예술상의 가치가 높은 국보 가운데서도 회화, 조각, 공예, 서적, 고고자료 등은 수도나 고도에 많다. 그러나 문화적 관광자원으로서는 특히 건조물이나 사적이 중요한 대상물이다.

성터, 조개무덤, 옛무덤, 고택, 정원 등의 사적은 거의 전국에 평균화되어 분포돼 있어 지방적인 관광대상으로서의 가치가 높으며, 그것은 관광거점을 쉽게 형성할 수 있음을 의미한다. 또한 연극·음악·공예기술 등의 역사상·예술상의 가치가 높은 무형의 문화적 소산이나 의식주·신앙·연중행사 등의 민속자료도 문화적 관광자원으로서 일반에 이용되고 있지만, 이와 같은 것들은 지방에 분산되어 있다는 데 특색이 있다.

문화적 관광자원 가운데서도 특히 연중행사는 중요한 인문관광자원이 되고 있는데, 우리나라에서도 경주의 '신라문화제', 부여의 '백제문화제' 그리고 자연적 특성을 살려 새로 시작한 제주의 '유채꽃 큰잔치' 등은 열릴 때마다 많은 사람들이 모여들고 있다. 또 축제라고 부를 수 없는 여러 가지의 '이벤트(event)'[1]도 관광자원으로 중요하다. 예컨대, 미국 보스턴(Boston) 교외의 탱글우드에서 해마다 여름에 개최되는 음악회(Tanglewood Music Festival)는 많은 관광객을 유치하고 있다. 그리고 만국박람회나 올림픽대회도 전 세계로부터 많은 관광객을 모이게 하고 있다.

(2) 사회적 관광자원

사회적 관광자원은 집락, 사회제도, 국민성, 민족성 등의 사회형태와 인정, 풍속, 습관, 생활방식, 식사, 의복, 주거 등의 생활형태를 가리킨다.

종래까지는 관광자원이 될 수 없었던 대상물도 관광이 대중화됨에 따라 관광매력성을 가진 관광자원으로 각광받게 되었는데, 최근에는 다양화한 관광행동의 지향성에 따라 소박한 인정, 풍속, 특색있는 국민성, 음식물, 예절, 여러 가지 사회제도, 생활 속에 전승되어 온 모든 생활자료와 행사 등도 관광자원으로 재평가받게 되었다.

---

1) 각종 회합 또는 연예 따위의 총칭.

이와 같이 사회적 관광자원은 한 나라의 역사와 전통, 그리고 과거의 생활상을 추적하고 현재의 발전상을 이해하는 데 있어 귀중한 자료가 된다. 따라서 이 사회적 관광자원은 관광에 있어 국민적·민족적 관광자원이라 말할 수 있다.

(3) 산업적 관광자원

산업적 관광자원은 새로운 분야의 인문관광자원으로서 개발·활용되고 있는 것으로, 산업관계의 유형·무형의 관광자원을 가리키는 것인데, 한 나라의 농업, 임업, 어업, 공업, 상업관계의 산업시설과 그 기술수준을 볼 수 있는 산업적 대상을 말한다. 보다 더 구체적으로 말한다면, 공장에 찾아가 거기서 기술설비나 산업공정 등을 본다든가, 농산물·해산물의 가공시설이나 가공과정 등을 보는 것, 그리고 농업이나 목장 등에 찾아가 거기서 농산물·축산물의 생산기술이나 재배법을 보는 것 등을 말한다. 경우에 따라서는 자기의 손이나 몸을 움직여 직접 재배, 채수, 채취 등을 해보는 것과 같은 행동의 대상이 되는 것까지도 포함한다.

이와 같은 산업적 관광자원의 개발·활용은 일찍이 프랑스에서 식품가공업이나 화장품 제조업과 같은 소비대중에 직결되는 기업이 사람들에게 공장시찰을 시킴으로써 제조상품에 대한 친숙감을 느끼게 하거나, 직매를 하는 데서 비롯되었다. 나아가서 이것이 관광사업에 이용되게 되었고 관광객 유치의 수단으로써 개발되었는데, 이러한 것들을 목적으로 하는 관광형태를 산업관광(industrial tourism) 또는 기술관광(technical tourism)이라 한다. 현재는 관광사업의 한 형태로 확립되어 각 나라에서 다투어 실시되고 있다. 우리나라에서도 특히 포항제철이나 울산의 현대중공업, 현대자동차 공장 등은 관광객들에게 인기있는 산업적 관광의 대상이 되고 있다.

또한 관광자원의 유형으로 자연관광자원, 인문관광자원 이외에 복합형 관광자원으로 분류하는 경우가 있는데, 자연관광자원과 인문관광자원이 서로 밀접하게 연관되어서 자연이라고도 인문이라고도 말할 수 없는 관광자원이 존재하기 때문에 그렇게 부르는 것 같다. 예를 들면, 문화재와 자연환경이 결합하여 한 개의 매력있는 역사경관을 형성하고 있는 경우, 이것을 복합형 관광자원으로서 파악하는 것이 관광이라 하는 현상을 이해하고, 더욱이 관광사업을 추진하는 입장에서 불가결한 것이라 말하고 있다. 우리나라에서도 현재 '역사적 풍토'의 지정 및 보존이 추진되고 있는데, 이러한 복합형 관광자원으로서의 인식에 입각한 것이라고 말할 수 있겠다.

끝으로 놀이시설, 여가시설, 캠핑장, 어린이공원, 테마파크, 승마장, 스키장 등이 주류를 이루는 위락관광자원으로 구분할 수 있다.

▶▶ 표 12-1 우리나라 일반적 관광자원의 분류

자원 구분	세부 내용
자연관광자원	산악, 온천, 기후, 구름, 호수, 폭포, 계곡, 산림, 동식물 등
문화관광자원	사적, 유적, 유·무형문화재, 기념물, 민속자료, 박물관 등
사회관광자원	축제, 종교, 사상, 철학, 예술, 음악, 무용, 스포츠, 음식 등
산업관광자원	산업현장, 유통단지, 백화점, 공공시설, 쇼핑 및 상점가 등
위락관광자원	놀이시설, 여가시설, 캠핑장, 테마파크, 승마장, 스키장 등

제2절 관광개발의 개요

1. 관광개발의 개념

관광개발이란 일반적으로 관광자원의 특성에 따라 관광상의 편의를 증진하고, 관광객의 유치와 관광소비의 증대를 도모함을 목적으로 하는 개발사업이라 할 수 있다. 따라서 개발사업은

① 관광상의 편의를 도모하기 위한 제반시설의 정비

② 관광사업의 진흥을 위한 각종 제도의 정비

③ 관광객의 레저생활을 충실하게 하기 위한 행사의 개발을 그 주요 사업내용으로 한다.

관광개발은 직접적으로는 관광사업의 진흥을 목적으로 하고 있고, 관광사업의 구체적인 모든 진흥시책을 관광개발이라 생각할 수 있다. 그러나 대부분의 경우 관광개발은 시설개발을 중심으로 행해지는 관계로 관광상의 편의증진을 도모하는 제반시설의 개발과 정비라는 협의의 개념이 일반적으로 통용되고 있다.

이와 같이 관광개발은 관광사업을 적극적으로 진흥시키는 것을 목표로 하고 있지만, 관광사업을 진흥시키는 배경에는 관광사업에 기대되는 여러 가지 플러스 효과가 있기 때문이라는 것은 더 말할 필요가 없는 것이다. 일반적으로 관광사업은 경제적 효과와 경제외적 효과를 합목적적으로 촉진할 것을 목표로 하여 진행된다. 그리고 사업효과는 관광의 주체자인 국민 여가활동의 측면과 개발주체자가 받는 이익의 측면에서 파악된다. 그래서 관광개발은 크게 나누어 다음의 세 가지 입장에서 추진된다고 하겠다.

① 국민의 건전한 레크리에이션의 촉진

② 지역개발의 촉진

③ 기업활동의 확대(이윤확대의 기회)

여기서 관광개발을 촉진하는 주체는 국가, 지방공공단체, 민간기업의 3자인데, 개발주체가 누구인지에 따라 개발목적에 차이가 있을 수 있다.

국가적 차원에서 본 관광개발에는 국민의 건전한 레크리에이션을 촉진한다는 것 외에도 뛰어난 자연경관이나 역사적 문화재의 보호와 활용, 그리고 관광수요에 대응한 관광레크리에이션 공간의 적정배치와 그 확보 등 자원보호나 국토의 효과적 이용이라는 입장에서도 적극적인 의의를 가진다. 또한 관광개발에 따른 지역개발의 촉진도 국책상 중시되어야 함은 물론이고, 관광개발은 경제·문화·사회·교육·후생 등 국가정책의 차원에 있어서도 종합적인 견지에서 진흥되는 것이 바람직하다.

지역개발의 관점에서 본 관광개발은 관광사업의 지역경제효과 가운데서 경제적 효과와 경제외적 효과에 기대하고, 지역사회의 발전과 지역주민의 복지향상을 도모하는 데 그 의의를 찾을 수 있다고 하겠다.

2. 관광개발과 지역개발

1) 관광개발의 지역경제효과

관광개발의 현상에 비추어 그 개발의 목적을 세 가지로 크게 나누어보았다. 그러나 개발의 주체나 목적이 어떠하든지 관광개발이 어떤 형태로든 국토의 일정한 지역에 전개되는 한에서는, 어떠한 관광개발이든 해당 지역사회에 영향을 미치게 마련이다.

관광개발이 지역개발로서 주목을 끌게 된 점은 주로 관광투자효과와 관광소비효과로 구성되는 지역경제효과에 눈을 돌리게 된 데서부터이다. 관광투자효과는 개발사업에 대한 투자효과이기 때문에 그 효과는 이럴 경우에 단기적이며 불연속적이다. 이에 비해 관광소비효과는 관광기업의 가동에 따른 관광소비의 파급효과이기 때문에 그 효과는 연속적이며 장기적 효과가 기대된다. 따라서 지역개발을 목적으로 한 관광개발에서 기대되는 개발효과가 관광소비효과에 있다는 것은 다시 말할 필요도 없다. 그러므로 이하에서는 관광소비의 지역경제효과에 대해서 살펴보기로 한다.

관광소비는 관광객의 관광행동에 수반하여 지출되는 소비이며, 그것은 관광기업의 직접 수입이 된다. 관광기업은 이 수입을 기본으로 기업경영을 지속시켜 가는데, 경영을 통하여 관광기업이 지급하는 지출처는 원재료의 구입과 임금, 보수, 이윤, 조세 등의 부가가치로 구분된다. 전자는 관광기업의 거래처에 지급되고, 후자는 임금으로서 가계수입이 되거나, 기업이익으로서 예금이 되거나, 아니면 시·읍·면의 세수입이 되기도 한다. 더욱이 이들의 관광소비는 지역경제의 내부를 순환하면서 파급되고, 그 총체로서 지역경제에 질적·양적인 영향을 준다. 다시 말하면, 관광소비는 관광객으로부터 관광기업에, 관광기업은 거래처로, 거래처는 다시 그 거래처라는 식으로 순차적으로 지역경제의 내부를 순환하여 생산액을 증대시켜 산업관련 효과를 가져오고 지역소득을 증대시켜 소득효과를 가져오며, 고용의 촉진(고용효과)에 공헌한다.

원래 지역경제효과의 대소는 관광자원의 우열성에 좌우되지만, 효율적인 효과를 올리기 위해서는 지역사회에서의 중간생산재의 조달률을 높이는 일이나, 소득의 지역 외 누실을 방지하는 것이 과제가 된다고 본다. 소득의 누실은 주로 지역주민의 고용과 지역 외 기업의 진출을 거부함으로써 어느 정도 방지할 수 있는데, 외부기업에 의한 대형 관광기업은 소득의 직접적인 누실분을 웃도는 경제효과의 기대도 가능하므로 일률적으로 좋은 방책이라고는 말할 수 없는 면이 있다.

그런데 관광개발의 지역경제개발에서의 역할은 관광자원이라는 다른 사업에서는 개발하지 않은 미개발 분야의 자원개발에 의해 지역소득의 증대와 지역주민의 고용을 추진하고 지역경제를 진흥한다는 일련의 지역경제효과를 올리는 데 있다. 지역개발이 소득격차의 시정을 목표로 추진되고 있다는 데에서 보더라도 관광개발의 이와 같은 효과는 그 기대에 부응하는 것이라 말할 수 있겠다.

2) 관광개발과 지역개발

광공업자원이나 입지조건이 좋지 못한 농산어촌이 '천혜의 자연경관'을 자원으로 해서 지역격차를 해소해 나가려고 도모하는 것은 실로 당연한 일이라 하지 않을 수 없다. 물론 농촌에 따라서는 농업이나 임업 및 어업보다 관광사업을 하는 편이 훨씬 높은 생산성을 올리는 경우도 있겠고, 자원을 유효하게 이용하기 위해서도 관광개발을 지역의 주요 산업으로 하는 편이 유리한 지역도 상당히 있을 것이다. 그러나 여기에서는 관광개발이 지역개발이라는 목적에 대한 개발수단으로서의 위치를 차지하고 있기 때문에 산업론적 견지를 떠나 지역개발의 목적에 접근하기 위한 방법으로 고찰해보지 않으면 안 될 것이다.

그런데 지역개발은 어떤 의미와 내용을 가진 것인가. 이에 대해서는 아직까지 확립된 개념은 없는 것 같다. 대부분의 국가에서 지역개발정책은 거의 자원개발에 목표를 두고 있었는데, 점차 지역격차의 시정으로 전환하던가, 대규모 임해공업의 개발로 집중하기도 하였으며, 또한 공장유치나 관광개발이 주창되던가 해왔다.

더욱이 최근에 와서는 인구와 산업의 지방분산도 중요한 과제가 되는 등 지역개발은 꽤나 유동적이고 그 목적조차도 불명확한 상태에 있다. 그래서 지역개발 이라는 말은 매우 다양한 뜻으로 사용되고 있으나, 과거의 실정에 비추어볼 때 두 가지 견해가 지적된다. 즉 "지역개발에 의해서 해당 지역사회가 개발된다"는 생각과, "해당 지역사회에 대한 영향은 문제가 아니고 전체 국민경제의 발전이 문제이며, 지역사회의 발전은 반드시 이루어진다고는 말할 수 없다"고 하는 생 각이다.

요컨대, 여기에서 지역개발은 국토의 일부분인 지역사회에 전개되는 국가정 책으로서 국가적 차원에서 수행되는 개발정책이라는 것을 전제로 하면서도 국 민경제적인 관점과 지역적인 관점의 어느 쪽을 우선시하면서 생각할 것인가 하 는 서로 다른 견해에 있다.

그러나 지역개발의 궁극적 목적이 지역주민의 복지향상에 있다고 한다면, 지 역사회에 대한 영향을 고려하지 않은 지역개발은 이미 존재하지 않는다고 말하 지 않을 수 없다. 지역개발이 지역주민의 복지를 목적으로 한 해당 지역사회의 개발이라는 것은 지역주민의 당연한 요구이며, 국가정책의 강요는 불이익이 없 는 것에 한하여 받아들여질 수 있다는 원칙이 확립될 것이다.

특히 우리나라에서의 지역개발은 경제발전에 편중되어 왔는데, 이 점도 벌써 부터 고쳐져야만 할 것으로 지적되고 있다. 지역격차가 소득격차로 이해되고 그 시정을 지역개발의 주된 목표로 삼아 왔으나, 주민의 복지는 소득 증대에 의해 서만 달성되는 것은 아니다. 생활기반시설이나 자연환경 등 총체적인 환경의 향 상이 수행됨으로써 비로소 복지의 향상이 기대될 수 있는 것이다.

이처럼 지역개발은 지역경제의 진흥이라는 좁은 시야로부터 벗어나 지역생활 공간의 질적인 향상이라는 관점에서 이루어지는 것이라야 바람직하다. 더욱이 여기에서 지역생활공간이라 함은 지역주민 생활에 관계되는 생활환경, 주거환 경, 교육환경, 레크리에이션 환경 등 지역사회가 구성할 전체 생활체계를 포함한 공간을 의미하고 있고, 지역개발은 환경개발을 목표로 한 종합적인 개발이어야 한다는 것을 지적할 수 있다. 그런데 원래 종합개발은 꼭 동시에 추진할 필요는 없는 것이며, 어느 때에는 경제개발에 편중될 수 있겠고 어느 때에는 사회개발 이 중점적으로 추진되는 수도 있을 것이다. 그러나 중요한 것은 어떤 종류의 개발사업이 다른 부분에 나쁜 영향을 미치는 일이 없도록 종합적이면서도 계획적인 배려가 있어야 한다는 점이다.

관광개발은 관광사업의 진흥을 전제로 해서 여러 가지 개발투자가 이루어지는데, 그 가운데서도 교통사정의 개선은 관광객의 내방 증가를 촉진시키고 지역산물이나 일반 소비물자의 유통을 돕고, 지역산업의 입지조건 개량이나 주민생활의 편의 증진을 가져온다. 또한 개발행위의 일환으로 실행되는 자연보호와 문화재의 보존 및 활용, 그리고 각종의 관광레크리에이션 개발 등은 그래도 지역주민의 레크리에이션 환경의 정비로도 되고, 주민의 문화적 생활수준의 향상에 기여하게 될 것이다. 또한 관광객의 내방은 지역주민과의 인적 교류를 통해 이해를 깊게 하고 벽지의식의 완화에 기여하는 것도 기대할 수 있다.

관광사업은 그 특성으로 말미암아 지역사회의 광범한 영역에 영향을 미치게 되나, 위에서 언급한 생활공간에 대해서도 얼마쯤은 경제적 또는 경제외적인 영향이 모든 부문(환경)에 미친다는 것을 지적할 수 있다. 그러나 중요한 점은 그들의 영향이 모든 환경에 플러스 효과를 기대할 수 있는 반면에, 모든 환경에 마이너스 효과도 줄 수 있다는 것이다. 따라서 관광개발은 그 도입에 앞서 장단점에 대한 신중한 검토를 필요로 하나, 그 전제로 지역사회의 종합개발에 대한 구상이 확립되지 않으면 안 되고, 관광개발은 종합개발계획과의 조화를 고려하여 질적인 측면(방향 부여와 사업내용)이 결정되지 않으면 안 된다.

3. 관광개발의 유형

관광개발을 관광목적지 내지 관광지의 개발이라고 생각하는 경우, 개발방법에 따라 몇 가지의 유형을 들 수 있다. 이는 관광자원의 비교우위성, 교통편, 지명도 등에 의하여 관광개발의 수법이 달라지기 때문이다.

1) 자연관광자원 활용형

관광의 매력성이나 관광자원이 전혀 없는 지역에서 관광개발을 추진한다는 것은 일반적으로 대단히 곤란하다. 따라서 자연의 혜택이나 조상들이 남겨놓은 귀중한 문화재 등을 중심으로 관광자원의 가치를 살리는 방법이 관광개발의 수법으로 가장 일반적인 것이다. 관광자원의 가치가 같은 종류의 다른 것과 비교하여 빼어나면 빼어날수록 관광개발은 쉽게 된다. 그래서 관광자원은 자연관광자원과 인문관광자원으로 나눌 수 있으며, 관광개발의 유형으로서 우선 자연관광자원 활용형을 들 수 있다. 구체적인 실례로는 자연의 감상, 온천의 탕치, 피서, 피한, 스키, 해수욕 등에 이용되는 많은 관광지를 들 수 있다.

2) 인문관광자원 활용형

관광자원의 가치를 활용하는 유형의 관광개발에는 자연관광자원 활용형과 더불어 인문관광자원 활용형이 있다. 그 실례로는 유서깊은 옛 사찰이나 교회, 민속 등의 경우를 들 수 있다.

자연 및 인문관광자원 활용형의 관광개발을 추진함에 있어 유의해야 할 점은 말할 것도 없이 자원의 가치를 충분히 보호하는 것이다. 그런데도 관광개발이 자원가치의 보호에 있어서 장기적인 계획과 구체적인 시책이 결여될 경우에는 관광자원의 가치가 차츰 낮아져 관광지로서 관광객에 대한 유인력을 상실하게 된다.

3) 교통편 활용형

관광자원 활용형이 관광개발의 가장 일반적인 방법이지만, 관광자원의 비교우위성만으로 관광개발이 성공한다고는 할 수 없다. 관광객이 일상생활권을 떠나서 관광지까지 이동하는 문제, 곧 접근성의 문제가 현대에 있어서는 더욱더 관광지의 가치를 형성하는 중요한 요인으로 작용하고 있다. 교통수단의 정비는 관광목적보다는 생활환경의 향상이나 경제활동의 추진목적으로 사회기반시설을 갖추고 교통체계를 정비함에 따라 파생적으로 관광개발이 가능해지는 것이다. 다시 말해 교통시설 이용상의 편의와 이점을 살리는 방법으로 고속도로의 인터체인지, 철도의 정차역, 도로변 휴게소, 항만·공항 등의 주변은 관광자원의 가치가 그다지 뛰어나지 않아도 관광개발이 가능하게 되는 것이다.

4) 지명도 활용형

일반적으로 관광객이 어떤 장소를 방문하는 것은 그 장소에 있는 어떠한 관광자원의 가치가 높은 것을 알고 있든가 또는 알려져 있기 때문일 것이다. 관광자원으로서 비교우위성이 아무리 높다고 하더라도 사람들이 그것을 알지 못한다면, 실제 관광행동으로 옮겨지지 못한다. 반대로 관광자원의 가치가 그다지 우수하지 못한 경우라도 잘 알려져 있는 경우에는 관광개발이 가능하게 된다. 결국 어떤 장소가 관광의 매력을 형성하는 무엇인가의 의미로서 높은 지명도를 가질 경우 그것을 활용한 관광개발이 가능해진다.

5) 관광대상 창조형

관광개발에 있어 특정 매력이 없는 관광대상일 경우에는 인위적으로 관광대상을 창조한다든지, 인위적으로 개발의 저해조건을 해소시키는 것과 같은 방법도 있다. 그러나 이러한 유형은 다른 유형에 비해 대단히 어렵고, 관광의 대중화를 배경으로 하여 공공기관이 적극적으로 관광개발에 참여하는 경우나, 탁월한 창조력을 갖춘 민간대기업의 경우가 아니고는 실현시키기 어렵다.

4. 관광지 및 관광단지의 개발[2)]

1) 관광개발계획

(1) 관광개발기본계획의 수립

문화체육관광부장관은 관광자원을 효율적으로 개발하고 관리하기 위하여 전국을 대상으로 하여 관광개발기본계획(이하 "기본계획"이라 한다)을 수립하여야 한다(관광진흥법 제49조 1항).

관광개발계획의 실질적인 추진을 위하여 1993년 12월 27일 「관광진흥법」을

---

2) 조진호 외 4인 공저, 관광법규론(서울: 현학사, 2017), pp.281~290.

개정하여 관광개발계획(기본계획 및 권역계획)을 법정계획으로 규정하였고, 1994년 6월 30일 「관광진흥법」 시행령을 개정하여 기본계획은 10년, 권역계획은 5년 주기로 수립하도록 제도화하였다.

이 규정에 따른 '기본계획'으로는 1990년 7월에 수립된 제1차 관광개발기본계획(1992~2001년), 2001년 8월에 수립된 제2차 관광개발기본계획(2002~2011년), 2011년 12월에 수립된 제3차 관광개발기본계획(2012~2021년)은 이미 완료되었고, 2022년부터 2031년까지 시행될 제4차 관광개발기본계획을 2021년 12월에 정부계획으로 확정하였으며 이에 따른 제7차 권역별 관광개발계획(2022~2026년)을 수립·시행 중이다.

▶▶ 그림 12-2 관광개발기본계획 및 권역별 관광개발계획

제1차 '기본계획'에서는 전국을 5대 관광권, 24개 소관광권으로 권역화하여 각각의 권역별 개발구상을 제시하였던 것이나, 이 계획을 집행함에 있어서 관광권역과 집행권역(즉 시·도)의 불일치로 인해 '기본계획'과 '권역계획'의 실천성 미흡 등의 문제점이 노출되었다. 이에 따라 제2차 '기본계획'에서는 이를 시정·개선하기 위하여 행정권 중심의 관광권역인 16개 광역지방자치단체를 기준으로 관광권역을 단순화하고, 각 시·도별 특성에 맞는 권역별 관광개발기본방향을 설정·제시하였던 것이다.

제3차 '기본계획(2012~2021년)'은 제2차 '기본계획(2002~2011년)' 수립 이후 급변하는 환경변화에 대응하기 위하여 국제경쟁력을 갖춘 관광발전 기반을 구축

하고 국민 삶의 질과 지역발전에 기여하기 위해 전국 관광개발의 기본방향을 미래지향적으로 제시하는 계획이다. 제3차 기본계획에서는 권역별 관광개발 방향을 기초로 지자체별로 제5차(2012~2016년) 및 제6차(2017~2021년) 권역별 관광개발계획을 수립하여 시행하였는데, 향후 관광개발의 기본방향과 추진전략 등을 반영하여 수도관광권(서울·경기·인천), 강원관광권, 충청관광권, 호남관광권, 대구·경북관광권, 부·울·경관광권(부산·울산·경남) 및 제주관광권 등 7개 광역경제권을 계획 관광권역으로 설정하였으며, 또한 해안을 중심으로 한 동·서·남해안 관광벨트 등 6개 초광역 관광벨트도 설정하여 7개 계획권역을 연계·보완하였다. 여기서 초광역 관광벨트란 백두대간 생태문화 관광벨트, 한반도 평화생태 관광벨트, 동해안 관광벨트, 서해안 관광벨트, 남해안 관광벨트, 강변생태문화 관광벨트 등을 말한다.

한편, '제3차 관광개발기본계획'의 기간(2012~2021년) 만료에 따라 '제4차 관광개발기본계획(2022~2031년, 이하 '제4차 기본계획')'을 수립·시행하고 있다. 제4차 기본계획은 향후 10년간 관광개발의 바람직한 미래상을 제시하는 관광개발 분야 최상위계획으로서 「관광진흥법」 제49조에 따라 수립되는 법정계획이다.

제4차 기본계획은 공급자에서 수요자 중심으로, 관광자원의 개발 중심에서 개발과 활용의 균형으로 정책방향성을 전환하였고, 국민참여 누리집과 청년참여단 운영, 정부 부처 및 지방자치단체 의견수렴 등을 통해 다양한 관광 주체들과의 소통 기회를 확대하였으며, 국토계획평가, 전략환경영향평가 등 다른 분야 정부계획과의 정합성을 높였다.

관광여건과 동향을 분석한 결과, 삶의 질을 중시하는 경향에 따라 관광이 일상화되어 앞으로 여행수요가 증가하고 온라인 여행플랫폼 등 정보통신기술을 기반으로 한 온라인의 영향력이 커지며, 관광 활성화를 통한 일자리 창출의 중요성이 높아져 변화된 관광흐름에 맞게 지역관광의 체질 변화가 필요한 것으로 나타났다.

이에 제4차 기본계획은 '미래를 여는 관광한국, 관광으로 행복한 국민'이라는 비전 아래 '사람과 지역이 동반 성장하는 상생 관광', '질적 발전을 추구하는 지능형(스마트) 혁신 관광', '미래세대와 공존하는 지속가능 관광'을 목표로 설정했다.

특히 제4차 기본계획은 지역관광의 국제경쟁력을 높이고 수도권에 편중된 외래관광객을 지방으로 확산시키기 위해 관광 성숙 지역인 수도권·강원·제주권과 관광 성장 지역인 나머지 4개 권역(대전·세종·충청권, 광주·전라권, 대구·경북권, 부산·울산·경남권)을 구분해 설정하고 권역별 맞춤형 발전전략을 제시했다.

이를 위한 구체적 방안으로는 매력적인 관광자원 발굴, 지속가능 관광개발 가치 구현, 편리한 관광편의 기반확충, 건강한 관광산업생태계 구축, 입체적 관광 연계·협력 강화, 혁신적 제도·관리 기반 마련 등 6대 추진 전략과 17개 중점 추진과제를 도출했다.

가. '기본계획'의 수립권자 및 수립시기

기본계획은 문화체육관광부장관이 매 10년마다 수립한다.

나. '기본계획'에 포함되어야 할 내용

1. 전국의 관광여건과 관광 동향(動向)에 관한 사항
2. 전국의 관광수요와 공급에 관한 사항
3. 관광자원의 보호·개발·이용·관리 등에 관한 기본적인 사항
4. 관광권역(觀光圈域)의 설정에 관한 사항
5. 관광권역별 관광개발의 기본방향에 관한 사항
6. 그 밖에 관광개발에 관한 사항

(2) 권역별 관광개발계획의 수립

시·도지사(특별자치도지사는 제외)는 '기본계획'에 따라 구분된 권역을 대상으로 권역별 관광개발계획(이하 "권역계획"이라 한다)을 수립하여야 한다. 다만, 둘 이상의 시·도에 걸치는 지역이 하나의 권역계획에 포함되는 경우에는 관계되는 시·도지사와의 협의에 따라 수립하되, 협의가 성립되지 아니한 경우에는 문화체육관광부장관이 지정하는 시·도지사가 수립하여야 한다.

이 규정에 의한 '권역계획'으로는 제1차 관광개발기본계획(1992~2001년)에 따

른 제1차 권역계획(1992~1996년)과 제2차 권역계획(1997~2001년), 및 제2차 관광
개발기본계획(2002~2011년)에 따른 제3차 권역계획(2002~2006년)과 제4차 권역
계획(2007~2011년), 제3차 관광개발기본계획(2012~2021년)에 따른 제5차 권역계
획(2012~2016년)과 제6차 권역계획(2017~2021)이 이미 완료되었으며, 현재는 제4
차 관광개발기본계획에 따른 제7차 권역계획(2022~2026년)이 시행 중에 있다.

한편, 제주특별자치도의 경우 도지사가 도의회의 동의를 얻어 수립하는 '국제
자유도시의 개발에 관한 종합계획'에는 "관광산업의 육성 및 관광자원의 이용·
개발 및 보전에 관한 사항"을 포함시키고 있는데, 이 종합계획에 따라 제주권역
의 관광개발사업을 시행하고 있기 때문에, 제주특별자치도에서는 "권역계획"을
따로 수립하지 아니한다.

가. 권역계획의 수립권자 및 수립시기
권역계획은 시·도지사(특별자치도지사는 제외한다)가 매 5년마다 수립한다.

나. 권역계획에 포함되어야 할 내용
1. 권역의 관광여건과 관광동향에 관한 사항
2. 권역의 관광 수요와 공급에 관한 사항
3. 관광자원의 보호·개발·이용·관리 등에 관한 사항
4. 관광지 및 관광단지의 조성·정비·보완 등에 관한 사항
5. 관광지 및 관광단지의 실적 평가에 관한 사항
6. 관광지 연계에 관한 사항
7. 관광사업의 추진에 관한 사항
8. 환경보전에 관한 사항
9. 그 밖에 그 권역의 관광자원의 개발, 관리 및 평가를 위하여 필요한 사항

2) 관광지 등의 지정

(1) 관광지 등의 정의
여기서 '관광지 등'이란 관광지 및 관광단지를 말한다.

가. 관광지

관광지란 자연적 또는 문화적 관광자원을 갖추고 관광객을 위한 기본적인 편의시설을 설치하는 지역으로서 「관광진흥법」에 따라 지정된 곳을 말한다. 그러므로 관광객이 이용하는 지역이라고 해서 무조건 관광지가 되는 것은 아니고, 「관광진흥법」에 의하여 관광지로 지정받지 않으면 관광지라고 할 수 없으며, 관광개발의 대상도 될 수 없다. 2024년 12월 말 기준으로 전국에 지정된 관광지는 총 226개소이다.

나. 관광단지

관광단지란 관광객의 다양한 관광 및 휴양을 위하여 각종 관광시설을 종합적으로 개발하는 관광거점지역으로서 「관광진흥법」에 따라 지정된 곳을 말한다. 2024년 12월 말 기준으로 전국에 지정된 관광단지는 52개소이다.

(2) 관광지 등의 지정권자

관광지 및 관광단지(이하 "관광지등"이라 한다)는 시장·군수·구청장의 신청에 의하여 시·도지사가 지정한다. 다만, 특별자치도의 경우에는 특별자치도지사가 지정한다.

5. 관광특구의 지정

1) 관광특구의 지정

(1) 관광특구의 정의

관광특구는 외국인 관광객의 유치 촉진 등을 위하여 관광시설이 밀집된 지역에 대해 야간 영업시간 제한을 배제하는 등 관광활동을 촉진하고자 1993년에 도입된 제도이다. 「관광진흥법」은 제2조에서 관광특구란 외국인 관광객의 유치 촉진 등을 위하여 관광활동과 관련된 관계법령의 적용이 배제되거나 완화되고, 관광활동과 관련된 서비스·안내 체계 및 홍보 등 관광여건을 집중적으로 조성할 필요가 있는 지역으로서 시장·군수·구청장의 신청(특별자치도의 경우는 제외한다)에 따라 시·도지사가 지정한 곳을 말하는데[3], 지정요건 등은 다음과 같다.

(2) 관광특구의 지정요건

가. 관광특구의 지정신청자 및 지정권자

관광특구는 관광지 등 또는 외국인 관광객이 주로 이용하는 지역 중에서 시장·군수·구청장의 신청(특별자치도의 경우는 제외한다)에 의하여 시·도지사가 지정한다.

나. 관광특구의 지정요건

관광특구로 지정될 수 있는 지역은 다음과 같은 요건을 모두 갖춘 지역으로 한다.

1. 문화체육관광부장관이 고시하는 기준을 갖춘 통계전문기관의 통계결과 해당 지역의 최근 1년간 외국인 관광객 수가 10만 명(서울특별시는 50만 명) 이상일 것
2. 지정하고자 하는 지역 안에 관광안내시설, 공공편익시설, 숙박시설, 휴양·오락시설, 접객시설 및 상가시설 등이 갖추어져 있어 외국인 관광객의 관광수요를 충족시킬 수 있는 지역일 것
3. 임야·농지·공업용지 또는 택지 등 관광활동과 직접적인 관련성이 없는 토지가 관광특구 전체 면적의 10퍼센트를 초과하지 아니할 것

---

3) 우리나라 관광특구는 제주도, 경주시, 설악산, 유성, 해운대 등 5곳이 1994년 8월 31일 처음으로 지정된 이래, 2005년 12월 30일 충북 단양·매포읍 일원(2개읍 5개리)의 '단양관광특구'와 2006년 3월 22일 서울 광화문 빌딩에서 숭인동 네거리 간의 청계천쪽 전역(세종로, 신문로1가, 종로1~6가, 창신동 일부, 서린동, 관철동, 관수동, 장사동, 예지동 전역)의 '종로·청계관광특구'를 지정하였으며, 2008년 5월 14일 부산광역시 중구 부평동, 광복동, 남포동 지역의 '용두산·자갈치관광특구', 2016년 1월 수원시 팔달구, 장안구 일부 지역을 '수원·화성관광특구', 2019년 8월 12일 경기도 파주시 탄현면 성동리, 법흥리 일원과 영일대해수욕장, 환호공원, 송도해수욕장, 송도송림, 포항운하, 죽도시장 등의 일대를 각각 '통일동산관광특구'와 '포항영일만관광특구', 2021년 12월 2일 마포 홍대 일대를 '홍대문화예술관광특구'로 지정하였다. 2024년 7월 22일 대구 성내동, 남산동, 대봉동, 삼덕동 일원을 '동성로관광특구'로 새로 지정하여 2024년 12월 말 기준으로 14개 시·도에 35곳이 지정되어 있다(관광개발정보시스템, tdss.kr).

4. 위 1호부터 3호까지의 요건을 갖춘 지역이 서로 분리되어 있지 아니할 것

2) 관광특구의 진흥계획

(1) 관광특구진흥계획의 수립·시행

가. 관광특구진흥계획의 수립

특별자치도지사·특별자치시장·시장·군수·구청장은 관할구역 내 관광특구를 방문하는 외국인 관광객의 유치 촉진 등을 위하여 관광특구진흥계획(이하 "진흥계획"이라 한다)을 수립하고 시행하여야 한다. 그리고 "진흥계획"을 수립하기 위하여 필요한 때에는 해당 시·군·구 주민의 의견을 들을 수 있다.

나. '진흥계획'에 포함되어야 할 사항

특별자치도지사·특별자치시장·시장·군수·구청장은 다음 각 호의 사항이 포함된 "진흥계획"을 수립·시행한다.

1. 외국인 관광객을 위한 관광편의시설의 개선에 관한 사항
2. 특색 있고 다양한 축제, 행사 그 밖에 홍보에 관한 사항
3. 관광객 유치를 위한 제도개선에 관한 사항
4. 관광특구를 중심으로 주변지역과 연계한 관광코스의 개발에 관한 사항
5. 그 밖에 관광질서 확립 및 관광서비스 개선 등 관광객 유치를 위하여 필요한 다음과 같은 사항
   가. 범죄예방 계획 및 바가지 요금·퇴폐행위·호객행위 근절대책
   나. 관광불편신고센터의 운영계획
   다. 관광특구 안의 접객시설 등 관련시설 종사원에 대한 교육계획
   라. 외국인 관광객을 위한 토산품 등 관광상품 개발·육성계획

다. '진흥계획'의 타당성 검토

특별자치도지사·특별자치시장·시장·군수·구청장은 수립된 '진흥계획'에 대하여 5년마다 그 타당성 여부를 검토하고 진흥계획의 변경 등 필요한 조치를

하여야 한다.

(2) 관광특구진흥계획의 집행상황 평가

가. 관광특구에 대한 평가 등

문화체육관광부장관 및 시·도지사는 관광특구진흥계획의 집행상황을 평가하고, 우수한 관광특구에 대하여는 필요한 지원을 할 수 있다. 그리고 시·도지사는 관광특구진흥계획의 집행상황에 대한 평가의 결과 관광특구지정요건에 맞지 아니하거나 추진실적이 미흡한 관광특구에 대하여는 관광특구의 지정취소·면적조정·개선권고 등 필요한 조치를 할 수 있다.

나. 관광특구의 평가에 대한 조치 등

1. 평가주기 및 평가방법 : 시·도지사는 진흥계획의 집행상황을 연 1회 평가하여야 하며, 평가 시에는 관광관련 학계·기관 및 단체의 전문가와 지역주민, 관광관련 업계종사자가 포함된 평가단을 구성하여 평가하여야 한다.

2. 평가결과 보고 : 시·도지사는 평가결과를 평가가 끝난 날부터 1개월 이내에 문화체육관광부장관에게 보고하여야 하며, 문화체육관광부장관은 시·도지사가 보고한 사항 외에 추가로 평가가 필요하다고 인정되면 진흥계획의 집행상황을 직접 평가할 수 있다.

3. 평가결과에 따른 지정취소 및 개선권고 : 시·도지사는 진흥계획의 집행상황에 대한 평가결과에 따라 다음 각 호의 구분에 따른 조치를 할 수 있다.

   가. 관광특구의 지정요건에 3년 연속 미달하여 개선될 여지가 없다고 판단되는 경우에는 관광특구 지정취소

   나. 진흥계획의 추진실적이 미흡한 관광특구로서 아래(제3호)의 규정에 따라 개선권고를 3회 이상 이행하지 아니한 경우에는 관광특구 지정취소

   다. 진흥계획의 추진실적이 미흡한 관광특구에 대하여는 지정면적의 조정 또는 투자 및 사업계획 등의 개선 권고

3) 관광특구에 대한 지원

(1) 관광특구의 진흥을 위한 지원

국가나 지방자치단체는 관광특구를 방문하는 외국인 관광객의 관광활동을 위한 편의증진 등 관광특구 진흥을 위하여 필요한 지원을 할 수 있다.

(2) 관광진흥개발기금의 지원

문화체육관광부장관은 관광특구를 방문하는 관광객의 편리한 관광활동을 위하여 관광특구 안의 문화 · 체육 · 숙박 · 상가시설로서 관광객 유치를 위하여 특히 필요하다고 인정되는 시설에 대하여 「관광진흥개발기금법」에 따라 관광진흥개발기금을 대여하거나 보조할 수 있다.

4) 관광특구 안에서의 다른 법률에 대한 특례

(1) 영업제한의 해제

관광특구 안에서는 「식품위생법」 제43조에 따른 영업제한에 관한 규정을 적용하지 아니한다(관광진흥법 제74조 제1항). 즉 「식품위생법」은 제43조에서 특별자치시장 · 특별자치도지사 · 시장 · 군수 · 구청장은 영업의 질서 또는 선량한 풍속을 유지하기 위하여 필요하다고 인정하는 경우에는 식품접객업자 및 그 종업원에 대하여 영업시간 및 영업행위에 관한 필요한 제한을 할 수 있도록 규정하고 있지만, 관광특구 안에서는 영업시간 및 영업행위에 관한 제한규정을 적용하지 않는다는 것이다.

(2) 공개 공지(空地: 공터) 사용

관광특구 안에서 관광사업자(관광숙박업, 국제회의업, 종합여행업, 관광공연장업, 관광식당업, 여객자동차터미널시설업 및 관광면세업)을 경영하는 자는 「건축법」의 규정(제43조)에도 불구하고 연간 180일 이내의 기간 동안 해당 지방자치단체의 조례로 정하는 바에 따라 공개 공지(空地: 공터)를 사용하여 외국인 관광객을 위한 공연 및 음식을 제공할 수 있다. 다만, 울타리를 설치하는 등 공중(公衆)이 해당 공개 공지를 사용하는 데에 지장을 주는 행위를 하여서는 아니된다(관광진흥법 제74조 제2항).

(3) 차마(車馬) 또는 노면 전차의 도로통행 금지 또는 제한

관광특구 관할 지방자치단체의 장은 관광특구의 진흥을 위하여 필요한 경우에는 시·도경찰청장 또는 경찰서장에게 「도로교통법」 제2조에 따른 차마(車馬) 또는 노면전차의 도로통행 금지 또는 제한 등의 조치를 하여줄 것을 요청할 수 있다. 이 경우 요청받은 시·도경찰청장 또는 경찰서장은 「도로교통법」 제6조에도 불구하고 특별한 사유가 없으면 지체 없이 필요한 조치를 하여야 한다(관광진흥법 제74조 제3항).

관광정책과 관광행정

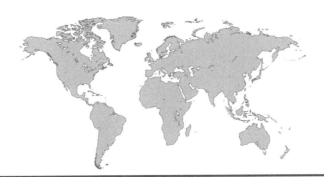

PRINCIPLES of TOURISM

CHAPTER **13**

관광정책과 관광행정

제1절 관광정책의 의의와 기본이념

1. 관광정책의 의의

관광정책이란 한 나라가 관광이라는 사회현상에 대해서 강구하는 시정의 방향과 기본시책을 말한다. 따라서 관광정책은 그때그때의 정부의 관광에 대한 이념 혹은 관계하는 방법에 따라 크게 달라진다. 관광의 보이지 않는 무역적 측면을 중시하는지, 국민의 관광행동을 생활의 질로서 촉진시킬 것인지 혹은 관광을 지역진흥의 수단으로 생각하는지 등에 의해 정책의 중점이 달라진다. 특히 현대에서는 관광과 환경과의 관계, 소비자로서의 여행자의 보호, 관광자원으로서의 문화유산이나 자연환경의 보호 등도 관광정책의 시야에 포함된다. 관광정책은 이념이며 총론을 의미함으로써, 실행이나 각론에 상당하는 행정은 많은 기관에 별도로 맡겨져 있는 것이 현실이다.

관광정책의 개념에 관하여는 학자에 따라, 정책목적이나 관점 그리고 연구방법에 따라 각기 다르게 정의를 내리고 있다. 그동안 여러 학자들에 의하여 정립

된 학설들을 종합해 보면,

첫째, 관광정책은 그 주체가 개인이나 사적 집단이 아니라 공공기관이라는 점이다.

둘째, 관광정책의 목표는 관광문제에 대한 해결이나 공익을 달성하는 것이다.

셋째, 관광정책은 주로 정치적·행정적 과정을 거쳐서 이루어진다.

넷째, 관광정책은 이루고자 하는 관광목표로서의 성격과 관광에 대한 미래지향적인 성격을 지니고 있다.

이러한 관점에서 볼 때 관광정책이란 "한 나라의 관광행정활동을 종합적으로 조정하고 추진하기 위한 시정(施政)의 기본방향을 명시한 여러 가지 방책"이라고 정의할 수 있다. 그리고 관광정책은 그 대상에 따라 국내관광정책과 국제관광정책으로 나누어 실시되고 있는데, 전자는 한 나라의 정부가 국내관광의 진흥을 위하여 실시하는 각종의 정책이며, 후자는 한 나라의 정부가 국제관광의 진흥을 위하여 실시하는 각종의 정책으로 이해되고 있다.

2. 국제관광과 국내관광

한 지역 또는 한 나라의 국민이 자신이 소속되어 있는 영토 내의 자원이나 시설을 관광하는 행위를 국내관광이라고 말하는 데 대응하여, 관광이동은 국경을 넘어 해외로 이동하는 것을 국제관광이라고 말한다.

그러나 원래 인위적으로 국경을 넘느냐 안 넘느냐에 따라 관광의 본질적인 차이가 있는 것은 아니다. 다만, 현실적으로 국경의 존재는 출입국수속을 하지 않을 수 없으며, 또 국경 안이냐 밖이냐에 따라 통화 및 언어가 달라지기 때문에 국제관광은 자연히 국내관광과는 다른 양상을 띠게 된다. 더욱이 국제관광과 국내관광을 분류하는 이유는 그것이 경제적 측면에서 실제 이익이 있느냐 없느냐 하는 데서 구별을 필요로 하고 있다.

영국의 오길비(F.G. Ogilvie)는 "관광은 국내적인 것이든 국제적인 것이든 하등 구별할 필요가 없다"고 말했는데, 그 같은 구별은 어디까지나 인위적인 것이며, 아무런 실효성이 없는 것으로서, 어느 것이든 국가적인 차원에서 실제 이익만 있으면 된다는 것이다. 다시 말하면 누구이든 간에 한 사람이라도 더 많이 오기만 하면 그것으로 족하다는 것이다. 즉 오는 사람의 국적에 따라서 국제관광이냐, 아니면 국내관광이냐 하고 구별할 필요는 없다는 것이다.

그렇지만 국가적인 입장에서 본다면, 그 양자 사이에는 확실히 차이가 있는 것이다. 특히 국민경제적인 관점에서 본다면 국내관광의 소비가 내화의 이동으로만 그치는 데 반해, 국제관광에 따른 소비는 관계국 쌍방에 있어서 외화의 수입과 지출을 가져오게 한다. 받아들이는 나라의 입장에서 국제관광은 외화획득의 수단으로 수출무역에 준하는 효과를 가져오므로 한 나라의 경제적 의의는 자못 크다고 하겠다. 그와 같은 까닭으로 각국은 국제관광과 국내관광을 구별하게 되고 국내관광사업보다 국제관광사업에 더 힘을 기울이게 된다는 것이다.

국제관광을 이와 같은 각도에서 파악하여 외래관광객의 유치를 국가정책으로 중시하는 풍조는 제1차 세계대전 후에 이탈리아, 독일 등에서 먼저 일어났고, 이윽고 다른 나라에도 보급되었다. 관광이 처음 산업적으로 인식되어 획기적인 주목을 받게 된 것은 바로 이 시기였던 것이다.

국제관광은 외화획득의 수단으로서 주로 받아들이는 나라의 관심거리이지만, 거꾸로 내보내는 나라의 입장에서 이를 국가정책으로 활용하는 경우도 있다. 이를테면, 제2차 세계대전 후 미국이 취한 관광정책을 들 수 있는데, 미국정부는 유럽의 경제부흥을 기획한 이른바 마셜플랜(Marshall Plan)의 하나로 자기 나라 국민의 유럽관광을 권장함으로써 그 소비하는 달러화에 의해서 유럽의 여러 나라들이 경제부흥, 나아가서는 그 나라들의 구매력 증강을 도모했던 것이다.

또한 실제문제에 있어서 유럽의 여러 나라들은 각 나라의 민족이나 생활풍토가 서로 다르기는 하나 인종적으로는 다 같이 아리안 인종에 속하고 그들의 풍속이나 관습 역시 별다른 차이가 없기 때문에, 오길비(F.G. Ogilvie)가 주장하는 바와 같이 양자의 차이는 거의 찾아볼 수 없다. 다만, 언어는 다르다고 하더라도 같은 가로쓰기 글자인 알파벳을 사용하고 있으므로, 의·식·주의 생활에 있어서나 숙박시설, 심지어 선전 포스터에 이르기까지 내국인을 상대로 하는 것이 그대로 외국인에게도 적용하는 것이다.

그러나 우리나라를 위시해서 대부분의 아시아 국가들은 유럽이나 아메리카의 국가들과는 생활풍습에 있어 너무나도 다르다. 특히 우리나라와 같은 경우는 독특한 민족으로서 언어와 풍속도 특수하고 문화도 다르다.

그러므로 원칙적으로 관광에 있어서 국내관광과 국제관광을 구별하지 않는 것이 이상적인 최선책이라 하겠으나, 선전 및 인쇄물의 외국어 사용과 숙박시설의 이용이 외국인 관광객에게 맞지 않으면 안 되는 데 바로 문제가 있다고 하겠다.

결국 관광은 원칙적으로 국제관광과 국내관광으로 구별할 필요가 없으며, 또한 구별하지 않는 것이 이상적 상태이기는 하나, 각 나라에 있어서 생활풍습의 엄청난 차이가 해소되어 의·식·주의 기본생활이 국제간에 조화적으로 일원화될 때까지, 그리고 국가경제적 요청이 존속할 때까지는 불가피하게 그 구별이 행하여질 수밖에 없다고 본다.

3. 관광정책의 기본이념

1) 관광정책의 기본목적

관광정책의 이념을 설명하기에 앞서 먼저 관광정책의 기본목적에 관하여 기술하려는 것은, 관광정책의 목적이 관광정책의 이념을 실현하기 위해서 설정되는 수단이라면 관광정책의 목표는 관광정책의 목적을 보다 구체화한 것이기 때문이다.

관광정책이란 국가나 공공단체가 관광이라는 사회현상에 대하여 강구하는 시정(施政)의 방침을 가리키는 말인데, 즉 관광을 장려하고 진흥하려는 정책을 의미한다. 그런데 왜 국가나 공공단체는 관광을 장려하고 진흥하려는 것일까.

관광이 관광정책의 대상으로 취급될 수 있었던 것은 제1차 세계대전 이후의 일이며, 유럽 여러 나라의 정부가 관광의 경제적 효과에 주목하게 되면서 시작되었다. 즉 외국에서 온 여행자의 소비가 외화획득이 되어 국가경제에 이바지한다는 사실이 인식되면서 나라마다 적극적으로 외국인 관광객의 유치에 나선 것이 관광정책의 시작이었던 것이다.

이 당시 관광정책에 관한 연구는 대체로 관광소비의 경제에 관한 문제에 집중되었는데, 그것은 국제관광이 한 나라에 가져다 주는 경제적 이익이 강하게 의식되어 그와 같은 이익의 증대를 위한 여러 가지 방책을 추구하는 것이 관광정책에 부과된 과제였기 때문이다. 이와 같은 사실에 입각하여 고찰해 본다면, 국가나 공공단체가 관광정책을 실시하게 된 목적은 관광사업을 진흥시킴으로써 '외화획득'이라는 이념을 실현시키려는 데 있었던 것이다.

외화획득에 의해 국제수지를 개선하는 일은 어떤 나라이건 바라는 바이기 때문에 오늘날에도 각 나라에서는 여러 가지 관광정책을 실시하는 것이 사실이다. 그렇지만 국제수지 개선만을 위주로 관광정책을 실시한다면 한 나라의 흑자는 다른 나라의 적자를 의미하게 되므로, 결국 관광사업은 각 나라가 외래관광객으로부터 외화를 벌어들이는 것을 의미하게 된다. 이와 같은 관점에 입각해서 본다면, 자기 나라 국민의 해외여행을 가능한 한 억제하고 어떻게 해서든지 외국인 관광객을 유치하는 정책이 되고 만 것이기 때문에, 외화획득에 의한 국제수지의 개선이라고 말하는 관광정책의 이념에는 문제가 있다. 반드시 관광수지가 흑자인 나라만이 훌륭한 나라는 아니기 때문이다. 예를 들어 미국이나 독일의 경우 심한 적자인 때에도 자국민의 해외여행을 권장하는 점을 감안한다면, 관광수지가 흑자인 때도 해외여행을 허용하지 않는 나라도 그리 자랑스러운 것만은 아니다.

그 나라의 국민이 외국에 여행하여 외화를 쓰더라도 무역이나 문화 등에서 그 이상의 성과를 올린다면 오히려 그 방면의 효과가 더 크다고 본다. 그러므로 외화획득만을 관광정책의 이념으로 내세울 수는 없는 것이다.

오늘날 관광은 국제관광이 가져오는 국제수지 외에도 국제친선이라는 효과와 국내관광이 가져오는 국민후생 등의 효과에도 기여하므로, 현대 관광정책의 이념은 국제간에 상호 이해와 협조를 포함한 국제친선과 보건 및 교육을 포함한 국민후생의 증진에 있다고 하겠다.

더구나 국제관광이 국제친선에 의하여 평화에 이바지한다는 것은 국제연합(UN)이 1967년을 "국제관광의 해"로 지정했을 때의 "관광은 평화에로의 패스포트"라는 슬로건에도 명시되어 있는 것처럼, 국제간의 관광왕래가 나라와 나라와의 관계를 시정하여 평화를 유지하는 힘으로써 큰 역할을 하고 있다고 말할 수 있다.

다음으로 국민후생이라는 이념이 외화획득이라는 이념에 비한다면 훨씬 늦게
제기된 것이지만, 이러한 입장을 가장 잘 표현한 것이 소셜투어리즘(social tourism)
이다. 이는 오늘날 관광이 국민후생에 큰 효과를 가지고 있음에 주목하여 정부나
지방공공단체가 관광을 활발하게 하기 위해서 여러 가지 시책을 취하는 일과 관
광을 국민 일반의 것으로 넓혀 나가고자 하는 생각을 말하는 것이다.

그러나 여러 정책 가운데서 국민후생으로서의 관광정책이 필요하다고 인정을
하면서도 다른 정책, 예를 들면 교통정책·주택정책 그리고 문화정책 등과 경합
할 경우에 과연 다른 정책을 제쳐놓고 관광정책을 우선적으로 정부나 공공단체
가 실시할 것인가? 만약 반대에 부딪혔을 때 설득할 만한 관광정책의 기본이념
이 확립되어야만 할 것이다.

국가나 공공단체는 관광사업을 진흥시킴으로써 앞에서 말한 국제친선, 국민
후생과 같은 관광정책의 이념을 실현하려는 것이나, 관광사업은 그 영향이 관광
객의 효용에만 미치는 것이 아니라 사업이 가져올 경제적·사회적 효과에까지
미치는 것이기 때문에, 단지 관광정책의 목적을 관광사업을 진흥시키기 위한 것
이라고 말하는 경우에는, 관광의 본래적 목적인 관광객의 효용은 제쳐놓고 관광
사업자의 이익만을 가져오게 하는 관광이 될 우려가 있다. 실제 관광사업자 가
운데 일부는 이윤추구에 급급한 나머지 본래의 관광목적에 따르지 않은 사람도
없지 않다.

그러므로 관광사업은 본래의 관광목적을 확립시켜, 이에 기여하기 위하여 추
진되어야만 한다. 요약건대, 관광정책의 기본목적은 단지 "관광사업의 진흥"이
아니고 "관광객의 효용을 위한 관광사업의 진흥"이라는 방향에서 고려되어야 한
다고 본다.

2) 관광정책의 기본이념

관광정책의 기본목적은 "관광객의 효용을 위한 관광사업의 진흥"이라는 방향
에서 고려되어야 한다고 앞에서 설명한 바 있다.

관광객의 효용을 위한 관광사업을 진흥시키기 위해서는 무엇보다도 먼저 관

광의 의의와 효과에 대한 올바른 이해가 필요하다고 본다. 관광은 관광행동 자체가 효과를 가지는 것으로, 관광가치에 의하여 생기는 본래의 효과는 관광행동의 주체자인 관광객에게 그 효과가 미치는 것이라야 한다. 사람에게는 관광을 하고자 하는 의욕이 있고, 이것을 만족시키는 데 따라 근로의욕은 증대되고, 문화적 교양도 높아지는 것이다.

그러므로 관광정책의 기본이념은 어떻든 관광객이 느끼는 관광의 효용을 제1의적인 것으로 생각하지 않을 수 없다.

그렇다면 국제관광에 의한 국제수지의 개선을 지나치게 중시하려는 생각은 올바른 것이 못 된다고 본다.

국제관광의 경우에는 그 소비금액보다도 그에 의하여 생기는 효과를 주로 생각하여야 한다. 종래의 사고방식에 따른다면, 자기 나라 사람의 외국여행을 될 수 있는 한 제한하고, 외국인 여행자의 유치와 소비에 힘을 써야 한다는 것이었으나, 이러한 생각이 잘못된 생각이라는 것은 이미 앞에서 지적한 바 있다. 자국민의 외국여행도 그에 의해 마음의 평안을 얻고, 새로이 견문을 넓히는 문화적 효과까지 올린다면, 거기에다 무역촉진 등의 효과까지도 올린다면 결코 제한할 것은 아니라고 본다.

그럼에도 불구하고 관광경영의 주체인 국가 또는 공공기관에서는 관광정책을 수행하는 과정에서 국제관광을 외화획득에의 수단으로만 지나치게 의식한 나머지 관광소비자가 관광행위를 통하여 근로의욕이 증대되고 문화적 교양을 향상시킨다는 그 본래의 이념을 저버리고 국제관광에 의한 국제수지의 개선만을 중시하는 경향이 있다.

물론 국제관광이 한 나라의 국제수지 개선에 절대적인 요소인 것은 부인할 수 없는 사실이다. 그러나 이것은 어디까지나 관광왕래에 의하여 나타나는 효과이지 외화획득이 국제관광의 절대적 요소일 수만은 없다.

그러므로 국제관광정책의 기본이념은 관광객의 관광효용과 그러한 관광행동으로부터 파생되는 효과를 그의 본질로 해야 한다. 여기에서 관광객의 관광효용이라 함은 관광행동에 의한 관광객 자신의 유익성 곧 관광객의 만족도를 말하며, 관광행동으로부터 파생되는 효과라는 것은 관광객의 소비활동에 따라 생기는 경제적·사회적 영향, 즉 외화획득에 의한 국제수지의 개선, 관광왕래에 의한 국제친선의 증진 및 보건의 증진, 고용의 증대 및 사회간접자본의 개발을 통한 국내산업의 발전 등으로 국민소득향상과 조세수입 증대에 미치는 국가적 효용성을 말한다. 그러므로 관광정책을 수행하는 과정에서 국제관광에 의한 국제수지의 개선만을 내세워 그것을 중요시하는 것은 관광정책의 근본적인 이념에 어긋나는 것이다.

그러나 현실적으로 국제수지의 균형이 불안정한 개발도상국에서는 국제관광이 국제수지개선의 유일한 수단이 되고 있음은 잘 알려진 사실이다. 전래적으로 관광의 과도기 상태에서는 어느 나라를 막론하고 자기 나라의 외화절약상 가급적 해외여행을 통제하고 있다. 때문에 국제관광 하면 의례적으로 인바운드(inbound)만을 생각하기 쉽고 아웃바운드(outbound)는 거의 생각지 않는 것이 일반적인 현상이다. 자기 나라 사람의 해외여행도 관광으로 인하여 견식을 넓히고, 또한 상호 인적 교류나 문화적인 교류를 통하여 국제간의 이해증진과 국제친선 및 대외무역 촉진 등의 효과를 생각한다면 자국민의 해외여행을 결코 억제해서는 안될 것이다.

국제관광에 있어 국내인의 해외여행 효과가 외국관광객의 국내유치에 비해 훨씬 유리하다는 것을 생각하면 자국민의 해외여행 개방이 국제관광에 있어 오히려 이상적이고 또 그것이 합리적인 경영방법인지도 모른다. 미국이나 영국, 일본 등과 같은 선진국에서는 관광수지 면에서 계속 적자를 면치 못하고 있음에도 불구하고 자국민의 외국여행을 독려하여 관광객을 송출하는 정책을 지향하고 있다. 그 이유는 자국민이 해외여행을 통해서 얻는 효과가 관광유치 면에서 외화수입이 차지하는 그것과 비교하여 훨씬 더 크기 때문이다.

그러므로 국제관광정책은 관광유치에 의한 외화획득 그 자체보다도 그로 말미암아 간접적으로 나타나는 파급적인 효과를 그의 본질적 이념으로 해야 할 것이다. 곧 국제관광정책을 수립함에 있어서는 외국관광객 유치에 의한 경제적 효과에만 집착하는 소극적인 정책을 지양하고 한 걸음 더 나아가서 자국민의 해외여행을 통하여 외국에서 자국을 널리 선전함으로써 국위선양에 기여할 수 있는 보다 적극적인 대외관광정책이 요망된다고 하겠다.

따라서 외래관광객의 수용면에 있어서도 외화획득이라는 효과보다도 자국을 외국인에게 널리 이해시킨다는 국제관광 본래의 효과를 위주로 해야 할 것이다. 물론 외국인 관광객을 유치하기 위하여 때로는 막대한 설비투자에도 불구하고 그 반대급부적인 외화수입이 오히려 저조하다면 그 또한 문제가 되지 않을 수 없겠으나, 국제관광정책의 근본이념은 어디까지나 국제친선이 주된 목적이 되어야 한다고 본다.

한편, 국내관광정책의 근본이념은 국민후생이 주된 목적이 되어야 한다. 소셜 투어리즘이나 관광의 대중화라고 말하는 것은 관광정책 가운데서 가장 중요한 부분을 차지하는 것이라고 말할 수 있다.

4. 우리나라 관광정책의 변천과정

1) 1950년대의 관광정책

8 · 15해방 직후의 대혼란을 거쳐 1948년에 정부가 수립되었으나, 미처 관광행정체제가 확립되기도 전에 1950년 6 · 25전쟁이 발발하여 전국의 관광시설이 전화로 전부 파괴되었다. 부산으로 피난을 간 정부는 1950년 12월에 교통부 총무과 소속으로 '관광계'를 신설하여 철도호텔업무를 관장케 하였으며, 그 후 1954년 2월 10일 대통령령 제1005호로 교통부 육운국에 '관광과'로 승격시켜 관광사업에 대한 행정적인 체제를 마련하기 시작하였다.

1957년 11월에는 교통부가 현 세계관광기구(UNWTO)의 전신인 국제관설관광기구(IUOTO)에 정회원으로 가입하게 됨으로써 우리나라도 세계관광의 흐름에 편승하는 계기가 되었다.

1958년 3월에는 '관광위원회'의 규정(規程)을 제정하여 교통부장관의 자문기관으로 중앙관광위원회를, 도지사의 자문기관으로 지방관광위원회를 각각 설치하여 다소나마 관광행정기능을 보강하였으나, 실질적으로는 관광행정이 이루어지지 못하였다.

2) 1960년대의 관광정책

1960년대는 우리나라 관광사업의 기반조성과 국제관광객 유치를 위한 체제정비의 시기였다고 할 수 있다.

1961년 8월 21일 제정·공포된 「관광사업진흥법」은 우리나라 관광의 획기적인 발전을 위한 최초의 법률이 되었으며, 이어서 1962년 4월 24일 제정·공포된 「국제관광공사법」에 의하여 국제관광공사(현 한국관광공사의 전신)가 설립되어 한국관광의 해외선전, 관광객 편의제공, 관광객 유치업무를 수행하기 시작하였다.

1963년 8월에는 교통부직제를 개정하여 관광과를 '관광국'으로 승격시켰는데, 이와 같이 관광의 중앙행정기관으로 신설된 관광국은 관광에 관한 종합적인 정책의 수립과 조정업무를 담당함과 동시에 시·도 관광업무의 감독기능을 수행케 함으로써 처음으로 통일되고 일관성 있는 관광행정을 집행할 수 있게 되었다. 또 1963년 3월에는 「관광사업진흥법」 제48조에 의거 대한관광협회(현 한국관광협회중앙회의 전신)가 설립되면서 도쿄와 뉴욕에 해외선전사무소를 최초로 개설하였다.

1965년 3월에는 대통령령 제2038호로 '관광정책심의위원회 규정'을 제정·공포하고, 이를 근거로 국무총리를 위원장으로 하는 '관광정책심의위원회'를 발족하였는데, 여기서 관광정책에 관한 주요 사항을 심의·의결케 함으로써 이 기구의 법적 지위를 높이는 한편 기능을 강화하였다.

1965년에는 관광부문의 국제회의인 제14차 아시아·태평양관광협회(PATA) 연차총회를 한국에 유치하여 각국 관광업계 대표들에게 한국관광 전반에 대해 알릴 수 있는 계기를 마련하기도 하였으며, 관광업계 종사원의 양성·배출을 위해 1962년 통역안내원시험 실시에 이어 1965년부터 관광호텔종사원 자격시험제도를 실시하였다.

1966년에는 외국관광전문가에게 한국관광지 전반에 관한 연구를 의뢰하였는데, 그 연구보고서(일명 Kauffman보고서)에는 한국관광사업의 밝은 전망이 제시되었다.

1967년은 '국제관광의 해'로 정하여 국제친선과 외래관광객의 방한을 촉진하였으며, 같은 해 3월에는 「공원법」이 제정됨에 따라 국내 최초로 지리산이 국립공원으로 지정되었다.

3) 1970년대의 관광정책

1970년대에 들어와서 정부는 관광사업을 경제개발계획에 포함시켜 국가의 주요 전략산업의 하나로 육성함과 동시에 관광수용시설의 확충, 관광단지의 개발 및 관광시장의 다변화 등을 적극 추진하여 1978년에는 역사상 처음으로 외래관광객 100만 명을 돌파하는 성과를 거두었다.

이러한 관광진흥정책의 적극적인 추진에 의해 우리나라 관광이 규모와 질적인 면에서 크게 성장함에 따라 종래의 관광법규를 재정비함과 아울러 관광행정조직도 강화할 필요성을 느끼게 되었다.

그래서 1972년 12월 29일 제정된 「관광진흥개발기금법」에 따라 정책금융으로 관광진흥개발기금을 설치하였고, 1975년 4월에는 「관광단지개발촉진법」이 제정되어 경주보문관광단지와 제주중문관광단지 등과 같은 국제수준의 관광단지개발을 촉진하여 관광사업발전의 기반을 조성하는 데 기여하였다.

그리고 1975년 12월 31일에는 우리나라 최초의 관광법규인 「관광사업진흥법」을 발전적으로 폐지함과 동시에 폐지되는 법의 성격을 고려하여 「관광기본법」과 「관광사업법」으로 분리제정하였다. 특히 「관광기본법」은 우리나라 관광법규의 모법이며 근본법의 성격을 갖는데, 이 법은 우리나라 관광진흥의 방향과 시책에 관한 사항을 규정함으로써 국제친선의 증진과 국민경제 및 국민복지의 향상을 기하고 건전한 국민관광의 발전 도모를 목적으로 제정되었다.

한편, 우리나라 관광사업이 양적으로 확대되자 1972년 8월에는 교통부직제를 개정하여 '관광국'의 업무과를 폐지하고 기획과, 지도과, 시설과를 신설하여 관광행정기구를 보강함과 동시에 지방자치단체인 서울, 부산, 강원, 제주도에는 '관광과'를, 기타 7개 도에는 관광운수과 내에 '관광계'를 두어 관광업무를 관장케 함으로써 관광진흥을 위한 보다 강력한 행정력이 뒷받침되었다.

더욱이 1979년 9월에는 관광국을 '관광진흥국'과 '관광지도국'으로 확대 개편하고, 관광지도국 내에 '국민관광과'를 신설하여 관광지의 지도 및 개발은 물론, 국민관광에 대한 본격적인 정책수립의 입안이 시행되기에 이르렀다.

4) 1980년대의 관광정책

1980년대는 우리나라 관광이 도약한 시기라 할 수 있다. 즉 건전한 국민관광의 조성과 관광시장구조의 다변화 등 국제관광과 국민관광의 조화 있는 발전을 이루는 성장과 도약의 시기였다고 할 수 있다.

1980년 1월 5일에는 야간통행금지가 해제되고, 1981년부터는 국민관광지를 개발하기 시작하여 전략적 국제관광단지로서 경주보문관광단지 및 제주중문관광단지 개발에 이어 1983년에 통영도남관광단지와 1984년에는 남원관광단지 개발을 추진하기 시작하였다.

한편, 1983년 ASTA총회 및 교역전 서울 유치, 1985년 IBRD/IMF총회, 1986년 ANOC총회 및 86아시안게임, 1988년 서울올림픽 등 대규모 국제행사를 성공적으로 개최함으로써 관광산업의 비약적인 발전을 가져왔으며, 1988년에는 외래관광객 200만 명을 돌파하는 성과를 거두기도 했다.

또 한편, 1970년대 후반기에 들어서서 1인당 국민소득이 약 1,000달러에 이르러 국민관광의 여건이 조성되자, 이제까지의 국제관광 우선정책에서 벗어나 국민관광과의 병행발전정책으로 전환하게 됨으로써 새로이 발생하는 관광수요에 능동적으로 대처하기 위해 관광법규의 전면적인 개편이 필요하게 되었다.

이에 따라 1986년 5월 12일 「올림픽대회 등에 대비한 관광숙박업 등의 지원에 관한 법률」이 제정되었는데, 이 법은 제10회 서울아시아경기대회(1986년 개최)와 제24회 서울올림픽대회(1988년 개최)를 원활히 개최하도록 하기 위하여 올림픽이 끝나는 1988년 12월 31일까지만 유효한 한시법으로 제정되었다. 또 1986년 12월 31일에는 「관광진흥법」이 제정되었는데, 이 법은 관광여건을 조성하고 관광자원을 개발하며 관광사업을 육성하여 관광진흥에 이바지하는 것을 목적으로 한다.

5) 1990년대의 관광정책

1990년대는 2000년 ASEM회의 개최 준비, 2001년 한국방문의 해 사업 준비, 2002년 한·일월드컵축구대회 준비 등 다가오는 21세기 관광선진국을 대비한 재도약의 시기라고 할 수 있다.

1991년에는 외국인 관광객이 300만 명을 넘어섰고, 아르헨티나에서 개최된 제9차 세계관광기구(UNWTO) 총회에서 우리나라가 UNWTO 집행이사국으로 선출되어 국제관광협력의 기반을 다진 한 해였다.

1993년에는 대전엑스포를 성공리에 개최하였으며, 엑스포 전후 기간 중에는 일본인 관광객에게 무사증 입국을 허용함으로써 일본인 관광객 유치 증대에 크게 기여하였다.

1994년에는 서울정도 600주년을 기념하여 우리의 전통문화를 세계에 널리 알리고 한국관광의 재도약과 세계화의 계기로 삼기 위해 추진한 "한국방문의 해(Visit Korea)" 사업을 성공적으로 추진하였으며, 아시아·태평양관광협회(PATA)의 연차총회, 관광교역전 및 세계지부회의 등 국제행사를 유치 개최하였다.

한편, 제도 면에서는 종래 「사행행위 등 규제 및 처벌특례법」에서 사행행위영업의 일환으로 지방경찰청에서 관리해 오던 카지노업을 1984년 8월 3일 「관광진흥법」을 개정하여 관광사업의 일종으로 전환 규정하고 문화체육부장관이 허가권을 갖게 되었다.

1996년 12월에는 대규모 관광수요를 유발하는 국제회의산업을 관광과 연계하여 발전할 수 있도록 하기 위하여 「국제회의산업 육성에 관한 법률」을 제정하였으며, 1997년 1월에는 관광숙박시설의 확충을 위해 「관광숙박시설지원 등에 관한 특별법」을 제정하였다. 그리고 이 해에는 우리나라가 세계에서 29번째로 OECD(경제협력개발기구)에 가입함으로써 서방선진국의 관광정책기구들과 협력할 수 있는 체계를 마련하기도 했다.

1998년 2월 28일에는 정부조직의 개편으로 문화체육부가 문화관광부로 그 명칭이 바뀌었는데, 이 과정에서 "관광"이라는 단어가 정부부처 명칭에 처음으로 들어가게 됨으로써 정책입안 및 그 추진에 있어 관광산업에 높은 비중을 부여하게 되었다.

6) 2000년대의 관광정책

2000년대는 뉴 밀레니엄을 맞이하여 21세기 관광선진국으로서의 힘찬 도약을 준비하는 시기라고 할 수 있다.

2000년도에는 국제관광교류의 증진과 국내관광 수용태세 개선에 주력했다. 제1회 APEC 관광장관회의와 제3차 아시아·유럽정상회의(ASEM)를 성공적으로 개최하여 국제적 위상을 한층 제고하였다.

2001년에는 동북아 중심의 허브공항 구축의 일환으로 인천국제공항이 개항하였으며, '2001년 한국방문의 해' 사업을 통해 관광의 선진화를 위한 제반 사업이 수행되었다. 또 관광산업의 국제화를 위하여 제14차 세계관광기구(UNWTO) 총회를 성공적으로 개최하였다.

2002년에는 '한국방문의 해'를 연장하고, 한·일월드컵 축구대회 및 부산아시안게임의 성공적인 개최로 국가이미지는 한층 높아져 외래관광객의 방한욕구를 증대시켰다. 또한 관광진흥확대회의의 정기적인 개최로 법제도 개선, 유관부처의 협력모델을 도출하고 관광수용태세 개선에 만전을 기하였다.

2003년은 동북아경제중심국가 건설을 위한 원년으로 아시아 관광허브 건설기반 구축과 개발중심의 관광정책에서 문화예술 및 생태적 가치지향의 관광정책으로의 전환과 국제적 관광인프라 확충을 추진하는 데 중점이 주어졌다. 그러나 연초부터 전 세계적으로 확산된 사스(SARS)와 이라크전쟁 등의 영향으로 전 세계적으로 관광시장이 위축된 한 해이기도 하였다. 외래관광객 1천만 명 유치와 국민관광시대의 실현을 목표로 한 '참여정부 관광정책 18대과제'가 수립되었다.

2004년은 '관광진흥5개년계획(2004~2008)'이 수립되었으며, 주5일근무제의 확산, 고속철도(KTX)시대의 도래 등 관광환경이 변화되었으며, 제주에서 개최된 제53차 아시아·태평양관광협회(PATA) 연차총회는 참가인원 면에서 역대 최대의 성과를 거두기도 하였다.

2005년 4월과 6월 속초와 안동에서 각각 '종합관광안내정보 서비스 개통식'을 열고 관광과 첨단 IT기술의 만남, 유-트레블(U-Travel)시대의 개막을 선포하였다. 또 2005년 5월 12일부터 14일까지 부산에서 제4차 APEC 관광포럼이 개최되었는 데, 2005년 11월 부산에서 개최되는 APEC 정상회의에 앞서 'APEC 관광의 점검, 미래에 대한 준비'를 주제로 논의되었다. 또한 2005년 5월 22일부터 26일까지 속 초에서 동남아국가연합(ASEAN) 10개국과 한 · 중 · 일 3국이 참여하는 ASEAN + 3 NTO(정부관광기구) 회의가 개최되었다. 그리고 2005년 7월에는 문화, 관광 그리 고 스포츠산업을 우리나라의 새로운 성장동력산업으로 만들기 위한 청사진인 'C-Korea 2010'이 수립 · 발표되었으며, 2005년 9월 6일과 7일에는 광주에서 OECD 국제관광회의가 개최되었다.

2005년 8월부터는 저소득 중소기업체 근로자들을 위한 '여행바우처'제도가 시 행되었는데, 관광진흥개발기금 20억 원을 활용해 시행되는 여행바우처제도는 외 국인근로자를 포함하여 월소득 250만 원 이하의 중소기업체 근로자 1,500만 명 내외에게 여행경비의 40%를 15만 원 이내에서 지원하고 있다.

2006~2007년에는 외래관광객 입국이 낮은 증가세를 보임에 따라 관광수지 적 자가 심화되면서 정부차원에서 관광수지 적자 개선을 위한 대책 마련에 정책 역 량을 집중하였다. 따라서 2006년 12월 관광산업 경쟁력 강화대책에서는 관광산 업에 대한 조세부담 완화, 신규투자 및 창업촉진을 위한 제도 개선, 해외 관광시 장의 획기적 확대 여건 조성, 국민 국내관광 활성화, 관광자원의 품격과 부가가 치 제고 등 다섯 개 분야에 걸쳐 총 62개 과제 추진 등 획기적인 범정부적 대책 을 발표하였다.

정부는 이와 같이 매년 관광수지 적자가 지속적으로 심화되는 점을 감안하여 2007년 4월에는 한국 고유의 관광브랜드 'Korea, Sparkling'을 선포하고 홍보를 다 각화하는 한편, 가격은 낮고 품질은 높은 중저가 숙박시설인 '굿스테이(Goodstay)' 와 중저가 숙박시설 체인화 모델인 '베니키아(BENIKEA)' 체인화 사업 운영을 위 한 기반을 구축하였다. 또 중국인 관광객 확보를 위해 비자제도를 개선하고, 국 내관광 인식 개선을 위한 '대한민국 구석구석 캠페인'을 강화하는 등 해외 관광 수요의 국내 전환과 국내관광 활성화를 위한 여건을 개선하였다.

한편, 정부는 남북관광 교류협력사업을 지속적으로 확대하여 남북을 단일 관광권으로 조성하고 동북아 관광의 중심지로 발전시키기 위한 기반을 마련하였다. 2007년 5월에는 경의선 및 동해선의 남북철도연결구간 열차 시범운행이 이루어졌고 6월부터 내금강 관광길이 개통되면서 남북교류의 분위기가 조성되었다.

2007년 10월 남북정상회담에서는 남북 간 사회문화 분야 교류 협력의 일환으로 금강산관광에 이어 직항로를 통한 백두산관광에 대한 협력을 추진하기로 합의하였다. 이와 관련하여 2007년 11월에는 민·관 전문가 그룹으로 구성된 현지 실사단이 북한을 방문하여 백두산 삼지연 공항의 활주로와 공항시설 및 직항로 개설을 위한 인프라를 점검하였다. 또 2007년 12월 5일부터는 고려의 옛 도읍인 개성시내와 박연폭포를 관람할 수 있는 당일코스의 개성관광이 본격적으로 시작되어 남북관광의 새로운 전기가 마련되었다.

2008년도에 들어와 정부는 관광산업의 국제경쟁력 강화를 위해서 2008년을 '관광산업 선진화 원년'으로 선포하고 '서비스산업 경쟁력 강화 종합대책' 등 범정부 차원의 대책을 본격적으로 추진하였다. 동년 3월과 12월의 2차례에 걸친 관광산업 경쟁력 강화회의를 비롯하여, 2008년 4월에는 서비스산업선진화(PROGRESS-1) 방안의 일환으로 「관광진흥법」, 「관광진흥개발기금법」, 「국제회의산업 육성에 관한 법률」 등 이른바 관광 3법상의 권한사항을 제주특별자치도지사에게 일괄 이양하기로 결정하는 등 적극적이고 지속적인 노력이 추진되었다.

이 밖에 2008년에는 민간주도로 3년간 추진되는 '2010~2012 한국방문의 해'를 선포하고, 경제발전, 환경복원, 문화 등이 조화된 한국형 녹색뉴딜사업으로 '문화가 흐르는 4대강 살리기' 사업추진 계획을 발표하였다. 또 정부는 2008년 12월 '2단계 관광산업 경쟁력 강화대책'에서 MICE, 의료관광 등 고수익 관광산업의 전략적 육성을 위한 방안을 발표하였다.

이와 같이 정부는 2008년을 '관광산업 선진화 원년'으로 선포하였고, 이를 위한 일련의 계획들을 2009년에도 지속적으로 추진하였다. 특히 2008년도가 관광산업 선진화를 위한 계획연도라고 한다면 2009년도는 이를 가시화하고 지역관광 활성화 방안을 집중적으로 추가 발굴(2009.7.21)하여 추진한 해라 할 수 있다.

2009년도 정부의 관광산업의 경쟁력 강화와 지역관광 활성화 방안의 세부 추진방향은 '혁신적인 규제완화 및 제도개선'과 '고부가가치 관광산업 육성' 그리고 '시장친화적 민간투자 및 신규시장 확대'로 구분될 수 있는데, 이러한 과제들은 2009년도에 가능한 모두 추진 완료하였으며, 중장기적 추진이 필요한 과제들의 경우는 2010년에 지속 추진하기로 하였다.

이 결과 전 세계 대다수 국가의 관광산업이 침체상태를 면치 못하였으나 우리나라는 환율효과 등 외부적 환경을 바탕으로 삼아 적극적 관광정책 추진으로 관광객이 증가하여 9년 만에 관광수지 흑자로 전환하는 데 성공하였다. 가장 큰 성과로는 관광산업 정책여건 개선 및 도약의 밑거름이 되었다는 점에 있다. 특히 가시적 성과로는 2011년 UNWTO 총회 유치(2009.10), 의료관광 활성화 법적 근거 마련(2009.3), MICE · 의료 · 쇼핑 등 고부가가치 관광여건을 개선하였으며, 문화가 흐르는 4대강 살리기 사업, 생태녹색관광, 이야기가 있는 문화생태탐방로 등 저탄소 녹색관광 활성화의 기반을 마련하였다.

7) 2010년대의 관광정책

2012년 한국을 방문한 외래관광객이 전년대비 13.7% 증가한 1,114만 명을 기록하면서 관광수용태세를 완비하고 국민 삶의 질을 높일 수 있는 관광여건을 조성하기 위해 다양한 정책과 사업을 추진하였다. 문화체육관광부는 인바운드 시장의 양적 성장에 부합한 질적 내실화를 위하여 명품관광, 고부가가치 창출의 관광콘텐츠를 지속적으로 발굴함으로써 한국관광의 이미지를 제고하였다. 특히 저가관광이미지를 벗어나서 MICE · 의료 · 크루즈 · 공연 관광 등 관광시장을 고급화하고, 관광수용태세 등 각종 문제점을 개선하기 위한 방안을 마련하여 관광산업의 발전을 위하여 노력하였다. 또한 융 · 복합 기반 관광콘텐츠 개발 및 육성, 관광 R&D 강화, 창조관광산업 육성 등 새로운 관광콘텐츠를 발굴하여 기존 관광분야와 차별화된 관광환경 조성 기반을 마련했다.

2012년 외래관광객 1,000만 명 시대에 진입한 이후 2013년 한국을 방문한 외래관광객은 9.3% 증가한 1,218만 명으로 역대 최대 규모를 기록하였다. 특히 중국시장이 전년대비 52.5%의 성장률을 보이며 급격히 증가하여 우리나라 제1의 인바운드 시장으로 올라서면서 방한 시장 구성에 큰 변화를 가져왔다. '제1차 관광진흥확대회의(2013.7.17.)' 개최 계기로 관광산업 발전을 위한 부처 간 협업체계를 구축하고 국민 및 관광업체 현장의 의견을 수렴하는 한편 관광수요 및 불편사항 파악을 위한 조사를 실시하여 '관광불편 해소를 위한 제도개선 및 전략 관광산업 육성방안'을 마련하였다.

국민들의 국내관광 활성화 및 수요 촉진을 위해 국민관광 여건을 개선하고 지역의 매력적인 관광자원을 적극 개발하기 위한 다양한 정책들을 추진하였다. 먼저 국민의 삶을 개선하고 국내관광을 활성화하기 위하여 대체공휴일 제도가 도입되었으며, 지속가능한 관점에서의 지역관광 활성화를 도모하기 위해 지역주민의 주도적·자발적 참여와 지역자원을 연계한 관광개발 모델인 '관광두레' 시범사업을 추진하여 5개 지역 37개 관광두레 주민조직을 발굴하여 2014년부터는 관광두레 사업을 추진하고 있다.

8) 2020년대의 관광정책

국제관광은 COVID-19 팬데믹으로 인해 2020년 2월 이후 전 세계적으로 전면 중지되며 침체하였으나, 2021년 이후 백신 여권 및 트래블버블 도입, 백신 접종률 증가에 따른 방역 완화 등에 힘입어 국제관광의 단계적 회복이 진행되었다. 2022년에는 전 세계적으로 여행제한을 해제하는 국가가 증가하여 12월 기준 여행제한을 해제한 국가는 총 116개국으로 집계되었다. 여행제한 조치가 해제로 국가 간 이동이 가능해지면서 2022년 국제 관광객수가 팬데믹 이전의 65.7% 수준까지 회복된 약 9억 명으로 집계되었다.

한편, 관광산업 경쟁력 강화를 위해 관광진흥기본계획(2018~2022년)을 발표하고 2018년도부터 시행계획을 수립 및 추진하였다. 2022년은 '쉼표가 있는 삶, 사람이 있는 관광'이라는 비전 아래 국민중심, 지역주도 균형발전, 질적 성장, 산업혁신, 민·관·지자체 협치의 정책 방향을 수립하였다. 보다 구체적으로, 5대 추진 전략에 따른 9개 핵심 과제 이하 61개 세부과제를 수립 및 추진하였다.

'여행이 있는 일상' 추진 전략 아래 생애주기별·계층별 관광지원과 휴가 활성화 및 여행자 보호를 핵심 과제로 추진하였으며, '관광으로 크는 지역' 추진전략에 따라 지역관광역량 및 기반 강화와 지역 특화 콘텐츠 발굴의 핵심 과제를 추진하였다. 또한 '세계가 찾고 싶은 한국'의 추진전략 아래 방한시장 전략적 다변화와 고부가화·고품격화의 핵심 과제를 추진하였으며, '혁신으로 도약하는 산업' 추진과제에 따라 관광산업 혁신 생태계 구축과 규제개선·성장지원의 핵심과제를 추진, '미래를 위한 법·제도' 정비의 핵심 과제를 위해 관광법제 개편 및추진체계 정비의 핵심 과제를 추진하였다.

▶▶ 표 13-1 한국 관광정책 변천과정

연 대	정책방향	주요 시책 내용
1950년대 (발아기)	• 관광행정조직의 시동 • 외화획득산업의 인식	• 근로기준법 제정 • 교통부 내 관광과 설치 • 중앙·지방 관광위원회 설치 운영 • 주요 관광지 호텔 개설 • 주한 UN군 대상 휴양소 설치

1960년대
(정책기반의 조성)
	• 관광법규의 제정
	• 미국의존형 관광시장
	  (65년 이전)
	• 관광행정조직의 신설 및 확대
	• 관광기반여건의 조성
	• 일본관광시장 개척
	  (65년 이후)
		• 관광사업진흥법 제정
		• 한국관광공사 설립
		• 관광관련 대학의 신설
		• 문화재보호법 제정
		• 대한관광협회중앙회 설립
		• 교통부 관광과 관광국으로 승격
		• 한·일 국교 정상화
		• 제14차 아시아·태평양지역관광협회 연차총회
		  서울 개최(PATA)
		• 관광정책심의위원회 구성
		• 최초 국립공원 지정: 지리산
		• Kauffman보고서 한국관광지 진단

1970년대 (획기적 발전)	• 관광의 국가전략 산업화 • 자연환경보호운동 전개 • 한국관광 종합계획 수립 • 국민관광의 여건조성 • 관광법규의 개선과 보완	• 국공립공원 개발의 본격화 • 한국관광공사의 역할과 기능 강화 • 관광기업에 대한 행정체제 확립 • 관광진흥개발기금법 제정 • 한국관광개발조사보고서 발간(미국 Boeing사) • 관광기본법, 관광사업법 제정 • 자연보호헌장 선포 • 제28차 아시아·태평양지역 관광협회 연차총회 서울 개최(PATA) • 교통부 관광국 국민관광과 설치 • 관광단지개발촉진법 제정

1980년대 (성장과 도약)	• 관광시장구조의 다변화 • 전국 국토공간의 관광생활권화 • '88올림픽 대비 관광대책 • 건전한 국민관광 조성	• 제주도의 무비자 입국제도 실시 • 대학생의 해외연수 실시 • '86아시안게임, '88올림픽 유치 • 관광행정절차의 간소화 • 50세 이상 관광목적 해외여행자유화 • 여권발급업무 지방 이양 • 올림픽 대비 관광계획단 발족 • 야간통행금지 해제 • 제53차 미주여행업협회 서울 개최(ASTA) • 통역안내원, 국외여행안내원, 지배인자격시험제도, 한국관광공사로 이관
1990년대 (제2의 변혁)	• 관광수지 역조현상의 개선 • 한국방문의 해 사업 • 해외관광의 건전화 추진 • 출입국절차의 간소화 • 문화관광진흥대책	• 관광진흥종합대책 확정 • 관광진흥탑제도 실시 • 대전 EXPO 개최 • 일본인 무사증입국 확대 실시 • 서울 정도(定都) 600주년 기념사업 • 5개 관광특구 지정 및 확대 • 관광행정 문화체육부로 이관 • 문화관광진흥의 단계적 추진 • 관광사업에 대한 각종 규제 철폐 • 외환관리제도 개선 • 세계화시대의 관광사업을 국가전략산업으로 지 정(관광진흥 10개년계획수립) • 국제회의산업 육성에 관한 법률 제정 • 관광숙박시설 지원 등에 관한 특별법 제정

2000년대
(21세기에 따른
관광대국실현,
Dynamic
Korea의 세계화,
한국고유의
관광브랜드
Korea Sparkling
선포)
	• 남북연계관광상품 개발
	• 중국단체관광객 전면자율화
	• 21세기 관광선진국 도약
	• 국제회의 대형이벤트행사 개최
	• 세계생태관광정상회의 개최
	  (2002, WTO)
	• 21세기를 정보화사회로 규정
	  (핵심전략화)
	• C-Korea 2010 계획
	• 경쟁력 강화를 위한 지원대책
	  (개발, 숙박, 골프레저 등)
	• 국내관광 활성화 정책 추진
	  (구석구석 캠페인)
	• 2008관광산업의 선진화원년
	  선포
		• 외래관광객 500만 명 시대
		• 제1회 한·일문화교류제 개최
		• 역사적인 남북정상회담 개최
		• 한·중 관광진흥협의회 개최
		• APEC 관광장관회의 개최
		• 금강산관광사업 추진(현대아산(주)와 협정)
		• 경주세계문화EXPO 개막
		• 남북한교차관광 실시
		• 국내 첫 내국인대상 카지노 강원랜드 개장
		• 한국방문의 해 개막
		• 2004년 PATA총회 제주유치 확정
		• 인천국제공항 개항
		• 신한류열풍 조성(New Korea Stream)
		• 금강산관광개발사업 직접 참여(한국관광공사)
		• WTO총회 한일 공동 개최
		• 한·일월드컵 공동 개최
		• 한류관광의 해로 지정(2004)
		• 우수여행상품 인증제 시행
		• 제4차 APEC관광포럼 개최(부산)
		• 유-트래블(U-Travel)시대 개막
		• 한·중·일 관광장관회의(제1회 홋카이도 선언)
		• 관광레저도시사업 지원 확대
		• 외래관광객 1,000만 명 시대 개막(2013)

| 2022년
(미래를 여는
관광한국) | • 매력적인 관광자원 발굴
• 지속가능 관광개발 가치 구현
• 편리한 관광편의기반 확충
• 건강한 관광산업생태계 구축
• 입체적 관광연계 협력 강화
• 혁신적 제도 관리 기반 마련 | • 실감콘텐츠 기술 고도화를 통해 접근성이 낮은 지역을 간접체험하는 관광상품 개발
• 관광서비스 제공 및 지역관광 홍보를 위한 메타버스 관광지 조성
• 해저, 우주 등 미지의 공간을 활용한 신규 관광자원 발굴
• 한류 콘텐츠를 활용한 공연·전시·체험을 즐길 수 있는 한류관광 테마공원 조성
• 비엔날레 등 국제적 인지도가 있는 도시 중심으로 문화예술관광도시 조성
• 궁궐, 사찰, 서원 등 역사적으로 중요한 건축문화유산 관광자원화
• '일(work)'과 '휴가(vacation)'의 시공간적 경계를 초월한 워케이션 관광지 조성
• 저밀도·청정 관광지 중심의 비대면 관광 활성화 및 웰니스 관광거점 조성
• 반려견과 걷기 좋은 길 등 반려동물 친화 관광지 조성
• 관광지 조성 시 탄소중립 인증제 도입
• 관광지 친환경 이동수단 도입 및 충전 인프라 조성
• 준공 후 10년 경과한 노후 관광지 그린 리모델링 추진
• 생태관광자원 확충을 위한 생태복원형 관광개발 추진
• 유사한 테마를 중심으로 생태탐방로 등을 연계한 생태관광 광역루트 발굴
• 환경부, 산림청 등과 공동으로 자연친화적 관광모델 개발
• 디자인, 건축, 예술을 접목하여 지역관광명소 재생
• 문화콘텐츠, 관광 프로그램이 결합된 유휴시설 관광자원화
• 스키장 등 비수기가 뚜렷한 관광지의 유휴시간 활용형 관광개발 추진
• 수요응답형 교통수단 도입 등 연계형 관광교통체계 구축
• 드론·해상택시, 관광트램 등 신개념 교통서비스 확충
• 관광지 방역 및 안전관리체계 구축을 통한 안전·안심 관광환경 구현
• 스마트관광도시를 중심으로 스마트관광 안내체계 구축
• 장애인, 고령자 등의 이용편의시설 설치를 통한 무장애 관광환경 조성
• 마을형 숙박, 요트 숙박, 트리하우스 등 이색 숙박시설 확대
• 다양한 즐길 거리 마련을 통해 식음·쇼핑시설 관광명소화
• 주민사업체의 권역별 연계·협력을 강화하는 '관광두레 2.0' 추진 |

		• 지역주민이 사업을 제안하고 직접 참여하는 '주민참여형 관광자원개발' 추진 • 지역관광 전반에 대한 주민회의체계인 '마을관광전략회의' 구성 • 청년층 중심의 지역관광활동가 발굴 및 육성 • 다양한 지역활동가가 참여하는 지역관광추진조직 양성 • 지역관광 경쟁력 제고를 위한 연구개발 인프라 구축 • 지역관광 성장 허브로서 관광기업지원센터 확대 설치 (4→17개소) • 음식·쇼핑·체험상품의 집적을 통한 지역관광상권 활성화 추진 • 6차 산업 중심 지역특화산업시설의 관광(단)지 내 제한적 도입 • 대도시권 중심으로 메가관광권(광역연합관광권) 개발 추진 • 매력적 관광지를 연결하는 지방관광축 구성 • 비무장지대 평화관광거점마을 조성 등 남북관광 연계 및 공동개발 추진 • 관광개발협력체계 구축을 통한 한·중·일 공동관광권 형성 • 범부처 관광협력사업을 위한 협의체 구성 및 정례화 • 체류형 관광자원 육성을 위한 생태·산림·해양 치유관광 활성화 • 부처 간 협력을 통한 육상, 수상, 항공 등 레저스포츠 관광 육성 • 우수 관광지를 선정·지원하는 국가관광지 지정제 도입 • 관광 유관계획 검증을 위한 관광개발계획평가 제도 도입 • 체계적 개발체계 마련을 위한 독립적 관광개발 법률 마련 • 새로운 관광자원 개발의 가이드라인이 될 관광개발 표준지침 보급 • 지역관광개발의 체계적 관리를 위한 맞춤형 지역관광 컨설팅 추진 • 지역관광발전지수 등 지역관광 진단지표 고도화 • 빅데이터 공유시스템 구축 등을 통한 관광분야 거대자료 활용 강화 • 맞춤형 정보 및 다양한 대국민 서비스를 제공하는 관광자원 관리시스템 고도화

제2절 관광행정조직과 관광기구[1)]

1. 우리나라 관광행정의 전개과정

우리나라 관광행정의 역사를 살펴보면, 1950년 12월에 교통부 총무과 소속으로 '관광계'를 설치함으로써 교통부장관이 관광에 관한 행정업무를 관장하기 시작하였고, 그 후 1954년 2월에는 교통부 육운국 '관광과'로 승격시켰으며, 1963년 8월에는 육운국 관광과를 '관광국'으로 승격시켜 관광행정조직을 강화함으로써 우리나라 관광이 발전할 수 있는 기틀을 마련하였다.

1994년 12월 23일에는 정부조직 개편에 따라 그동안 교통부장관이 관장하고 있던 관광업무가 문화체육부장관으로 이관됨으로써 우리나라 관광행정의 주무관청은 문화체육부장관이었으나, 1998년 2월 28일 다시 정부조직의 개편으로 문화체육부가 문화관광부로 개칭되면서 '관광(觀光)'이라는 단어가 정부부처 명칭에 처음으로 들어가게 되었다. 그리고 2008년 2월 29일에는 「정부조직법」 개정으로 문화관광부가 문화체육관광부로 명칭이 바뀌어 현재에 이르고 있다.

이에 따라 문화체육관광부는 산하의 관광정책국(개정: 2017.9.4.)이 중심이 되어 관광진흥을 위한 종합계획을 수립 · 시행하고, 외래 관광객의 유치증대와 관광수입 증대, 관광산업에 대한 외국자본의 유치증대 등을 통한 경제사회 발전에의 기여 및 국민관광의 균형발전을 통한 복지국가 실현이라는 목표를 설정하고 각종 관광산업육성정책을 의욕적으로 추진하고 있다.

---

1) 조진호 외 3인 공저, 전게서, pp.59~73.

2. 중앙관광행정조직

1) 개요

국가의 중앙관광행정기관은 「헌법」 및 그에 의거한 국가의 일반중앙행정기관에 대한 일반법인 「정부조직법」, 그리고 관광에 관한 특별법인 「관광기본법」, 「관광진흥법」, 「관광진흥개발기금법」 등에 의하여 설치된다.

「헌법」과 법령에 의거한 국가의 중앙관광행정기관을 개관하면, 국가원수이자 정부수반인 대통령이 중앙관광행정기관의 정점이 되고, 그 밑에 심의기관인 국무회의가 있고, 그리고 대통령의 명을 받아 문화체육관광부를 포함한 각 행정기관을 통할하는 국무총리가 있다. 국무총리 밑에는 관광행정의 주무관청인 문화체육관광부장관이 있다.

2) 대통령

대통령은 외국에 대하여 국가를 대표하는 국가원수로서의 지위와 행정부의 수반으로서의 지위 등 이중적 성격을 갖는다.

대통령은 행정부의 수반으로서 중앙관광행정기관의 구성원을 「헌법」과 법률의 규정에 의하여 임명하고, 관광행정에 관한 최고결정권과 최고지휘권을 가진다. 또한 관광행정에 대한 예산편성권 기타 재정에 관한 권한을 가진다. 또한 대통령은 관광에 관련한 법률을 제안할 권한을 가지며, 국회가 제정한 관광관계법을 공포하고 집행한다. 그리고 그 법률에 이의가 있으면 법률안거부권을 행사할 수 있다.

한편, 대통령은 관광관련 법률에서 구체적으로 범위를 정하여 위임받은 사항과 그 법률을 집행하기 위하여 필요한 사항에 관하여 대통령령을 제정할 수 있는 행정입법권을 가진다. 대통령령으로 제정된 관광관련 행정입법으로는 「관광진흥법 시행령」, 「관광진흥개발기금법 시행령」, 「한국관광공사법 시행령」 등이 있다.

3) 국무회의

우리 헌법상 국무회의는 정부의 권한에 속하는 중요한 정책(관광정책을 포함)을 심의하는 행정부의 최고 심의기관이다. 국무회의는 대통령(의장)을 비롯한 국무총리(부의장)와 문화체육관광부장관 등을 포함한 15인 이상 30인 이하의 국무위원으로 구성된다.

국무회의에서는 관광에 관한 법률안 및 대통령령안, 관광관련 예산안 및 결산 기타 재정에 관한 중요한 사항, 문화체육관광부의 중요한 관광정책의 수립과 조정, 정부의 관광정책에 관계되는 청원의 심사, 국영기업체인 한국관광공사의 관리자의 임명, 기타 대통령·국무총리·문화체육관광부장관이 제출한 관광에 관한 사항 등을 심의한다.

국무회의는 의결기관이 아니고 심의기관에 불과하기 때문에 그 심의결과는 대통령을 법적으로 구속하지 못하며, 대통령은 심의내용과 다른 정책을 결정하고 집행할 수 있다.

4) 국무총리

국무총리는 최고의 관광행정관청인 대통령을 보좌하고, 관광행정에 관하여 대통령의 명을 받아 문화체육관광부장관 뿐만 아니라 행정각부를 통할한다. 또한 국무회의 부의장으로서 주요 관광정책을 심의하고, 대통령이 궐위되거나 사고로 인하여 직무를 수행할 수 없을 때에는 그 권한을 대행한다.

국무총리는 관광행정의 주무관청인 문화체육관광부장관의 임명을 대통령에게 제청하고, 그 해임을 대통령에게 건의할 수 있다. 또한 국무총리는 국회 또는 그 위원회에 출석하여 관광행정을 포함한 국정처리상황을 보고하거나 의견을 진술하고, 국회의원의 질문에 응답할 권리와 의무를 가진다.

국무총리도 관광행정에 관하여 법률이나 대통령령의 위임이 있는 경우 또는 그 직권으로 총리령을 제정할 수 있다.

5) 문화체육관광부장관

(1) 지위와 권한

문화체육관광부장관은 정부수반인 대통령과 그 명을 받은 국무총리의 통괄 아래에서 관광행정사무를 집행하는 중앙행정관청이다.

「정부조직법」 제35조에 의하면 "문화체육관광부장관은 문화·예술·영상·광고· 출판·간행물·체육·관광, 국정에 대한 홍보 및 정부발표에 관한 사무를 관장한다" 고 규정하고 있으므로 문화체육관광부장관이 관광행정에 관한 주무관청이 된다.

문화체육관광부장관은 국무위원의 자격으로서 관광과 관련된 법률안 및 대통 령령의 제정·개정·폐지안을 작성하여 국무회의에 제출할 수 있으며, 관광행정 에 관하여 법률이나 대통령령의 위임 또는 직권으로 부령을 제정할 수 있다. 현 재 관광과 관련하여 문화체육관광부령으로 제정된 부령으로는 「관광진흥법 시 행규칙」과 「관광진흥개발기금법 시행규칙」 등이 있다.

(2) 보조기관 및 분장업무

문화체육관광부에 제1차관 및 제2차관을 두며, 장관이 부득이한 사유로 그 직 무를 수행할 수 없을 때에는 제1차관, 제2차관 순으로 그 직무를 대행하는데, 문 화체육관광부장관의 관광행정에 관한 권한행사를 보조하는 것을 임무로 하는 기관으로는 문화체육관광부 제2차관 및 관광정책국장이 있다(개정 2024.2.6.).

개정된 「문화체육관광부와 그 소속기관 직제」에 따르면 관광정책국에 관광정 책국과 관광산업정책관을 두며, 관광정책국에는 관광정책과, 국내관광진흥과, 국제관광과, 관광기반과 4개의 과를 두고 관광산업정책관에는 관광산업정책과, 융합관광산업과, 관광개발과 3개의 과를 둔다(「직제」 제17조 및 「직제시행규칙」 제14조). 〈개정 2024.2.6.〉

(3) 관광정책국장은 다음 사항을 분장한다(「직제」 제18조 제3항). 〈신설 2017.9.4.〉

1. 관광진흥을 위한 종합계획의 수립 및 시행
2. 관광 정보화 및 통계
3. 남북관광 교류 및 협력

4. 국내 관광진흥 및 외래관광객 유치

5. 국내여행 활성화

6. 관광진흥개발기금의 조성과 운용

7. 지역관광 콘텐츠 육성 및 활성화에 관한 사항

8. 문화관광축제의 조사·개발·육성

9. 문화·예술·민속·레저 및 생태 등 관광자원의 관광상품화

10. 산업시설 등의 관광자원화 사업 및 도시 내 관광자원개발 등 관광 활성화에 관한 사항

11. 국제관광기구 및 외국정부와의 관광 협력

12. 외래관광객 유치 관련 항공, 교통, 비자협력에 관한 사항

13. 국제관광행사 및 한국관광의 해외광고에 관한 사항

14. 외국인 대상 지역특화 관광콘텐츠 개발 및 해외 홍보마케팅에 관한 사항

15. 국민의 해외 여행에 관한 사항

16. 여행업의 육성

17. 관광안내체계의 개선 및 편의 증진

18. 외국인 대상 관광불편 해소 및 안내체계 확충에 관한 사항

19. 관광특구의 개발·육성

20. 관광산업정책 수립 및 시행

21. 관광기업 육성 및 관광투자 활성화 관련 업무

22. 관광 전문인력 양성 및 취업지원에 관한 사항

23. 관광숙박업, 관광객이용시설업, 유원시설업 및 관광편의시설업 등의 육성

24. 카지노업, 관광유람선업, 국제회의업의 육성

25. 전통음식의 관광상품화

26. 관광개발기본계획의 수립 및 권역별 관광개발계획의 협의·조정

27. 관광지, 관광단지의 개발·육성

28. 관광중심 기업도시 개발·육성

29. 국내외 관광 투자유치 촉진 및 지방자치단체의 관광 투자유치 지원

30. 지속가능한 관광자원의 개발과 활성화

3. 지방관광행정조직

1) 국가의 지방행정기관

국가의 지방행정기관은 그 주관사무의 특성을 기준으로 보통지방행정기관과 특별지방행정기관으로 나누어진다. 전자는 해당 관할구역 내에 시행되는 일반적인 국가행정사무를 관장하며, 사무의 소속에 따라 각 주무부장관의 지휘·감독을 받는 국가행정기관을 말한다. 반면에 후자는 특정 중앙관청에 소속하여 그 권한에 속하는 사무를 처리하는 기관을 말한다. 관광행정에 관한 특별행정기관은 없다.

현행법상 보통지방행정기관은 이를 별도로 설치하지 아니하고 지방자치단체의 장인 특별시장, 광역시장, 특별자치시장, 도지사, 특별자치도지사와 시장·군수 및 자치구의 구청장에게 위임하여 행하고 있다(지방자치법 제103조). 따라서 지방자치단체의 장은 국가사무를 수임·처리하는 한도 안에서는 국가의 보통지방행정기관의 지위에 있는 것이며, 지방자치단체의 집행기관의 지위와 국가보통행정관청의 지위를 아울러 가진다. 그러므로 지방관광행정조직은 지방자치단체의 조직과 같다고 할 수 있다.

2) 지방자치단체의 관광행정사무

(1) 지방자치단체의 종류 및 성질

우리나라 지방자치단체는 국가공공단체의 하나로 국가 밑에서 국가로부터 존립목적을 부여받은 일정한 관할구역을 가진 공법인을 말한다. 현행 「지방자치법」의 규정에 따르면 지방자치단체는 ① 특별시, 광역시, 특별자치시, 도, 특별자치도와 ② 시, 군, 구의 두 종류로 구분하고 있다(동법 제2조 〈개정 2024.5.17.〉). 여기서 지방자치단체인 구(이하 "자치구"라 한다)는 특별시와 광역시, 특별자치시의 관할구역 안의 구만을 말한다.

특별시, 광역시, 특별자치시, 도, 특별자치도(이하 "시·도"라 한다)는 정부의 직할(直轄)로 두고, 시는 도의 관할구역 안에, 군은 광역시, 특별자치시나 도의 관할구역 안에 두며, 자치구는 특별시와 광역시, 특별자치시의 관할구역 안에 둔다(지방자치법 제3조 〈개정 2024.5.17.〉).

(2) 지방자치단체의 관광행정사무

지방자치단체는 그 관할구역 안의 자치사무와 위임사무를 처리하는 것을 목적으로 한다. 여기서 '자치사무'란 지방자치단체의 존립목적이 되는 지방적 복리사무를 말하고, '위임사무'란 법령에 의하여 국가 또는 다른 지방자치단체의 위임에 의하여 그 지방자치단체에 속하게 된 사무를 말한다. 또한 위임사무는 지방자치단체 자체에 위임되는 단체위임사무와 지방자치단체의 장 또는 집행기관에 위임되는 기관위임사무로 구분된다.

관광행정은 국가사무이기 때문에 주로 기관위임사무이며, 이 사무를 처리하는 지방자치단체는 국가의 행정기관이 된다.

지방자치단체가 관광과 관련하여 행하는 사무로는 첫째, 국가시책에의 협조인데, 지방자치단체는 관광에 관한 국가시책에 필요한 시책을 강구하여야 한다(관광기본법 제6조). 둘째, 공공시설 설치사무로서, 지방자치단체는 관광지 등의 조성사업과 그 운영에 관련되는 도로, 전기, 상·하수도 등 공공시설을 우선하여 설치하도록 노력하여야 한다(관광진흥법 제57조). 셋째, 입장료·관람료 및 이용료의 관광지 등의 보존비용 충당사무이다. 지방자치단체가 관광지 등에 입장하는 자로부터 입장료를, 관광시설을 관람 또는 이용하는 자로부터 관람료 또는 이용료를 징수한 경우에는 관광지 등의 보존·관리와 그 개발에 필요한 비용에 충당하여야 한다(관광진흥법 제67조 3항).

(3) "제주특별법"상 관광관련 특례규정

「제주특별자치도 설치 및 국제자유도시 조성을 위한 특별법」(이하 "제주특별법"이라 한다)에 따르면 국가는 제주자치도가 자율적으로 관광정책을 시행할 수 있도록 관련 법령의 정비를 추진하여야 하며, 관광진흥과 관련된 계획을 수립하고 사업을 시행할 경우 제주자치도의 관광진흥에 관한 사항을 고려하여야 한다. 이에 따라 제주자치도는 자율과 책임에 따라 지역의 관광여건을 조성하고 관광자원을 개발하며 관광사업을 육성함으로써 국가의 관광진흥에 이바지하여야 하는데, 이를 위한 관광진흥관련 특례규정을 살펴보면 다음과 같다.

가. 국제회의산업 육성을 위한 특례(제주특별법 제254조)

문화체육관광부장관은 국제회의산업을 육성·지원하기 위하여 「국제회의산업 육성에 관한 법률」 제14조에도 불구하고 제주자치도를 국제회의도시로 지정·고시할 수 있다.

나. 카지노업의 허가 등에 관한 특례(제주특별법 제243조)

관광사업의 경쟁력 강화를 위하여 외국인전용 카지노업에 대한 허가 및 지도·감독 등에 관한 문화체육관광부장관의 권한을 제주도지사의 권한으로 하고, 그와 관련된 허가요건·시설기준을 포함하여 여행업의 등록기준, 관광호텔의 등급 결정 등에 관한 사항을 도조례로 정할 수 있도록 하였다.

다. 관광숙박업의 등급 지정에 관한 특례(제주특별법 제240조)

① 「관광진흥법」 제19조 제1항(관광숙박업의 등급)에 따른 문화체육관광부장관의 권한(야영장업에 관한 사항은 제외한다)은 제주도지사의 권한으로 한다.

② 「관광진흥법」 제19조 제2항(우수숙박시설 지정)에서 대통령령으로 정하도록 한 사항은 도조례로 정할 수 있다.

라. 외국인투자자의 촉진을 위한 「관광진흥법」 적용의 특례(제주특례법 제243조)

제주도지사는 카지노업의 허가를 받으려는 자가 외국인투자를 하려는 경우로서 일정한 요건을 갖추었으면 「관광진흥법」 제21조(카지노업의 허가요건 등)에도 불구하고 같은 법 제5조 제1항에 따른 카지노업(외국인전용의 카지노업으로 한정한다)의 허가를 할 수 있다.

마. 관광진흥개발기금 등에 관한 특례(제주특별법 제245조, 제246조)

① 「관광진흥법」 제30조 제2항(기금의 납부)에 따른 문화체육관광부장관의 권한은 제주도지사의 권한으로 한다.

② 「관광진흥법」 제30조 제4항(총매출액, 징수비율 등)에서 대통령령으로 정하도록 한 사항은 도조례로 정할 수 있다.

③ 「관광진흥법」 제30조 제1항에도 불구하고 카지노사업자는 총매출액의 100

분의 10 범위에서 일정비율에 해당하는 금액을 제주관광진흥기금에 납부하여야 한다.

④「관광진흥개발기금법」제2조 제1항(기금의 설치 및 재원)에도 불구하고 제주자치도의 관광사업을 효율적으로 발전시키고, 관광외화수입의 증대에 기여하기 위하여 제주관광진흥기금을 설치한다.

바. 관광진흥 관련 지방공사의 설립·운영(제주특별법 제250조)

제주자치도는 관광정책의 추진 및 관광사업의 활성화를 위하여「지방공기업법」에 따른 지방공사를 설립할 수 있도록 하였다.

4. 관광기구

1) 한국관광공사

(1) 설립근거 및 법적 성격

한국관광공사(KTO: Korea Tourism Organization)는 관광진흥, 관광자원개발, 관광산업의 연구개발 및 관광요원의 양성·훈련에 관한 사업을 수행하게 함으로써 국가경제발전과 국민복지증진에 이바지하는 데 목적을 두고「한국관광공사법」에 의하여 설립된 특수법인으로「공공기관의 운영에 관한 법률」의 적용을 받는 정부투자기관이다. 당초에는 1962년 4월 24일 제정된「국제관광공사법」에 의하여 1962년 6월 26일에 국제관광공사라는 명칭으로 설립되었으나, 1982년 11월 29일「국제관광공사법」이「한국관광공사법」(이하 "공사법"이라 한다)으로 바뀜에 따라 공사명칭도 한국관광공사(이하 "공사"라 한다)로 바뀌어 오늘에 이르고 있다.

(2) 주요 사업과 활동

가. 목적사업

한국관광공사는 공사의 설립목적을 달성하기 위하여 다음의 사업을 수행한다(한국관광공사법 제12조 제1항). 〈개정 2016.12.20.〉

① 국제관광 진흥사업

    1. 외국인 관광객의 유치를 위한 홍보

    2. 국제관광시장의 조사 및 개척

    3. 관광에 관한 국제협력의 증진

    4. 국제관광에 관한 지도 및 교육

② 국민관광 진흥사업

    1. 국민관광의 홍보

    2. 국민관광의 실태 조사

    3. 국민관광에 관한 지도 및 교육

    4. 장애인, 노약자 등 관광취약계층에 대한 관광지원

③ 관광자원 개발사업

    1. 관광단지의 조성과 관리, 운영 및 처분

    2. 관광자원 및 관광시설의 개발을 위한 시범사업

    3. 관광지의 개발

    4. 관광자원의 조사

④ 관광산업의 연구·개발사업

    1. 관광산업에 관한 정보의 수집·분석 및 연구

    2. 관광산업의 연구에 관한 용역사업

⑤ 관광관련 전문인력의 양성과 훈련사업

⑥ 관광사업의 발전을 위하여 필요한 물품의 수출입업을 비롯한 부대사업으로서 이사회가 의결한 사업

나. 주요 활동

한국관광공사는 '모두가 행복한 관광을 만들어 나가는 국민기업'을 비전으로, 관광산업의 발전을 통한 국가경제 발전에 기여하기 위해 다양한 사업을 수행하고 있다. 외국인 관광객 유치와 관광수입 증대를 위하여 의료관광, 크루즈관광, 한류관광 등 다양한 고부가가치 한국관광상품을 개발·보급하고 있으며, 해외마케팅 전진기지인 31개 해외지사를 중심으로 해외관광시장을 개척함과 동시에

지방자치단체와 관광업계의 관광마케팅 활동을 지원하고 있다. 또한 국제회의 및 인센티브 단체 유치·개최 지원, 국제기구와의 협력활동 등을 통하여 대표적 고부가가치 상품인 MICE산업을 종합적으로 지원하고 있다.

한국관광공사의 주요 활동내용을 요약해보면 다음과 같다.

1. 해외시장의 개척
2. 국내관광의 진흥
3. 마케팅 지원활동
4. 지방자치단체 및 업계와의 협력강화와 남북관광교류 촉진
5. 관광산업 조사·연구
6. MICE 유치·지원 및 국제협력/이벤트 관광상품 개발
7. 관광수용태세 개선/관광안내·정보서비스
8. 관광단지 개발
9. 글로벌 통합형 관광개발 컨설팅 지원
10. 관광개발분야에 대한 투자유치활동
11. 관광전문인력 양성
12. 국민 국외여행서비스 개선 등

(3) 정부로부터의 수탁사업

우수숙박시설의 지정 및 지정취소에 관한 권한, 관광종사원 중 관광통역안내사, 호텔경영사 및 호텔관리사 자격시험, 등록 및 자격증의 발급업무 등을 위탁받아 처리하고 있다. 다만, 자격시험의 출제, 시행, 채점 등 자격시험의 관리에 관한 업무는 「한국산업인력공단법」에 따른 한국산업인력공단에 위탁함에 따라 이를 위한 기본계획을 수립한다.

또한 문화체육관광부장관으로부터 호텔등급결정권을 위탁받아 호텔등급 결정업무를 수행함은 물론, 국제회의 전담조직으로 지정받아 공사의 '코리아 MICE 뷰로'가 국제회의 유치·개최 지원업무를 수탁처리하고 있다.

(4) 정부의 지도·감독

문화체육관광부장관은 공사의 경영목표를 달성하기 위하여 필요한 범위에서

공사의 업무에 관하여 지도·감독하며(한국관광공사법 제16조), 공기업 또는 준정부기관은 매년 3월 20일까지 전년도의 경영실적보고서와 기관장이 체결한 계약의 이행에 관한 보고서를 작성하여 기획재정부장관과 주무기관의 장(문화체육관광부장관)에게 제출하여야 한다(「공공기관의 운영에 관한 법률」 제47조).

2) 한국문화관광연구원

(1) 법적 성격

2016년 5월 19일 개정된 「문화기본법」은 제11조의2에서 "문화예술의 창달, 문화산업 및 관광진흥을 위한 연구, 조사, 평가를 추진하기 위하여 한국문화관광연구원(이하 "연구원"이라 한다)을 설립한다"고 규정하여, 한국문화관광연구원의 설립근거를 법에 명시함으로써 '법정법인(法定法人)'으로 전환되었으며, 명실상부 국가의 대표적인 문화·예술·관광연구기관으로 그 위상이 높아졌다.

이제까지 한국문화관광연구원은 문화체육관광부 산하 연구기관으로서 문화체육관광부장관의 허가를 받아 설립된 재단법인으로 공법인(公法人)의 성격을 갖추고 있었던 것이나, 이제 「문화기본법」이 개정됨으로써 종래의 '재단법인' 한국문화관광연구원에서 '법정법인' 한국문화관광연구원으로 새출발하게 된 것이다.

(2) 연구원의 조직

한국문화관광연구원의 조직은 2022년 12월 31일 기준 3본부 2센터(경영기획본부, 문화연구본부, 관광연구본부, 문화산업연구센터, 정책정보센터)와 각 본부·센터의 업무를 수행하는 6실(기획조정실, 경영지원실, 문화예술정책연구실, 문화예술공간연구실, 관광정책연구실, 관광산업연구실) 및 8팀(연구기획팀, 성과확산팀, 인재개발팀, 총무회계팀, 연구지원팀, 통계관리팀, 데이터분석팀, 정보사업팀)으로 구성되어 있다.

(3) 연구원의 사업

1. 문화예술의 진흥 및 문화산업의 육성을 위한 조사·연구
2. 문화관광을 위한 조사·평가·연구

3. 문화복지를 위한 환경조성에 관한 조사·연구

4. 전통문화 및 생활문화 진흥을 위한 조사·연구

5. 여가문화에 관한 조사·연구

6. 북한 문화예술 연구

7. 국내외 연구기관, 국제기구와의 교류 및 연구협력사업

8. 문화예술, 문화산업, 관광 관련 정책정보·통계의 생산·분석·서비스

9. 조사·연구결과의 출판 및 홍보

10. 그 밖에 연구원의 설립 목적을 달성하는 데 필요한 사업

3) 지역관광기구

(1) 서울관광재단

서울관광재단(STO: SEOUL TOURISM ORGANIZATION)은 2007년 지방공기업법 (제77조의 3) 및 상법, 「서울특별시 서울관광마케팅 주식회사 설립 및 운영에 관한 조례」로 설립되었다. 서울의 관광과 MICE산업을 세계적 수준으로 향상시키기 위하여 전문성 있는 인적자원을 보유하고 민간과 공동사업이 가능한 마케팅 전문기구 설립 및 서울시 마케팅사업 전담기구를 통해 전문성과 효율성을 추구하고 관광마케팅 사업의 공익성과 수익성을 조화시켜 지속가능한 사업 추진을 설립목적으로 하고 있다.

지방자치단체 출자기관인 서울마케팅 주식회사를 모태로 하는 서울관광재단 은 '서울특별시 관광재단 설립 및 운영에 관한 조례'에 따라 서울마케팅 주식회사에서 업무이관하여 서울관광재단으로 재출범하였다.

(2) 부산관광공사

부산관광공사(BTO: Busan Tourism Organization)는 「지방공기업법」 제49조와 「부산관광공사 설립 및 운영에 관한 조례」 및 '부산관광공사 정관'(2012년 11월 5일 제정)의 규정에 의하여 부산광역시가 2012년 11월 15일 설립한 지방관광공사로 공법상의 재단법인이다.

(3) 인천관광공사

인천관광공사(ITO: INCHEON Tourism Organization; 이하 "공사"라 한다)는 「지방공기업법」 제49조에 의하여 2005년 11월 「인천광역시관광공사 설립과 운영에 관한 조례」로 설립된 지방공사로서 공법상의 재단법인이다. 특히 지방자치단체가 설립한 지방관광공사로는 경기관광공사에 이어 두 번째인데, 공사는 「인천광역시관광공사 정관」을 제정하여 2006년 1월 1일부터 출범하게 된 것이다. 그러나 인천관광공사는 2011년 12월 28일 인천시 공기업 통폐합 때 인천도시개발공사에 통합돼 '인천도시공사'로 이름을 바꾸어 인천광역시 산하 지방공기업으로 운영해오다가, 2014년 11월 1일 인천관광공사 재설립 타당성 용역 착수에 이어 2015년 7월 14일 '인천관광공사 설립 및 운영에 관한 조례안'이 인천시의회에서 가결됨으로써 인천도시개발공사에 통합된 지 4년 만에 '인천관광공사'로 재출범하였다.

(4) 대구관광재단

대구관광재단(DTO: DAEGU Tourism Organization)은 「지방공기업법」 제49조에 의하여 2020년 10월 「대구관광재단 설립 및 운영에 관한 조례」로 대구광역시가 2021년 1월 설립한 지방관광공사로 공법상의 재단법인이다.

(5) 대전관광공사

대전관광공사는 2011년 11월 「대전마케팅공사 설립 및 운영에 관한 조례」로 대전광역시에서 설립한 지방관광공사로, 2022년 1월 대전관광공사로 명칭 변경하여 재출범하였다.

(6) 경상북도관광공사

경상북도관광공사(Gyeongsangbuk-do Tourism Corporation)는 한국관광공사의 자(子)회사였던 '경북관광개발공사'를 경상북도가 인수함으로써 탄생한 지방공기업이다. 2012년 6월 7일 '경상북도관광공사 설립 및 운영에 관한 조례'로 설립된 경상북도관광공사는 경북의 역사·문화·자연·생태자원 등을 체계적으로 개발·홍보하고 지역관광산업의 효율성을 제고하여 지역경제 및 관광활성화에 기여함을 설립목적으로 하고 있다.

경상북도가 인수한 기존의 경북관광개발공사는 1974년 1월에 정부와 IBRD(세계은행) 간에 체결한 보문관광단지 개발사업을 위한 차관협정에 따라 1975년 8월 1일 당시 「관광단지개발촉진법」(이 법은 1986년 12월 「관광진흥법」에 흡수·폐지되었다)에 의거하여 설립된 '경주관광개발공사'를 모태로 한다. 그 뒤 경북 유교문화권(안동시 일대) 개발사업을 담당해야 할 필요에 의하여 1999년 10월 6일 경북관광개발공사로 이름을 바꾸어 확대·개편하였던 것이다.

(7) 경기관광공사

경기관광공사(Gyeonggi Tourism Organization: 이하 "공사"라 한다)는 「지방공기업법」 제49조에 의하여 2002년 4월 8일 경기도조례로 설치된 지방공사로서 공법상의 재단법인이다. 특히 공사는 지방화시대에 부응하여 우리나라에서는 최초로 지방자치단체가 설립한 지방관광공사이다.

경기도는 공사설립을 위하여 제정한 경기도관광공사 설립 및 운영조례(2002.4.8. 제3178호) 제4조 제1항의 규정에 의하여 공사의 자본금을 전액 현금 또는 현물로 출자하였는데, 2002년 5월 11일 경기도관광공사 정관을 제정하여 출범하게 된 것이다.

한편으로 공사의 운영을 위하여 필요한 경우에는 자본금의 2분의 1을 초과하지 아니하는 범위 안에서 지방자치단체 외의 자(외국인 및 외국법인을 포함한다)로 하여금 공사에 출자할 수 있게 하여(지방공기업법 제53조 제2항 및 조례 제4조 제1항) 지방자치단체인 경기도가 오너(owner)로서 외부참여도 가능하도록 개방하고 있다.

(8) 제주관광공사

제주관광공사(JTO: Jeju Tourism Organization: 이하 "공사"라 한다)는 「제주특별자치도 설치 및 국제자유도시 조성을 위한 특별법」(제173조), 「지방공기업법」(제49조)과 「제주관광공사 설립 및 운영조례」(이하 "조례"라 한다)로 설립된 지방공사로서 공법상의 재단법인이다. 2008년 7월 2일 제주관광공사 정관에 따라 출범한 제주관광공사는 지방자치단체가 설립한 지방관광공사로는 경기관광공사와 인천관광공사에 이어 세 번째로 설립되었다.

5. 관광사업자단체의 관광행정

관광사업자단체는 관광사업자가 관광사업의 건전한 발전과 관광사업자들의 권익증진을 위하여 설립하는 일종의 동업자단체라 할 수 있다. 관광사업자들은 관광사업을 경영하면서 영리를 추구하고 있지만, 관광의 중요성에 비추어 볼 때 관광사업이 순수한 사적(私的)인 영리사업만은 아니라고 보며, 관광사업자는 국가의 주요 정책사업을 수행하는 공익적(公益的)인 존재라고도 할 수 있다. 따라서 관광사업자단체는 이러한 공공성 때문에 사법(私法)이 아닌 공법(公法)인 「관광진흥법」의 규정에 의하여 설립하는 공법인(公法人)으로 하고 있다.

1) 한국관광협회중앙회

(1) 설립목적 및 법적 성격

한국관광협회중앙회(KTA: Korea Tourism Association; 이하 "중앙회"라 한다)는 지역별 관광협회 및 업종별 관광협회가 관광사업의 건전한 발전을 위하여 설립한 임의적인 관광관련단체이며, 우리나라 관광업계를 대표하는 단체이다.

'중앙회'는 관광사업자들이 조직한 단체이므로 사단법인에 해당되며, 영리가 아닌 사업을 목적으로 하므로 비영리법인에 해당한다. 또 '중앙회'는 「관광진흥법」이라는 특별법에 의하여 설립되므로 일종의 특수법인이라 할 수 있다. 따라서 '중앙회'에 관하여 「관광진흥법」에 규정된 것을 제외하고는 「민법」 중 '사단법인'에 관한 규정을 준용한다.

(2) 회원

'중앙회' 전국 17개 시·도 관광협회와 11개 업종별 협회, 3개 업종별 위원회, 45개 특별회원 등이 회원으로 등록되어 있다.

(3) 주요 업무

가. 목적사업

1. 관광사업의 발전을 위한 업무

2. 관광사업 진흥에 필요한 조사·연구 및 홍보

3. 관광통계

4. 관광종사원의 교육과 사후관리

5. 회원의 공제사업

6. 국가나 지방자치단체로부터 위탁받은 업무

7. 관광안내소의 운영

8. 위의 1호부터 7호까지의 규정에 의한 업무에 따르는 수익사업

나. 정부로부터의 수탁사업

관광종사원 중 국내여행안내사 및 호텔서비스사의 자격시험, 등록 및 자격증의 발급에 관한 업무를 문화체육관광부장관으로부터 위탁받아 수행한다. 다만, 시험의 출제, 시행, 채점 등 자격시험의 관리에 관한 업무는 「한국산업인력공단법」에 따른 한국산업인력공단에 위탁함에 따라, 이를 위한 기본계획을 수립한다.

2) 한국여행업협회

(1) 설립목적

한국여행업협회(KATA: Korea Association Travel Agents)는 1991년 12월 「관광진흥법」 제45조의 규정에 의하여 설립된 업종별 관광협회로서, 관광사업의 건전한 발전과 회원 및 여행종사원의 권익증진을 위한 사업, 여행업무에 필요한 조사·연구 및 통계, 홍보활동, 여행업무 종사자에 대한 지도·연수, 관광진흥을 위한 국제관광기구의 참여 등 대외활동을 통하여 여행업의 건전한 발전에 기여하고 관광진흥과 회원의 권익증진을 목적으로 하고 있다.

(2) 주요 사업

1. 관광사업의 건전한 발전과 회원 및 여행업종사원의 권익증진을 위한 사업

2. 여행업무에 필요한 조사·연구·홍보활동 및 통계업무

3. 여행자 및 여행업체로부터 회원이 취급한 여행업무와 관련된 진정 처리

4. 여행업무종사원에 대한 지도·연수

5. 여행업무의 적정한 운영을 위한 지도

6. 여행업에 관한 정보의 수집·제공

7. 관광사업에 관한 국내외단체 등과의 연계·협조

8. 관련기관에 대한 건의 및 의견 전달

9. 정부 및 지방자치단체로부터의 수탁업무

10. 장학사업업무

11. 관광진흥을 위한 국제관광기구에의 참여 등 대외활동

12. 관광안내소 운영

13. 공제운영사업(일반여행업에 한함)

14. 기타 협회의 목적을 달성하기 위하여 필요한 사업 및 부수되는 사업

3) 한국관광호텔업협회

(1) 설립목적

한국관광호텔업협회(KHA: Korea Hotel Association)는 「관광진흥법」 제45조의 규정에 의하여 1996년 9월 12일에 문화체육관광부장관의 설립허가를 받은 업종별 관광협회이다. 이 협회는 관광호텔업을 위한 조사·연구·홍보와 서비스 개선 및 기타 관광호텔업의 육성발전을 위한 업무의 추진과 회원의 권익증진 및 상호친목을 목적으로 하고 있다.

(2) 주요 사업

1. 관광호텔업의 건전한 발전과 권익증진을 위한 사업

2. 관광진흥개발기금의 융자지원업무 중 운용자금에 대한 수용업체의 선정

3. 관광호텔업 발전에 필요한 조사연구 및 출판물간행과 통계업무

4. 국제호텔업협회 및 국제관광기구에의 참여 및 유대강화

5. 관광객유치를 위한 홍보

6. 관광호텔업 발전을 위한 대정부건의

7. 서비스업무 개선

8. 종사원교육 및 사후관리

9. 정부 및 지방자치단체로부터의 수탁업무

10. 지역간 관광호텔업의 균형발전을 위한 업무

11. 위 사업에 관련된 행사 및 수익사업

4) 한국종합유원시설협회

(1) 설립목적

한국종합유원시설협회는 1985년 2월에 설립된 유원시설사업자단체로서「관광진흥법」제45조의 적용을 받는 일종의 업종별 관광협회이다. 유원시설업체간 친목 및 복리증진을 도모하고 유원시설 안전서비스 향상을 위한 조사·연구·검사 및 홍보활동을 활발히 전개하며, 유원시설업의 건전한 발전을 위한 정부의 시책에 적극 협조하고 회원의 권익을 증진, 보호함을 목적으로 한다.

(2) 주요 사업

1. 유원시설업계 전반의 건전한 발전과 권익증진을 위한 진흥사업

2. 정기간행물 홍보자료 편찬 및 유원시설업 발전을 위한 홍보사업

3. 국내외 관련기관 단체와의 제휴 및 유대강화를 위한 교류사업

4. 정부로부터 위탁받은 유원시설의 안전성검사 및 안전교육사업

5. 유원시설에 대한 국내외 자료조사 연구 및 컨설팅사업

6. 신규 유원시설 및 주요 부품의 도입 조정시 검수사업

7. 유원시설업 진흥과 관련된 유원시설 제작 수급 및 자금지원

8. 시설운영 등의 계획 및 시책에 대한 회원의 의견 수렴·건의 사업

9. 기타 정부가 위탁하는 사업

5) 한국카지노업관광협회

(1) 설립목적

한국카지노업관광협회는 1995년 3월에 문화체육관광부장관으로부터 카지노 분야의 업종별 관광협회로 허가받아 설립된 사업자단체로서 한국관광산업의 진흥과 회원사의 권익증진을 목적으로 하고 있다.

(2) 주요 업무

이 협회의 주요 업무로는 카지노사업의 진흥을 위한 조사·연구 및 홍보활동, 출판물 간행, 관광사업과 관련된 국내외 단체와의 교류·협력, 카지노업무의 개선 및 지도·감독, 카지노종사원의 교육훈련, 정부 또는 지방자치단체로부터 수탁받은 업무 수행 등이다.

2013년 12월 말 기준으로 전국 17개(2005년도에 신규로 3개소 개관)의 카지노 사업자와 종사원을 대변하는 한국카지노업관광협회는 이용고객의 편의를 증진시키기 위해 카지노의 환경개선과 시설확충을 실시하는 한편, 카지노사업이 지난 30여년간 국제수지 개선, 고용창출, 세수증대 등에 기여한 고부가가치 관광산업으로의 중요성을 홍보하여 카지노산업의 위상제고와 대국민 인식전환을 추진하고 있다. 또한 회원사 간에 무분별한 인력 스카우트 등 부작용 방지를 위한 협회차원의 대책강구와 함께 경쟁국가의 현황 등 카지노산업에 대한 정보제공 등으로 카지노 홍보활동을 강화하고 있다.

6) 한국휴양콘도미니엄경영협회

(1) 설립목적

한국휴양콘도미니엄경영협회는 휴양콘도미니엄사업의 건전한 발전과 콘도의 합리적이고 효율적인 운영을 도모함과 동시에 건전한 국민관광 발전에 기여함을 목적으로 1998년에 설립된 업종별 관광협회이다.

(2) 주요 업무

협회의 주요 업무로는 콘도미니엄업의 건전한 발전과 회원사의 권익증진을 위한 사업, 콘도미니엄업의 발전에 필요한 조사·연구와 출판물의 발행 및 통계, 국제콘도미니엄업 및 국제관광기구에의 참여와 유대강화, 관광객유치를 위한 콘도미니엄의 홍보, 콘도미니엄의 발전에 대한 대정부 건의, 관광정책 등 자문, 콘도미니엄업 종사원의 교육훈련 연수, 유관기관 및 단체와의 협력증진, 정부 및 지방자치단체로부터 위탁받은 업무 등이다.

7) 한국외국인관광시설협회

(1) 설립목적

한국외국인관광시설협회는 1964년 6월 30일에 설립된 업종별 관광협회로서 주로 미군기지 주변도시 및 항만에 소재한 외국인전용유흥음식점을 회원사로 관리하며, 정부의 관광진흥시책에 적극 부응하고 업계의 건전한 발전과 회원의 복지증진 및 상호 친목도모에 기여함을 목적으로 하고 있다.

(2) 주요 업무

협회의 주요 업무로는 회원업소의 진흥을 위한 정책자문, 회원이 필요로 하는 물자 구입 및 공급, 주한 미군·외국인 및 외국인 선원과의 친선도모, 외국연예인 공연관련 파견사업 등 외화획득과 국위선양을 위해서 노력하는 것 등이다.

또한 전국 지부소속 회원사에서는 고객서비스 향상, 외국인 및 외국 연예인에 대한 한국소개와 지역 특성에 맞는 문화유적관광 프로그램 제공으로 한국 이미지 제고에 역점을 두고 사업을 시행하고 있다. 협회의 분야별 추진업무는 회원업소 육성사업, 한미친선사업, 외화획득사업, 실천적 선도사업 등이다.

8) 한국MICE협회

한국MICE협회는 「관광진흥법」 제45조의 규정에 따라 2003년 8월에 설립되어 우리나라 MICE업계를 대표하여 컨벤션 기관 및 업계의 의견을 종합조정하고, 유기적으로 국내의 관련기관과 상호 협조·협력활동을 전개함으로써 컨벤션업계의 진흥과 회원의 권익 및 복리증진에 이바지하고, 나아가서 국제회의산업 육성을 도모하여 사회적 공익은 물론 관광업계의 권익과 복리를 증진시키는 것을 목적으로 하고 있다.

한국MICE협회는 2004년 9월에 「국제회의산업 육성에 관한 법률」상의 국제회의 전담조직으로 지정되어 국제회의 전문인력의 교육 및 수급, 국제회의 관련 정보를 수집하여 배포하는 등 국제회의산업 육성과 진흥에 관련된 업무를 진행하고 있다.

최근 2013년에 들어서 추진한 업무로는 MICE 전문인력 양성 및 전문성 제고를 위한 고급자 아카데미, 제9회 한국MICE아카데미, 지역활성화 교육 지원, 2013 관광산업 채용 박람회, 맞춤형 기업교육 지원 등 MICE산업 인력양성을 위한 교육 프로그램을 진행하였다.

9) 한국관광펜션업협회

한국관광펜션업협회는 주5일근무제의 본격적 시행과 더불어 가족단위 관광체험 숙박시설의 확충이 필요함에 따라 관광펜션 지정제도를 만들어 이의 활성화를 위해 「관광진흥법」 제45조의 규정에 의거 2004년 5월에 설립된 업종별 관광협회이다.

관광펜션은 기존 숙박시설과는 차별화된 외형과 함께 자연을 체험할 수 있는 자연친화 숙박시설로 앞으로 많은 관광객들이 이용하게 될 가족단위 중저가 숙박시설로 육성할 계획이다.

한국관광펜션업협회는 관광펜션업의 차별화를 위해 현 관광펜션업의 문제점을 파악하고 관광펜션업의 활성화를 위해 관광펜션 예약망 구축, 경영관리, 교육훈련 지원, 홍보마케팅, 관광펜션과 연계된 관광프로그램 개발 등 다양한 대안사업을 적극 추진하고 있다.

10) 한국골프장경영협회

한국골프장경영협회는 「체육시설의 설치·이용에 관한 법률」 제37조에 의하여 1974년 1월에 설립된 골프장사업자단체로서 한국골프장의 건전한 발전과 회원골프장들의 유대증진, 경영지원, 종사자교육, 조사연구 등을 목적으로 하고 있다.

특히 협회의 부설연구기관으로 한국잔디연구소를 설립하여 친환경적 골프장 조성과 관리운영을 위한 각종 방제기술 연구·지도와 병충해예방·친환경적 골프코스관리기법연구 등을 수행, 환경경영에 앞장서고 있는 것은 물론, 1990년부터 '그린키퍼학교'를 운영하여 전문성을 갖춘 유자격골프코스관리자를 배출하고 있다. 현재의 골프장은 골프채·골프회원권·골프대회·골프마케팅 등 골프산업의 중심축에 자리하고 있으며, 협회는 스포츠산업 및 레저산업을 선도하는 업종으로 그 기능을 충실히 수행하고 있다.

골프장업종에 대한 불합리한 규제의 개선을 통한 경영환경개선, 건전한 골프문화 조성을 위한 대국민 홍보, 불우이웃돕기와 장학금지원 및 골프장개방 등 지역사회와 함께하여 국민대중 속의 친화적 골프장으로 자리매김하도록 적극 추진하고 있다.

11) 한국스키장경영협회

한국스키장경영협회는 스키장사업의 건전한 발전과 친목을 도모하며 스키장사업의 합리적이고 효율적인 운영과 스키를 통한 건전한 국민생활체육활동에 기여하고자 함을 목표로 한다.

한국스키장경영협회는 스키장경영의 장기적 발전을 위한 사계절 종합레저를 모색하고, 스키장경영의 경영활성화를 위한 개선책을 강구하며, 스키장경영의 정보교환 및 상호발전을 도모하기 위해 노력하고 있다. 또 협회는 스키장사업과 관련되는 법적·제도적 규제완화 또는 철폐를 건의하고, 스키장사업의 각종 금융, 세제 및 환경관리제도 개선을 위한 연구·용역을 시행하는 등 스키장사업의 지속적 발전을 위한 다양한 사업을 추진하고 있다.

또한 협회는 스키장 설치 및 운영에 관한 조사연구 및 정보교환, 스키장종사자에 대한 교육훈련 및 연수사업, 스키장사업에 관한 지도·감독·홍보 등 회원사의 권익증진과 발전을 위해 노력하고 있다.

12) 한국공예 · 디자인문화진흥원

한국공예 · 디자인문화진흥원은 「민법」 제32조에 의거하여 설립되었던 한국공예문화진흥원(2000.4. 설립)과 한국디자인문화재단(2008.3. 설립)이 2010년 4월에 통합해 새롭게 출발한 기관이다.

한국공예 · 디자인문화진흥원은 지역에서의 공예 · 디자인 생산력을 증대시키고, 전통공예의 현대화를 위하여 문화 · 예술 · 기술 등 다양한 영역 간의 협업을 추진하고, 국제협력을 통해 글로벌마케팅을 전개하는 3대 실천전략을 통해 새로운 한국공예 · 디자인 트렌드를 개발함으로써 한국의 공예 · 디자인이 세계적인 브랜드로 자리매김할 수 있도록 하기 위해 심혈을 기울이고 있다.

6. 국제관광기구

관광산업의 진흥을 효과적으로 달성하기 위해선 국가 간 협력 또는 국제관광기구에의 참여와 이를 통한 적극적인 활동이 절실히 요청되고 있다. 더욱이 오늘날과 같이 개방화 및 국제화된 시대에 있어서 국제협력의 중요성은 아무리 강조해도 지나치지 않을 것이다. 특히 관광분야에서의 국제적인 협력은 국가 간의 상호이해를 증진하고 국제친선을 도모함으로써 관광교류를 촉진하는 계기가 되므로 각국은 이를 위해 많은 경비와 인력을 투입하고 있다.

우리나라는 세계관광의 흐름을 파악하고 이에 능동적으로 대처하고자 각종 국제기구에 가입하여 활발한 활동을 전개하고 있는데, 그중에서 대표적인 것으로 세계관광기구(UNWTO), 경제협력개발기구(OECD), 아시아 · 태평양경제협력체(APEC), 아세안 + 3(ASEAN + 3), 아시아 · 태평양관광협회(PATA), 미주여행업협회(ASTA), 국제회의전문가협회(ICCA), 세계여행관광협의회(WTTC) 등이 있다.[2]

---

2) 문화체육관광부, 2022년 기준 관광동향에 관한 연차보고서, pp.116~119.

1) UNWTO(세계관광기구)

세계 각국의 정부기관이 회원으로 가입되어 있는 정부 간 관광기구인 세계관광기구(UN World Tourism Organization: UNWTO)[3]는 국제관광연맹(IUOTO: International Union of Official Travel Organization)이 1975년에 정부간 관광협력기구로 개편되어 설립된 기구이다. 2024년 세계 160개국 정부기관이 정회원으로, 500개 관광 유관기관이 찬조회원으로 가입되어 있으며, 격년제로 개최되는 총회와 7개 지역위원회를 비롯하여 각종 회의 및 세미나를 개최하고 있다. 본부는 스페인의 마드리드에 두고 있다.

UNWTO는 공신력을 가진 각종 통계자료 발간을 비롯하여 교육, 조사, 연구, 관광편의 촉진, 관광지 개발, 관광자료 제공 등에 역점을 두고 활동하고 있으며, 관광분야에서 UN 및 전문기구와 협력하는 중심역할을 수행하고 있다.

우리나라는 당시 IUOTO의 회원자격으로 1975년 자동적으로 UNWTO 정회원으로 가입되었고 한국관광공사는 1977년 찬조회원으로 가입하였다. 북한은 1987년 9월 제7차 총회에서 정회원으로 가입하였다. 우리나라는 1980~1983년 기간 중 집행이사국으로 처음 선임되었고, 1992~1995년, 2004~2007년, 2008~2011년, 2012~2015년, 2016~2019년, 2020~2023년 기간 동안 7선 집행이사국으로 역임 중이다. 이는 동 기구 내에서 활발한 활동을 통해 한국의 위상이 회원국 내에서 인정받은 결과로 볼 수 있다.

1995~1999년 기간 중 사업계획조정위원회(Technical Committee for Program and Coordination)의 위원국이었다. 2005년에는 처음으로 집행이사회 의장국으로 선임되어 남아시아 지진·해일 피해 당시 긴급 집행이사회를 소집, 주재하여 WTO 푸껫액션 플랜을 채택하여 실천하였고 6월 집행이사회에서는 차기 사무총장 선출, ST-EP재단 설립 정관안 확정 등의 성과를 거두는 등 국제관광분야의 새로운 리더로서 역할을 하였다.

---

3) 세계관광기구(World Tourism Organization: WTO)는 1975년 설립된 이래 줄곧 WTO라는 명칭을 사용하고 있었으나, 1995년 1월 1일 세계무역기구(World Trade Organization: WTO)가 출범함에 따라 두 기구 간에 혼란이 빈번하게 발생하게 되었다. 이에 따라 유엔총회는 양 기구 간에 혼란을 피하고 유엔전문기구로서 세계관광기구의 위상을 높이기 위해 2006년 1월부터 WTO라는 명칭을 UNWTO라는 명칭으로 변경하게 된 것이다.

1988년 5월에는 UNWTO 산하 6개 지역위원회 중 하나로 아·태지역을 관장하는 UNWTO-CAP(Commission for East Asia and the Pacific: UNWTO 동아시아·태평양 지역위원회)를 서울(의장국)에서 개최하여 동아시아·태평양 지역의 관광진흥 전략방안을 협의하였다. 1988~1989년 동안 임기 2년의 UNWTO-CAP 의장국을 맡게 된 한국은 동 CAP회의의 결정에 따라 의장국에 재선임되어, 1991년 4월 25~26일 양일간 중국 베이징에서 개최된 제21차 UNWTO-CAP 회의를 주재하는 등 아·태지역 관광 진흥 구심체로서의 역할을 활발히 수행하였다. 1995년 11월에는 UNWTO의 회원국에 대한 기술 자문사업의 일환으로 우리나라의 관광안내체계 개선을 위한 자문조사가 실시되었으며, 1996년에도 우리나라 문화유적 관광자원화 방안이 기술자문사업 대상으로 선정되었다.

1999년 칠레에서 개최된 제13차 총회(9.24.~10.1.)에서는 2001년 총회를 일본과 공동으로 개최하기로 결정하여 2001년 9월 23~27일 5일간은 서울에서, 2001년 9월 28일~10월 1일 4일간은 일본 오사카에서 제14차 총회가 개최되었으며 UNWTO의 회원국, 관광장관 및 공식대표단, 기자단, 업계대표 등 118국 740명이 참가하였다.

UNWTO는 2003년 12월 7일 제58차 UN총회를 통해 전문기구(Specialized Agency)로 편입하여 국제적 역량을 키우고 있으며, 우리나라는 UNWTO 활동에 적극적으로 참여하고 있다. 2005년에는 처음으로 집행이사회 의장국으로 선임되어 서남아시아 지진 해일 피해 복구 등 세계관광 분야 주요 현안을 주도적으로 처리하는 등 활발한 관광외교활동을 벌였다. 2006년 6월 15일에는 아·태지역 내 관광진흥 활동지원을 통한 교류확대, 이해증진, 안전과 평화구축을 위해 문화체육관광부와 UNWTO가 지속적으로 협의하기로 합의하고, 협력사업 MOU를 체결하였다. 양자 간 협력사업은 주로 아·태지역의 저개발국을 대상으로 한 관광홍보 및 마케팅지원, UNWTO에서 실시하는 관광연수 프로그램인 '프랙티컴(PRACTICUM)' 참가 지원, 지역 내 관광동향 연구, 역내 대학과의 공동 프로젝트 등을 포함하고 있다. 2007년에는 한·UNWTO 협력사업의 일환으로 '아·태 지역 7개국 아웃바운드 시장분석', '지속가능한 관광개발 국제회의', 'The UNWTO International Conference on Metropolitan Tourism' 등을 추진하였고, 2007년 11월 콜롬비아에서 개최된 제

17차 총회에서 2008~2011년 집행이사국으로 연임이 확정되었으며, 2008년 6월 제주도에서 제83차 집행이사회를 개최함으로써 관광외교역량을 강화하고 우리나라 관광의 국제적 인지도를 드높이는 데 기여하였다. 2008년에는 '아·태지역 관광정책에 관한 고위공무원 연수' 및 '아·태지역 관광노동시장 분석' 등의 사업을 수행함으로써 아·태지역 내 영향력을 강화하고 친한 인사 육성에도 노력을 기울였으며, 2008년 3월 청주에서 개최된 한국관광총회에서는 UNWTO의 후원으로 UNWTO 특별 세션을 운영하였다.

2011년 제19차 UNWTO 총회를 경주(10.8.~14.)에서 개최하였다. 특히 동 총회 기간에는 기존의 총회가 1주일 이상 동 기구의 행정·재정적인 문제에 집중하여 의제를 다양화하지 못했다는 지적을 고려하여, '문화·관광·체육을 통한 경제성장 및 새천년개발 목표 달성(Fostering Growth and the Achievement of the MDGs through Tourism, Culture and Sports)'에 관한 '장관급회의'를 별도로 개최하였다. 이 회의에는 유엔(UN) 사무총장 특별보좌관인 제프리 삭스 미국 컬럼비아대 교수가 좌장으로, 아샤 로즈 미기로 유엔 부사무총장이 특별 연사로 초청되었으며, 지난 10년간 개최된 총회 중 가장 많은 관광장관(총 42명)이 참석하여 주요 현안을 논의하였다. 문화체육관광부는 한-UNWTO 협력사업의 일환으로 '아·태지역 중견 공무원 정책연수' 프로그램을 3년에 1회씩 한국에서 개최하기로 UNWTO와 합의하였다. 이에 따라 2016년에는 제10차 UNWTO 아·태지역 중견 공무원 연수를 서울에서 개최하였으며, 이후 2019년 제13차 연수는 제주에서, 2022년 제16차 연수는 다시금 서울에서 개최하는 등 한국의 아·태지역 관광발전에 기여하기 위한 노력을 지속하고 있다.

그 밖에도 2014년 6월부터 UNWTO 공적개발원조(ODA) 실무그룹회의 회원국으로서 UNWTO의 ODA 활동인 '개발을 위한 관광기금(TDF)' 조성 관련 논의에 참가하였으며, 2015년 4월 22~23일 양일간 서울에서 UNWTO 실크로드 TF 회의를 개최하고, 2015년 9월부터 '관광과 경쟁력 위원회(CTC)' 회원국으로도 참가하는 등 동 기구 내 다양한 논의에 적극적으로 참여하고 있다.

울산광역시에서 제2차 UNWTO 산악관광회의를 유치하여 2015년 10월 13~15일에 개최하고, 2016년에 서울특별시 지방 공기업인 '서울관광마케팅'이 UNWTO

찬조회원으로 가입하는 등 지자체에서도 UNWTO를 활용한 국제 협력 확대에 관심을 기울였다. 한편, 한국관광공사는 2012년부터 찬조회원 부회장사로 활동하고 있으며, 2013년에는 찬조회원을 대상으로 '제1차 아·태지역 미래관광 지역콘퍼런스(1st UNWTO Regional Conference on Future Tourism for Asia and the Pacific)' 및 중견 공무원 연수를 한국에서 개최하였다. 또한 UNWTO와 협력사업으로 아시아 지역 내 저개발 국가의 마케팅 및 관광정책 수립 역량 강화를 지원하고 'UNWTO 문화관광 프로젝트' 지원을 통해 문화와 관광의 접목을 통한 관광산업 경쟁력 강화를 도모하였다.

또한 2017~2018년에는 아시아·태평양 지역 회원국의 동향 및 세계 관광시장 이슈 등 트렌드 공유를 위해 연 2회 UNWTO 아·태지역 뉴스레터를 제작·배포하였으며, 2019년에는 '제13회 UNWTO 아·태지역 중견 공무원 연수(UNWTO Asia/Pacific Executive Training Program on Tourism Policy and Strategy)'를 한국에서 개최했다. 2020년에는 UNWTO 협력회원 뉴스레터에 공사 주요 사업을 게재하고 UNWTO 열린 관광지 우수 사례 발표에 참석하여 사업을 홍보하는 등 UNWTO와의 협력관계를 강화하고, 아·태지역에서 관광 선진국으로서의 면모를 보여주었다.

2021년에는 제1회 UNWTO 최우수 관광마을 공모사업에서 75개국 170개 마을 중 우리나라 고인돌·운곡습지마을, 신안퍼플섬이 최우수 관광마을로 선정되었으며, 2022년 제2회 최우수 관광마을 공모사업에서는 57개국 130개 마을 중 최종 32개 중 하나로 하동군 평사리가 선정되는 성과를 거두었다.

2022년에는 제2회 UNWTO 최우수 관광마을 공모 사업에 접수된 50개국 137개 마을 중 하동군 평사리마을이 최우수 마을로 선정되는(22개국 32개 마을 선정) 쾌거를 달성했다.

2) OECD(경제협력개발기구)

경제협력개발기구(Organization for Economic Cooperation and Development: OECD)는 유럽경제협력기구를 모체로 하여 1961년 선진 20개국을 회원국으로 설립되었다. 회원국의 경제성장 도모, 자유무역 확대, 개발도상국 원조 등을 주요 임무로 하고 있으며, 현재 38개 회원국으로 구성되어 있고 프랑스 파리에 본부를 두고 있다. 조직 구성은 의사결정기구인 이사회, 보좌기구인 집행위원회 및 특별집행 위원회를 두고 있으며 실질적 활동을 수행하는 25개의 분야별 위원회가 있다.

관광위원회는 관광분야에 관한 각국의 정책연구 및 관광진흥 정책연구 등을 주요기능으로 하고 있으며 위원회 산하에 통계작업반을 두고 있다. 주요 사업은 관광객 보호정책 개발, 관광산업에 대한 국가 지원사업 등이며 매년 총회, 통계작업회의, 전문가 특별회의 등을 개최하고 있다.

우리나라는 1994년 6월 관광위원회에 대한 옵저버 참가자격이 부여되어 1995년부터 관광위원회 회의 및 통계 실무 작업반 회의에 참가하여 주요 선진국의 관광정책 및 통계기법 등을 습득하고 있다. 1996년부터는 정회원으로 가입하여 1998년에는 OECD 관광 회의를 서울에서 개최한 바 있고, OECD 권고사업의 하나인 관광위성계정(TSA) 개발을 세계 5번째로 완료하였다. 2003년 9월에는 스위스에서 개최된 OECD 관광회의에 참가하여 관광산업의 구조개혁 프로젝트 조정위원회에 선정되었고, 2005년 9월 광주에서 'OECD-Korea 국제관광회의(주제: '세계관광의 성장: 중소기업의 기회')'를 개최하였다. 제80차 OECD 관광회의(2007.11., 프랑스 개최)에 참가하여 남이섬 한류관광 사례를 발표하였으며, 제81차 관광회의(2008.4.)에서는 한국의 템플스테이 사례를 발표하였다.

한편 2009년에는 OECD 회원국 간 문화와 관광 접목의 성공사례 공유를 위해 제작된 '관광에 있어서 문화의 영향력(The Impact of Culture on Tourism)' 간행물에 한국 문화관광 우수사례인 '템플스테이'를 수록하였다. 가장 주목할 만한 성과 중의 하나는 2009년 4월에 발표된 '한식 세계화 추진계획'의 전략에서 '우리 식문화 홍보'를 통해 관광자원으로서의 한식의 중요성을 인식시킨다는 목표를 세우고, 우리 관광의 견인차 역할을 한식에 부여하기 위한 한식 세계화(Globalization of Korean Cuisine) 사업을 OECD 차원에서 진행한 것이다.

2009년 12월에는 '음식관광 선진화 및 한식의 세계화'에 관해 문화체육관광부와 OECD 관광위원회가 공동으로 국제콘퍼런스를 개최하여 관광자원으로서의 한식의 매력을 국내외에 적극 홍보하여 그 결과물로 '음식과 관광경험(Food and

Tourism Experience): The OECD-Korea Workshop' 책자를 국/영문으로 제작하기도 하였다. 2012년에는 OECD 관광위원회 부의장국으로 한국이 활동하게 되면서 제 90차 OECD 관광위원회(2012.9.24.~26.)를 유치하여 전라북도 무주에서 개최하였 으며, OECD 관광위원회 공식사업의 일환으로 포함된 '창조경제와 관광(Creative Economy and Tourism)' 프로젝트를 지원하여 출판물을 발행하였다. 2015년에는 밀라노 엑스포 기간 중 6.24. 한국의 날을 맞아 밀라노 엑스포장 내 콘퍼런스 홀 에서 OECD와 공동으로 '한식문화와 미식관광'이라는 주제로 포럼을 개최하였다. 제99차 OECD 관광위원회(2017)에 참가해 관광진흥 5개년 계획을 발표하는 등 매년 개최되는 관광위원회와 관광통계 포럼에 적극적으로 참석하여 OECD 회원 국의 관광정책 동향 파악 및 관광선진국과의 정책교류에 힘썼다.

더불어 2019년에는 OECD 회원국과의 관광협력 강화 및 관광 정보 교류 확대, 관광분야 내 의제 주도를 위해 '2020 OECD 글로벌 관광포럼'을 한국에서 개최할 수 있도록 유치하였다. 다만, 2020년 초 발생한 코로나19의 전 세계적인 확산세 가 지속됨에 따라 OECD 사무국과 협의하여 개최 시기를 2021년 11월로 연기하 고, 회의명을 제1차 OECD 국제관광포럼(1st Global Forum on Tourism Statistics, Knowledge and Policies)으로 변경하였다. 이는 1994년부터 15차례 개최된 관광통 계 전문포럼을 관광정책 전반으로 확대한 첫 번째 회의라는 의미가 있다. 2021년 11월에 서울에서 개최된 OECD 국제관광포럼에는 코스타리카 관광부 장관, 포르 투갈 경제부 관광차관, 그리스 관광부 차관보 등 40여 개 국가의 고위급 및 관광 전문가가 온·오프라인으로 참여하여 미래 관광 준비, 빅데이터 등 시효성 있는 주제에 관한 논의를 하였으며, 우리나라 미래관광경쟁력을 제고하는 계기를 만 들었다.

3) APEC(아시아·태평양경제협력체)

아시아·태평양 경제협력체(Asia Pacific Economic Cooperation: APEC)는 1989년 호주의 캔버라에서 제1차 각료회의를 개최하면서 발족하였으며, 역내 경제협력 관계 강화의 구심점이 되고 있다. APEC은 11개 실무그룹(Working Group)을 두고 있는데, 관광실무그룹회의는 1991년 하와이에서 회의를 가진 이후 역내 관광발전을 저해하는 각종 제한조치 완화, 환경적으로 지속가능한 관광개발 등의 현안에 대해서 협의하고 있다.

우리나라는 1998년 11월 말레이시아 쿠알라룸푸르에서 개최된 APEC 정상회의에서 김대중 전 대통령이 APEC 국가 간 관광활성화를 제청한 바 있으며, 이에 대한 후속사업으로 1999년 5월 멕시코에서 개최된 제14차 관광실무그룹회의에서 APEC 관광장관회의 창설이 합의되어 2000년 7월 서울에서 제1차 APEC 관광장관회의가 개최되었다. 우리나라는 2000년 제7차 APEC TWG(관광실무그룹)에서 제안, 2001년 5월 APEC BMC(예산운영위원회)에서 최종 승인된 3개 사업인 'APEC 회원국의 중소관광기업에 대한 전자상거래 전략의 적용에 관한 연구', '지속가능한 개발을 위한 정책개발자의 교육훈련', '지속가능한 관광을 위한 민·관 협력방안 연구'를 수행한 바 있으며, 2004년에는 제22차, 23차에서 제안, 2003년 7월 APEC BMC에서 최종 승인된 '관광투자촉진을 위한 민관 파트너십', '중소관광기업의 전자상거래 적용 모범사례 연구' 등 2건의 사업을 추진하였다.

우리나라는 제12차 APEC 관광실무그룹회의(제주도, 1998.5.), 제24차 APEC 관광실무그룹회의(진주, 2004.5.)를 개최한 바 있으며, 2005년 5월에는 부산에서 제4차 관광포럼 및 제26차 APEC 관광실무그룹회의를 성공적으로 개최하여 한국관광홍보 및 APEC 내 관광외교를 강화하였다. 제26차 회의에서는 2005 APEC 정상회의 국가로서 수임하게 된 TWG 의장직을 성공적으로 수행하였으며, 정상회의 개최국으로서 주도적으로 추진 중인 재난관리대응(Emergency Preparedness) 관련 이슈를 회원국에 주지시키고 APEC 차원의 결속과 협력방안을 도출해 내는 등 역내 관광분야 리더십을 발휘하는 계기가 되었다. APEC 관광포럼의 성과를 TWG에 제안함으로써 2004년 칠레 파타고니아 선언에서 합의된 '관광헌장의 전략적 검토(Strategic Review)'를 뒷받침할 수 있는 토대를 제공하였다. 또한 2019년 11월에는 55차 APEC 관광실무그룹회의가 여수에서 개최되었다.

TWG가 APEC 내에서 독립적인 그룹으로 활동할 수 있는 근거를 마련하기 위해 한국은 2006년 공식 컨설턴트 지정을 통해 TWG 독립평가와 관광헌장의 전략적 검토 용역을 수행하고 2007년 최종 보고서를 발표함으로써 적극적인 역할을 수행하겠다는 의지를 회원국에 알리고 역내 관광분야 전략적 지위를 유지·강화하였다. 2007년에는 태국, 뉴질랜드, 인도네시아, 호주와 더불어 'Tourism and Climate Change'라는 주제로 기후변화 문제에 대처하기 위한 우리나라 관광업계와 정부의 노력을 소개하였다.

2008년 4월에는 페루 리마에서 제32차 APEC 관광실무그룹회의와 연계되어 열린 제5차 APEC 관광장관회의에서 한국은 2008년을 관광선진화 원년으로 지정하고 관광산업 경쟁력 강화를 위해 추진 중인 규제 완화, 제도 개선, 인프라 확충 등 다양한 정책적 노력을 알리고 UNWTO 공동 협력 사업을 소개하였다. 회원국들은 동 장관회의의 결과물로서 '아시아·태평양지역 책임 있는 관광을 향하여(Towards Responsible Tourism in Asia and Pacific Region)'를 주제로 한 「파차카막 선언문」을 채택하였다. 동 선언문은 「서울선언」에서 채택된 4대 주요 정책 목표의 중요성을 명시하고 동 회의의 주요 논의 사항인 '토착관광', '기업의 사회적 책임', '환경적 책임', '문화관광', '항공 연계성' 등 책임관광 실현의 중요성을 강조하였다.

2012년 7월 러시아에서 열린 제7차 APEC 관광장관회의에서 APEC 관광장(차)관은 '아시아·태평양 경제체의 견고한 성장을 위한 관광도모'라는 주제하에 아·태지역 간 관광객 교류를 촉진하기 위한 '2012~2015 APEC 관광전략계획'을 포함하는 「하바로프스크 선언문」을 채택하였으며, 특히 Rio+20(유엔 지속가능발전 정상회의) 결과문서에 '지속가능한 관광'을 향후 전 세계 지속가능한 발전을 위한 26개 주요 행동과제에 포함시킨 한국의 주도적인 역할을 인정하는 단락이 선언문에 전격 포함(하바로프스크 선언문 제10조)됨으로써 국제 관광계에서 한국의 관광외교 역량을 널리 각인시켰다.

2014년 9월 마카오에서 열린 제8차 APEC 관광장관회의에서는 2015년 APEC 역내 관광객 8억 명 유치를 목표로 하는 「마카오 선언문」이 채택되었으며, 특히 이 목표를 위해 스마트관광, 저탄소 관광개발, 회원국 간 상호 연결성, 타 산업과의 연계 발전 촉진 등 아·태지역 관광시장의 통합증진 및 여행장벽 제거의 중요성이 강조된 바 있다.

2016년 5월에는 '여행 활성화를 통한 아·태지역의 연결'이라는 주제로 페루 리마에서 제9차 APEC 관광장관회의가 개최되었으며, APEC 역내 관광 활성화 및 경제발전을 위한 APEC 공동행동을 담은 「리마 선언문」을 채택하였다.

2018년 10월 러시아와의 경합 끝에 제55차 APEC 관광실무 그룹회의를 유치하였으며, 2019년 11월 여수에서 개최하여 여수를 글로벌 관광지로 발돋움시키는 성과를 내었다. 이후 전 세계적인 코로나 확산 상황에서, 2021년 9월 관광의 디지털 전환 및 혁신기술 우수사례 확산을 주제로 한 APEC 관광실무그룹(TWG) 화상 워크숍을 성공적으로 개최하여, APEC 관광전략계획 2020~2024 효과적 이행을 도모하였다.

4) PATA(아시아 · 태평양관광협회)

아시아태평양관광협회(Pacific Asia Travel Association: PATA)는 1951년 아시아 · 태평양지역의 관광진흥 활동, 지역발전 도모 및 구미관광객 유치를 위한 마케팅활동을 목적으로 설립되었다. 태국 방콕에 본부를 두고 있으며 지역본부가 있다. 주요 활동으로는 연차총회 및 관광 교역전 개최, 관광자원 보호활동, 회원을 위한 마케팅 개발 및 교육사업, 각종 정보자료 발간사업 등이 있다. 현재 95개 목적지(Destination), 항공 · 크루즈사, 교육기관을 포함 약 800여 개 관광기관 및 업체가 회원으로 가입되어 있으며, 전 세계에 36개 지부가 결성되어 있다.

우리나라에서는 한국관광공사 등 총 13개 관광관련 기관 및 업체가 PATA 본부 회원으로 가입되어 있으며 매년 연차총회 및 교역전에 참가하여 세계여행업계 동향을 파악하고 한국관광 홍보 및 판촉 상담활동을 전개하고 있다. PATA 한국지부에는 총 114개 기관 및 업체가 회원으로 가입되어 있으며 지부 총회 개최, 관광전 참여, 관광정보 제공 등의 활동을 하고 있다.

우리나라는 PATA 관련 국제행사로 1965년, 1979년, 1994년, 2004년, 2018년 PATA 총회 및 이사회, 1979년, 1987년 PATA 관광교역전, 1998년 PATA 이사회를 개최한 바 있다. 특히 2004년 제주 PATA 총회에서는 제주도를 세계적인 관광지로 부각하고자 국내 · 외 홍보를 적극적으로 추진하였으며, 그 결과 PATA 총회 사상 최대인 48개국 2,145명이 참가한 성공적인 행사로 평가받았다. 또한 2013년

PATA Hub City Forum Seoul을 개최하여 PATA 본부 CEO 마틴 크레이그와 주요 국내 인사들이 참석하여 한국관광산업의 현안사항을 논의하였다. 2018년에는 평창 동계올림픽 이후 강원도의 글로벌 관광목적지로서 이미지 강화를 목적으로 2018년 5월 PATA 총회를 강원도 강릉에서 개최하였으며, 최근 3년 이래 최다 국가인 41개국 487명의 아·태지역 관광분야 오피니언 리더를 대상으로 평창 동계올림픽 성공 개최의 성과와 한국관광의 매력을 널리 홍보하였다.

한국의 PATA 관련 수상 내역은 다음과 같다. 2005년 관광포스터와 마케팅 부문, 2007년 마케팅미디어 비디오 부문, 2009년 마케팅 캠페인 부문과 가이드북 부문, 2010년 영상부문, 2012년 마케팅 캠페인 부문, 2013~2016년 매년 마케팅 미디어 부문에서 PATA Gold Awards를 수상하였으며, 2017년에는 한국관광공사의 글로벌 캠페인 'Korea Visits You'가 사상 최초로 마케팅 캠페인 부문 PATA Grand Awards를 수상하였다. 이후 2018~2019년도에도 한국관광공사는 마케팅 미디어 부문으로 PATA Gold Awards를 수상하였으며, 2021년에는 한국관광공사 최초로 '관광두레' 사업이 비마케팅 분야 PATA Gold Awards를 수상하였다. 2022년에는 비마케팅 분야에 한국관광공사의 '열린관광지 조성사업', 강원도관광재단의 '워케이션 사업'이 PATA Gold Awards를 수상하였다.

5) ASEAN(동남아연합)

아세안은 1966년 8월 제3차 동남아연합(Association of Southeast Asia: ASA) 외무장관회의에서 ASA의 재편 필요성이 제기되어, 1967년 말리크 인도네시아 외무장관이 태국 측과 아세안 창립선언 초안을 마련하였다. 1967년 8월 인도네시아, 태국, 말레이시아, 필리핀, 싱가포르 5개국 외무장관회담을 개최하고, 아세안 창립선언을 통하여 결성되었다. 아세안은 창립 당시 5개국으로 구성되었으나, 1975년 월남전 종결을 계기로 동남아 평화 및 자유·중립지대 구상과 '동남아 우호협력조약'의 대상 범위를 인도차이나반도 3개국(베트남, 캄보디아, 라오스) 및 미얀마를 포함한 지역으로 확대하는 구상이 대두되었고, 이후 브루나이(1984년), 베트남(1995년), 라오스와 미얀마(1997년), 캄보디아(1998년)가 차례로 가입하여 현재는 총 10개국의 회원국으로 구성되어 있다.

2005년 5월 26일에는 강원도 속초에서 제7차 ASEAN+3NTO(한·중·일+아세안) 회의가 개최되어, 우리나라와 아세안 국가와의 관광협력 체계를 한층 더 공고히 하였다.

문화체육관광부와 한국관광공사는 연 2회 정기적으로 관광장관회의 및 NTO 회의에 참가하여 아세안 및 한·중·일 간 관광부문 공동마케팅 방안 모색 및 각국의 관광 현안과 관련한 의견교류 등 활발한 교류·협력을 구축해 가고 있다. 한·아세안 행동계획(Korea-ASEAN Action Plan)의 후속조치로 2006년 필리핀에서 개최된 제5차 ASEAN+3 관광장관회의에서 아세안 지도의 한국어판을 2만부 제작하여 배포하였으며, 아세안 측의 공통요청 사항인 아세안 관광 관련기관 종사자에 대한 한국문화·한국어 교육을 2006년부터 지속적으로 시행하였다.

한편, 2016년 1월 필리핀 마닐라에서 개최된 제15차 ASEAN+3 관광장관회의에는 ASEAN 10개국 및 한중일 간 관광교류 활성화 및 협력 강화, 협력 사업의 원활한 추진 등의 제도적 기반 마련을 위해 ASEAN+3 관광협력 양해각서(MOC)를 체결하였다.

6) ASTA(미주여행업협회)

미주지역 여행업자의 권익보호와 전문성 제고를 목적으로 1931년에 설립된 ASTA(American Society of Travel Agents; 미주여행업협회)는 미주지역이라는 거대한 시장을 배경으로 세계 140개국 2만여 회원을 거느린 세계 최대의 여행업협회이다.

회원들의 전문성 제고와 판촉기회를 확대하기 위하여 연례행사로 연차총회 및 트레이드쇼, 크루즈페스트 등을 실시하여 각국 NTO와 관광업계의 판촉활동의 장을 마련하고 업계동향에 대한 세미나 개최 등 유익한 교육프로그램을 제공한다.

1973년 한국관광공사가 준회원으로 가입되었으며, 1979년 ASTA 한국지부가 설립되어 운영되고 있다. 우리나라는 미주시장 개척의 기반을 다지기 위하여 동 기구 내 홍보활동을 지속적으로 추진해 오고 있으며, 매년 연차총회 및 트레이드

쇼에 업계와 공동으로 한국대표단을 파견하여 판촉 및 정보수집활동을 전개하고 있다. 1983년에는 총회 및 교역전을 서울에 유치하여 대형 국제회의 개최능력을 전 세계에 홍보한 바 있다. 또한 2007년 ASTA 제주 총회(3.25~29, ICC제주)를 성공적으로 개최하면서 미주 관광시장에 대한 동북아 관광거점 확보 기틀을 마련하였고, 회의 개최지인 제주도의 국제관광 이미지가 제고되었다는 평가를 받고 있다. 2010 ASTA 연차총회 및 교역전(9.12~9.14, Orlando, FL)에는 한국관광공사 뉴욕지사가 현지 여행업계와 참가하여 한국 부스 운영 및 한식 등을 홍보하였다.

7) WTTC

WTTC(World Travel and Tourism Council)은 전 세계관광 관련 가장 유명한 100여개 업계 리더들이 회원으로 가입되어 있는 대표적인 관광 관련 민간기구이다. 1990년에 설립되었으며 영국 런던에 본부를 두고 있다. 주요 활동은 관광 잠재력이 큰 지역에 대한 관광자문 제공 및 협력사업 전개, "Tourism For Tomorrow Awards" 주관, 세계관광정상회의(Global Travel and Tourism Council) 개최 등이다. 특히 매년 5월 개최되는 관광정상회의는 개최국의 대통령, 국무총리를 비롯 각국의 관광장관, 호텔 및 항공사 CEO 등이 대거 참석하여 관광현안을 논의하는 권위 있는 회의로 정평이 나 있다. 세계 관광산업과 관련된 모든 이슈를 다루며, 고용인원 2.4억명, 세계 GNP의 9.2%를 차지하는 관광산업에 대한 인식을 높이기 위한 활동을 하고 있다. 한국관광공사는 지난 2006년부터 정상회의에 참가하여 세계관광 인사와의 네트워킹 및 최신 관광 트렌드 습득에 힘쓰고 있다. 한편, 2013년에는 WTTC 아시아지역 총회가 9월 10일부터 12일까지 서울에서 개최되었다.

8) UNEP(유엔환경계획)

유엔환경계획(UN Environment Programme: UNEP)은 2013년 9월 '지속 가능한 관광'을 Rio+20 결과문서에 포함시킨 한국의 기여를 평가하여 후속사업 공동추진을 요청하였으며, 이에 따라 2010YFP 지속가능한 관광 사업 관련 아·태지역 컨설팅회의를 2014년 4월 부산에서 개최하는 등 10YFP(지속가능한 소비-생산 10

개년 계획) '지속가능한 관광' 분야 협력사업을 추진하였다. 그 후 UNEP는 2014년 9월 UNWTO, 모로코, 프랑스와 공동으로 한국을 10YFP '지속가능한 관광' 공동 주도국(Co-Leads)으로 선정하였다.

한국은 10YFP 사무국의 여러 기능 지원을 위해 관광분야 전문가를 파견 중이며, 2016년에는 '2010YFP 캘린더 사업' 지원을 통해 지속가능한 관광의 소비 및 생산에 대한 국내외 인식 제고를 위해 노력하였다.

UN 지정 지속가능 관광의 해를 맞이하여 부산에서 '지속가능관광 포럼(Sustainable Tourism Forum 2017, 부산)' 개최를 통하여 한국의 지속가능관광 발전방향을 모색하였고, 2019년 11월에 UNEP와 공동으로 '하나뿐인 지구(One Planet), 지속가능한 관광 아·태지역 회의'를 여수에서 개최하여, 지속가능한 관광의 실천적 사례를 논의하였다. 구체적으로는 다음 세대도 향유 가능한 관광개발을 위해 효율적 관광자원 개발, 환경과 지역사회를 고려한 관광 성장을 위한 토론을 주도하였다.

2022년 11월에는 UNEP와 협력하여 서울에서 '2022 지속가능한 국제관광포럼(2022 Global Sustainable Tourism Forum)'을 개최하여 지속가능한 관광 달성을 위한 전 세계 우수 사례에 대해 공유하고 논의하였다.

김광근 외, 관광학의 이해, 백산출판사, 2019.

김미경 외, 신관광학, 백산출판사, 2012.

김병용 · 조광익, 관광학원론(제4판), 한올, 2024.

김사헌, 관광경제학(제6판), 백산출판사, 2020.

김성혁, 관광마케팅의 이해, 백산출판사, 2004.

김용상 외, 관광학(제7판), 백산출판사, 2018.

김천중, 관광정보론(제2판), 대왕사, 2004.

문화체육관광부, 관광동향에 관한 연차보고서, 2007~2023.

이정학, 관광학원론(제6판), 대왕사, 2019.

이정학 · 이은지, 문화관광론, 대왕사, 2024.

이후석, 관광자원의 이해(제2판), 백산출판사, 2022.

임주환, 신관광학의 이해, 백산출판사, 2004.

정의선, 관광학원론, 백산출판사, 2011.

조진호 외, 관광법규론(제10판), 현학사, 2017.

하동현 외, 관광학원론, 한올, 2014.

한국관광연구원, 관광안내정보 시스템 구축방안, 1999.

한승엽 외, 관광학, 현학사, 2007.

저자약력

김흥렬

목원대학교 항공호텔관광경영학과 교수

저자와의
합의하에
인지첩부
생략

관광학원론

2015년 6월 10일 초   판 1쇄 발행
2025년 2월 28일 개정5판 1쇄 발행

지은이 김흥렬
펴낸이 진욱상
펴낸곳 백산출판사
교   정 박시내
본문디자인 오행복
표지디자인 오정은

등   록 1974년 1월 9일 제406-1974-000001호
주   소 경기도 파주시 회동길 370(백산빌딩 3층)
전   화 02-914-1621(代)
팩   스 031-955-9911
이메일 edit@ibaeksan.kr
홈페이지 www.ibaeksan.kr

ISBN 979-11-6639-506-2 93980
값 32,000원